Erklärung der Verlagshandlung.

Die vorliegende Abhandlung über die Kolik der Pferde von Herrn Prof. Dr. Bollinger fiel in ihrem Erscheinen und Vertrieb gerade in die ersten Kriegsmonate des Jahres 1870, und ist dadurch vielfach übersehen worden. Dieser Umstand und der Wunsch, diese Abhandlung in Verbindung zu bringen mit einer Anzahl ähnlicher über die pathologische Anatomie der Hausthiere desselben Verfassers, welche derselbe herauszugeben beabsichtigt, veranlasst die Verlagshandlung zu einer neuen unveränderten Ausgabe unter Hinzufügung des Gesammttitels „Beiträge etc.“ Das zweite gleichzeitig mit dieser Ausgabe erschienene Heft enthält: Untersuchungen „Zur Pathologie des Milzbrandes“. — Eine Gratulationsschrift zur 400 jährigen Jubelfeier der Ludwigs-Maximilians-Universität zu München.

Die nächstfolgende Abhandlung wird die „Pathologische Anatomie der Tuberculose der Hausthiere“ zum Gegenstande haben und namentlich die Lungentuberculose des Rindes (Perlsucht) eingehend berücksichtigen.

In ähnlicher Weise sollen später noch einige der wichtigsten Krankheiten der Hausthiere pathologisch-anatomisch bearbeitet werden.

Bei der grossen Wichtigkeit der pathologischen Anatomie der Krankheiten der Hausthiere für die vergleichende Pathologie, deren wesentliche Grundlage sie bildet, und bei dem anerkannten Mangel brauchbarer Monographien auf dem Gebiete der Thierkrankheiten erscheint jede weitere Empfehlung von Seite der unterzeichneten Verlagsbuchhandlung überflüssig.

München, 1872.

Rudolph Oldenbourg.

BEITRÄGE

ZUR

VERGLEICHENDEN PATHOLOGIE

UND

PATHOLOGISCHEN ANATOMIE

DER

HAUSTHIERE

VON

DR. OTTO BOLLINGER

PROFESSOR AN DER THIERARZNEISCHULE UND AN DER LANDWIRTHSCH. SCHULE DES POLYTECHNIKUMS, PRIVATDOCENT AN DER UNIVERSITÄT ZU ZÜRICH.

ERSTES HEFT.

DIE KOLIK DER PFERDE

UND

DAS WURMANEURYSMA DER EINGEWEIDEARTERIEN.

MÜNCHEN.

RUDOLPH OLDENBOURG.

Die

Kolik der Pferde

und das

Wurmaneurysma der Eingeweidearterien.

Eine pathologisch-anatomische und klinische Untersuchung

von

Dr. Otto Bollinger.

Mit 19 Holzschnitten.

München 1870.
Rudolph Oldenbourg.

Vorwort.

Unter den bedeutungsvollen Errungenschaften der neueren Medicin nehmen die Fortschritte in der Lehre von den Parasitenkrankheiten, so viele Lücken sie auch noch bietet, eine hervorragende Stellung ein. Die letzten Jahrzehnte haben uns in dieser Richtung die wichtigsten Aufschlüsse gebracht und indem sie uns Einsicht in das Wesen mancher früher vollkommen räthselhafter Krankheiten brachten, die hohe Bedeutung dieses wichtigen Gebietes der Pathologie festgestellt. Es gilt dies wie für die Menschen- so auch für die Thierheilkunde.

Unsere Hausthiere sind bekanntlich die Träger und gleichsam die nie versiegende Quelle der meisten menschlichen Parasiten und so haben die innigen Wechselbeziehungen zwischen den parasitären Krankheiten des Menschen und denen der Thiere die Helminthologie zu einem für beide Theile gleich wichtigen Terrain gemacht, auf welchem neben den Leistungen der Zoologen ein rühmlicher Wettstreit zwischen den beiden Zweigen der wissenschaftlichen Medicin stattgefunden hat und noch stattfindet. Ich erinnere in dieser Beziehung nur an die Trichinenkrankheit, zu deren Erforschung in Bezug auf Entstehung und Verbreitung die Vertreter der Thierheilkunde in erfolgreicher Weise mitgewirkt haben.

*

Gleichzeitig mit den erweiterten Kenntnissen über die Entwicklungsgeschichte und die Wanderungen der Parasiten lernte man auch die durch sie hervorgebrachten Veränderungen genauer kennen. Auffallend vernachlässigt in dieser Richtung blieb die interessante Veränderung, die ich mir zum Gegenstand meiner Untersuchung gewählt habe und es scheint der Ausspruch Leuckart's, dass eine genauere Untersuchung des Aneurysma der Pferde noch fehle, nicht ungerechtfertigt.

Wiewohl seit Ruysch, der vor 200 Jahren zuerst auf das Vorkommen von Wurmaneurysmen beim Pferde aufmerksam machte, dieser Gegenstand wiederholt bearbeitet wurde, so stammen doch die pathologisch-anatomischen Untersuchungen aus einer Zeit, in welcher die Kenntniss der Arterienkrankheiten noch wenig vorgeschritten war; eine erneute Untersuchung schien daher wohl am Platze.

Der von Leuckart gerügte Mangel hängt ohne Zweifel damit zusammen, dass die Bedeutung der pathologischen Anatomie in der Thierheilkunde noch nicht allenthalben gebührend gewürdigt wird. Wenn auch die Worte Rokitansky's, „dass die pathologische Anatomie nicht nur die Grundlage des ärztlichen Wissens, sondern auch des ärztlichen Handelns sein müsse, ja dass sie Alles enthalte, was es an positivem Wissen und an Grundlagen zu solchem in der Medicin gebe", dem jetzigen Standpunkte der Medicin zu enge Grenzen ziehen, so liegt nach 25 Jahren noch immer eine grosse Wahrheit in ihnen. Es wird eine dankbare Aufgabe der pathologischen Zootomie sein, die Grundlagen einer vergleichenden Pathologie zu legen, dieses wichtigen Zweiges der Medicin, deren Pflege bisher auch von Seite der Menschenmedicin in so hohem Grade vernachlässigt und nur von einzelnen Forschern vorübergehend berücksichtigt wurde. Auf diese Weise ist es der wissenschaftlichen Thierheilkunde zunächst vergönnt, der Menschenmedicin einen Theil der auf ihr lastenden Schuld abzutragen.

Von diesem Gesichtspunkte aus schien das Wurmaneurysma für die Lehre von den Arterienkrankkeiten: von den Aneurysmen, der Atheromatose, der Embolie und Thrombose von einigem Belang. Eine erschöpfende Behandlung dieser ausgedehnten und schwierigen Gebiete lag ausser dem Bereiche dieser Arbeit und mögen die Lücken in dieser Beziehung damit entschuldigt sein. Ob die klinische Bedeutung der Wurmaneurysmen, die mich ursprünglich zu einer Untersuchung anregte, die angenommene Tragweite habe, wird der Bestätigung bedürfen; nach dem vorliegenden Material wurde sie jedenfalls bisher unterschätzt.

In Hinsicht auf das häufige Vorkommen der Wurmaneurysmen wird es Manchem überflüssig erscheinen, dass ich die einzelnen Fälle ausführlich beschreibe. Da es etwas ermüdend ist, solchen detaillirten Beschreibungen zu folgen, zumal Wiederholungen der Natur der Sache nach unvermeidlich sind, so legte ich mir die Frage vor, ob nicht eine allgemeine Schilderung genügend sei. Nach reiflicher Ueberlegung hielt ich es für zweckmässiger, die Beschreibung der einzelnen Fälle ausführlich mitzutheilen, um mich bei den allgemeinen Schlussfolgerungen direkt auf die einzelnen Fälle beziehen zu können; ein Verfahren, welches sicher den Vorzug einer grösseren Objectivität für sich hat.

Die mikroskopische Untersuchung wurde an frischen und Spirituspräparaten nach den gewöhnlichen Methoden ausgeführt; als ganz vorzüglich für frische Präparate erwies sich die Gefriermethode: die mit Zusatz von etwas Salz zum Eis oder Schnee gefrornen Präparate erlauben die feinsten Schnitte, die mit Carmin und Essigsäure behandelt und in Glycerin eingeschlossen zur augenblicklichen Untersuchung wie zur dauerhaften Conservation geeignet sind.

Die beigegebenen makroskopischen Abbildungen sind nach Photographien verfertigt; die mikroskopischen nach der Natur gezeichnet.

Das benützte Material entstammt theils der reichhaltigen Sammlung der Münchener Thierarzneischule, theils den während des letzten Winters daselbst vorgekommenen Sectionen. Einige Fälle habe ich in der pathologisch-zootomischen Anstalt der Wiener Thierarzneischule beobachtet.

Es ist mir schliesslich eine angenehme Pflicht, den Herren Professoren Hahn und Franck für die freundlichst gestattete Benützung des Materials, sowie Herrn Director Probstmayr für die Einräumung eines Arbeitszimmers in obiger Anstalt hiemit meinen besten Dank abzustatten.

München, im März 1870.

Der Verfasser.

Inhaltsverzeichniss.

Verzeichniss der Abbildungen.

[1] Fig. 2. 3 und 4 sind mit Erlaubniss der Herren Verfasser aus: Schneider Monographie der Nematoden. Berlin 1866 und Fig. 5 aus: Franck, Lehrbuch der Anatomie der Haussäugethiere. Stuttgart 1870 entnommen.

A. Das Wurmaneurysma der Eingeweidearterien.

I.

Allgemeines.

1) Geschichtliches.

„Arteriae vermibus scatentes. Anno 1665. In mesenterio equino occupatus, in conspectum sese mihi dedit pars arteriae mesentericae, multum distenta, ut prima fronte anevrisma exstare videretur in illa. Eo enim in loco pollicis crassitiem superabat, infra quam supraque, calamum scriptorium crassitie vix aequabat. Qua dissecta, tunicas adeo comperi incrassatas, ut straminis crassiusculi crassitiem repraesentarent. Cavitas innumerabilibus repleta erat vermiculis, aciculam minorem (capite dempto) ad amussim repraesentantibus. Ter quaterve med illud ostendisse memini." Mit diesen Worten erzählt Ruysch[1]) die Beobachtung, mit welcher die Lehre von dem Aneurysma verminosum der Pferde beginnt. —

Die zweite Beobachtung wurde 60 Jahre später (1725) von J. H. Schulze[2]) (Professor der Medicin in Altdorff) gemacht; er fand ein ovales, über wallnussgrosses Aneurysma, welches mit unzähligen lebenden Würmern gefüllt war und dessen Wandung

---

[1]) Opera omnia anat.-medic.-chir. Tom I. Dilucid. Valvular. Obs. VI. p. 16. Amstelodomi 1737.

[2]) Act. Physic. Med. Acad. Natur. Curios. Vol. I. p. 519. Obs. CCXXIX. „De Aneurysmate verminosa in Arteria mesocolica equae."

an Stelle der grössten Erweiterung um das Dreifache verdickt war. Er bedauerte lebhaft, nachdem er das Aneurysma weggetrennt, dass er nicht nach den feinen Oeffnungen gesucht hatte, durch welche die Würmer in den Darm auswandern. — Dass diese Mittheilungen keine Beachtung fanden oder ganz der Vergessenheit anheimfielen, ist für die damalige Zeit, in der die pathologische Anatomie kaum dem Namen nach existirte, leicht erklärlich. Ob Morgagni[1]), welcher die beiden Beobachtungen von Ruysch und Schulze erwähnt, selbst diese Veränderungen gesehen habe, ist aus seiner Mittheilung nicht ersichtlich. Er hält die Würmer für die Ursache der Aneurysmen und glaubt, dass durch dieselben, indem sie eine Erosion der Wandung verursachen, die Gefahr einer Ruptur des Aneurysma wesentlich gesteigert sei. Wiederum verging mehr als ein halbes Jahrhundert, bis Chabert[2]) (Director in Alfort) diese Würmer in den Arterien des Pferdes sah, denen er den in Frankreich noch lange gebräuchlichen Namen „Crinons" beilegte. — Später war es der grosse Helminthologe Rudolphi[3]), der sich näher mit diesem Gegenstande befasste. „Woher mögen doch die vielen Aneurysmen bei Pferden an dieser Stelle kommen?" fragt sich Rudolphi, nachdem er die in der Sammlung zu Alfort befindlichen Präparate von Wurmaneurysmen der Eingeweidearterien, die er selbst häufig bei Sectionen gefunden, aufgezählt hatte. Die Entstehung der Aneurysmen schrieb R. nicht einer direct durch die Würmer stattfindenden Erosion, sondern dem Druck von Seiten des anhaftenden Tuberkels (Fibringerinnsel, Thromlus?) zu.

Auch in der Folge wurde hauptsächlich die Frage ventilirt, in welchem Verhältniss die Würmer zu den Aneurysmen stehen, ob diese oder jene das Primäre seien.

---

[1]) Adversaria anatomica prima. Epistol. IX. §. 46. p. 89. Venetiis 1762.

[2]) Traité des malad. vermineuses dans les animaux. Paris 1782. p. 19.

[3]) Bemerkungen aus dem Gebiet der Naturgeschichte, Med. u. Thierarzneikunde auf einer Reise etc. Berlin 1805. B. 2. p. 62. und Entozoorum histor. nat. Vol. I. p. 438. 1808.

Hodgson[1]) gab zuerst eine Abbildung des Aneurysma verminosum; er hielt die Würmer für die Ursache der Aneurysmen. — Ebenso urtheilte Greve[2]), indem er die Würmer für die einzige Ursache erklärte; zugleich machte er durch Mittheilung einiger Fälle von Rupturen der Aneurysmen zuerst auf diesen Ausgang aufmerksam. — Nachdem Scarpa[3]) in seinem epochemachenden Werk schon früher die oben erwähnte Beobachtung von Schulze der Vergessenheit entrissen, findet man in der Folge die Aneurysmen an den Gekrösarterien des Pferdes öfters erwähnt: so von Huzard[4]), der Rupturen anführt, ferner von Girard[5]), Vatel[6]), Trousseau et Leblanc[7]), Chouard[8]), Ollivier[9]), Jacob[10]) und Anderen.

Otto[11]) will den Strongylus armatus, der oft in „Tuberkeln" (Fibringerinnseln) der Arterienhäute steckt und diese krank macht, nur manchmal als Ursache der Aneurysmen gelten lassen; die Ansicht von Hodgson und Greve, wornach die Würmer immer die Ursache seien, hält er nicht für berechtigt.

Ein neuer Abschnitt in der Lehre von dem Aneurysma equinum wurde durch die Arbeit von Hering[12]) eingeleitet; ihm gebührt das Verdienst, zuerst wieder in Deutschland und Frank-

---

[1]) A Treatise on the Diseases of Arteries and Veins und Engravings to illustrate some of the Diseases of Arteries. 1815. tab. VIII. fig. 2.

[2]) Erfahrungen und Beobachtungen über die Krankheiten der Hausthiere im Vergleiche mit den Krankheiten der Menschen. 1818. I. pag. 170.

[3]) Sull' Aneurysma. Pavia 1804. Uebers. v. Harles, Zürich 1808.

[4]) Nosographie vétér. II. éd. Paris 1820.

[5]) Traité d'anat. vétér. Bd. II. p. 237. 1820.

[6]) Elémens de path. vét. Bd. I. 1828., und Journal prat. 1827.

[7]) Archiv gén. de méd. 1828. t. XVI. p. 193.

[8]) Journal pratique 1836 p. 390.

[9]) „ „ 1839.

[10]) Récueil de méd. rét. 1839.

[11]) Lehrbuch der path. Anatomie. pag. 327. 1830.

[12]) Récueil de méd. vétér. Paris 1830. t. VII. p. 443.

reich die Aufmerksamkeit der Thierärzte auf diese Veränderung geleitet zu haben. Nachdem er mehrere der früheren Beobachtungen zusammengestellt, wies er nach, dass die Aneurysmen überaus häufig seien; auf Grund seiner Beobachtungen stellte er den Satz auf, dass man selten ein Pferd ohne aneurysmatische Veränderung der Eingeweidearterien finde, ja dass häufiger ein Pferd zwei Aneurysmen habe als keines. Er fand bei 65 Pferden an den verschiedenen Arterien des Hinterleibs im Ganzen 109 Aneurysmen. Als ursächliches Moment für die Entstehung der Aneurysmen betrachtete Hering den eigenthümlichen Bau der Baucheingeweide und die Gebrauchsweise, welcher das Pferd unterworfen ist. Durch die beständige Zerrung der Arterien besonders bei heftigen Bewegungen würden die Fasern der Media der Arterienwand erschlafft, entfernten sich von einander und würden erweitert, indem sie dem Blutstrom nicht den gehörigen Widerstand bieten könnten. Zugleich theilte Hering einen Fall mit, in dem ein ausserordentlich grosses Aneurysma den Tod verursacht zu haben schien; für gewöhnlich solle das Aneurysma ohne nachtheiligen Einfluss auf die Gesundheit sein.

Die Angaben Herings stiessen in einer Richtung bald auf Widerspruch und zwar zuerst von Seite Gurlt's[1]); er fand die aneurysmatischen Erweiterungen der Eingeweidearterien seltener und erklärte die Aufstellungen Herings in Bezug auf die Häufigkeit der Aneurysmen für übertrieben. Dagegen adoptirte G. die von Hering angenommenen ätiologischen Momente: Die Ursache der Aneurysmen sei eine mechanische; bei einer vorhandenen Disposition, wenn die Arterienhäute nicht genug Widerstand zeigten, würden dieselben durch den Zug der schweren Eingeweide gezerrt und erweitert. Die Würmer könne man schon desshalb nicht als Ursache ansehen, weil sie so häufig fehlen und in den Aneurysmen der Menschen nicht gefunden werden.

Ueber die Symptomatologie der Aneurysmen findet man abgesehen von einigen Mittheilungen über Rupturen nur Andeu-

[1]) Lehrbuch der path. Anatomie der Haussäugethiere. Berlin 1830. I. p. 300.

tungen. Obgleich bis zu dieser Zeit mehrere Fälle (Chouard, Hering) bekannt worden waren, in denen ein Zusammenhang zwischen dem Aneurysma und mancherlei Krankheitserscheinungen zu bestehen schien, war man doch nicht im Stande, denselben rationell zu erklären. So entstand der bis in die neueste Zeit gehegte Glauben von der vollkommenen Bedeutungslosigkeit dieser Veränderung, die höchstens in pathologisch-anatomischer und helminthologischer Beziehung ein Interesse zu verdienen schien.

In dieser Richtung bewegten sich wie die Mehrzahl der späteren Arbeiten auch die Untersuchungen Rayer's[1]), die er im Jahre 1842 veröffentlichte. Dieselben beschäftigten sich hauptsächlich mit den histologischen Veränderungen und werden wir öfter Gelegenheit haben darauf zurückzukommen. Als anatomische Charaktere der Aneurysma equinum bezeichnete Rayer die Hypertrophie der kranken Arterienwand und besonders der tunica media und die constante Gegenwart eines Fibringerinnsels in den Wandungen. Er fand sehr selten ein Aneurysma, welches er bei 50 Pferden nur zweimal vermisste, ohne den Pallisadenwurm; die Zahl der vorhandenen Pallisadenwürmer stehe zu dem Umfang und dem Alter der fibrinösen Ablagerungen in einem directen Verhältniss. Dass die Würmer manchmal in den Arterienwandungen selbst ihren Sitz haben sollten, wurde von Rayer entschieden verneint; aus dem Umstande, dass dieselben überhaupt hie und da fehlen, glaubte er den Schluss ziehen zu dürfen, dass sie nicht die Ursache der krankhaften Veränderung seien.

Unter den folgenden Beobachtungen, die im Uebrigen vorwiegend Rupturen der Aneurysmen und dadurch veranlasste plötzliche Todesfälle betrafen, ist eine Mittheilung von Röhling[2]) zu nennen; derselbe erzählt 4 Fälle mit tödtlichem Ausgange, in welchen er aus dem fühlbaren Pulsiren gegen die Rückenwandung, als einem bestimmten Symptom, verbunden mit einer Verlangsamung des Herzpulses die sichere Diagnose auf ein Aneurysma der Gekrösarterie gestellt haben wollte. Ich erwähne

[1]) Archive de méd. comparée. Paris 1842. pag. 1.

[2]) Magazin für die gesammte Thierheilk. Bd. 15. p. 441. 1849.

diese Auffassung nur desshalb, weil sie bis jetzt ganz vereinzelt dasteht und noch immer der Bestätigung harrt.

Die nächste Arbeit über das Aneurysma equinum verdanken wir Bruckmüller[1]). Seine Untersuchungen bestätigten vor Allem die von Hering angegebene Häufigkeit desselben; unter 65 untersuchten Pferden fanden sich nur 6 ohne Aneurysmen d. h. 91% waren mit solchen behaftet. In den meisten Fällen fanden sich Pallisadenwürmer in den Gerinnseln, in den Wandungen selbst jedoch nie. Die atheromatöse Affection der Aneurysmawandung setzte sich manchmal auf die Aorta fort. Ausser der von Hering betonten Zerrung der Gefässe durch die schweren Eingeweide glaubte Bruckmüller dem spitzwinkeligen Ursprung der kleineren Arterienäste einen gewissen Antheil an der Entstehung der Aneurysmen beimessen zu dürfen. Ueber die Folgen des Aneurysma äussert sich Bruckmüller folgendermassen (l. c. p. 90): „Selten entstehen nachweisbar mit dem Aneurysma in Verbindung stehende Symptome, obwohl einzelne Fälle angegeben sind, in denen Aneurysmen der Gekrösarterien die bei Pferden so häufig vorkommenden Koliken veranlasst haben sollen; allein so wenig sich das causale Verhältniss dieser 2 Krankheitszustände im Voraus leugnen lässt, ebenso schwierig dürfte der wissenschaftlich begründete Nachweis desselben sein, um so mehr, als bei einer genaueren Untersuchung wohl immer andere Veränderungen in dem Darmkanale eine hinreichende Erklärung der Koliksymptome geben.“

Mit Uebergehung der in den Zeitschriften von dieser Zeit an zahlreich zerstreuten Einzelbeobachtungen, die meist Rupturen oder durch ihre Grösse ausgezeichnete Aneurysmen betreffen, heben wir nur die grösseren Arbeiten hervor.

Einen weiteren Vertheidiger der Hering'schen Theorie in Bezug auf die Entstehung der Aneurysmen finden wir in H. Bouley[2]); er lässt die Würmer erst secundär in den Aneurys-

---

[1]) Vierteljahrschrift für wissensch. Veterinärkunde. Bd. 2. p. 59. 1852.

[2]) Bouley et Reynal, Nouveau Dictionn. pratique de méd. vétér. Paris 1856. Bd. I. p. 548. Chap. Anévrysme.

men vorkommen. Während die pathologisch-anatomischen Verhältnisse kaum berührt werden, beschäftigt sich Bouley eingehender mit der Symptomotologie, die er „un point très obscur de notre pathologie" nennt und weiter „une lacune, que le temps seul pourra remplir complétement." Gestützt auf mehrere ältere Beobachtungen versucht er ein Krankheitsbild zu geben; die Hauptsymptome sind demnach: Eine gewisse Schwäche, behinderte Beweglichkeit, intermittirendes Hinken und Infiltration der hinteren Extremitäten, Krämpfe und Lähmungerscheinungen; blutige Excremente und intermittirende Koliken bilden besondere Anhaltspunkte für die Diagnose, welche durch die Untersuchung per rectum zur positiven Gewissheit werden kann.

Die oben erwähnte Ansicht Gurlt's wurde vollkommen von Fuchs[1]) adoptirt sowohl was die Häufigkeit der Aneurysmen als auch ihre Aetiologie betrifft.

Eine eingehende Erörterung liess Davaine[2]) dem Aneurysma verminosum in seinem verdienstvollen Werke über die Enbozoen zu Theil werden. Nach einer ziemlich vollständigen Zusammenstellung der einschlägigen Literatur hält er sich bei Schilderung der pathologisch-anatomischen Verhältnisse ausschliesslich an die Resultate der Untersuchungen Rayer's; in Bezug auf die ursächlichen Momente nimmt er jedoch einen anderen Standpunkt als der genannte Forscher ein; er hält die Aneurysmen ausschliesslich für die Folge der entzündlichen Veränderungen, welche der Pallisadenwurm verursacht; dabei betont er ausdrücklich die eigenthümliche Bewaffnung des Strongylus armatus, die ihn befähige die Arterienwandung zu verletzen und eine constante Irritation desselben zu unterhalten. Den Einwurf, dass man die Würmer manchmal vermisse, sucht Davaine dadurch zu widerlegen, dass in solchen Fällen die Würmer den aneurysmatischen Sack verlassen hätten. Schliesslich verwirft D. diejenigen Angaben (Morgagni, Rudolphi, Scarpa, Hurtrel d'Arboval, Otto),

---

[1]) Pathol. Anatomie der Haussäugethiere. p. 211. 1859.

[2]) Traité des Entozoaires. pag. 329. Paris 1860. Mit Abbildung eines Aneur. verminos. pag. 331.

nach welchen in den Arterienwänden des Pferdes Wurmknoten und Wurmtuberkel vorkommen sollten, als nicht auf thatsächliche Beobachtungen, sondern auf falsche Schlüsse sich stützend.

In der Monographie der Nematoden von Schneider (1866), der mit Leuckart sich um die Entwicklungsgeschichte des Pallisadenwurmes verdient gemacht, wird das Verhältniss der Würmer zu den Aneurysmen nicht berührt. Dagegen behandelte Leuckart[1]) die Wurmaneurysmen ausführlicher; er spricht sich entschieden dahin aus, dass die Aneurysmen in Folge einer local beschränkten Arteriitis durch den Parasitismus der Bewohner ihren Ursprung nehmen.

Dass die eben erwähnten Anschauungen durchaus nicht allgemein getheilt wurden, beweist Hering[2]), der neuerdings in einer casuistischen Mittheilung die Ansicht äussert, dass die Ursache der Aneurysmen der Eingeweidearterien noch unerklärt sei; ihm sei noch immer sehr unwahrscheinlich, dass die Pallisadenwürmer die Ursache seien einmal wegen ihrer geringen Grösse und dann weil sie manchmal fehlen oder nur in geringer Zahl vorhanden seien. Auf der anderen Seite bezweifelt jedoch Hering selbst die von ihm in seiner früheren Arbeit (vor 37 Jahren) angegebenen ursächlichen Momente und zwar unter Hinweis auf einen von ihm beobachteten Fall, der dieser Erklärungsweise durchaus widerspricht. — Auch Leisering[3]) spricht bei Gelegenheit eines Referates über den Hering'schen Fall sich dahin aus, dass die Ursachen der Aneurysmen der vorderen Gekrösarterie bis zur Stunde noch nicht vollkommen ermittelt seien; unter Hinweis auf eigene Beobachtungen über Aneurysma verminosum der Nierenarterien glaubt er jedoch die Würmer als nicht ganz unschuldig an der Bildung der Pulsadergeschwülste des Pferdes betrachten zu müssen.

[1]) Die menschlichen Parasiten Bd. II. p. 447. — Mit guter Abbildung (Nr. 257) p. 448.

[2]) Repertorium der Thierheilkunde. Bd. 28. p. 130. 1867.

[3]) Jahresbericht über die Leistungen und Fortschritte in der gesammten Medicin für das Jahr 1867. I. p. 632.

In ähnlichem Sinne äussert sich Röll[1]; er schreibt dem Strongylus armatus einen wesentlichen Antheil an der Bildung der Aneurysmen des Pferdes zu; in keinem Falle sei die Anwesenheit der Würmer in den Arterien eine gleichgültige.

Auch Bruckmüller[2]) hat die in seiner früheren Arbeit vertretenen Anschauungen über die Ursache der Aneurysmen fallen gelassen und hält die Arterienentzündung und die damit verbundene Erweiterung wohl ausschliessend für die Folge der Einwanderung des bewaffneten Pallisadenwurmes.

2) Der Pallisadenwurm (Strongylus armatus); Bau, Entwicklung und Wanderungen.

Literatur: C. A. Rudolphi, Entozoorum historia naturalis. Amstelod. 1808 und 1809 und Entozoroum Synopsis Berol. 1819. — Mehlis, Isis 1831. — Gurlt, Wiegmann's Archiv für Naturgeschichte 1844. Th. 1. p. 322. — Dujardin, Histoire naturelle de Helminthes. Paris 1845. — v. Siebold, v. Siebold n. Stannius, Lehrbuch der vergleichend. Anatomie 1. Th. Berlin 1848. — Diesing, Systema helminthum. 2. Bde. Wien 1850—51 und Sitzungsber. der k. Akademie der Wiss. Math.-naturw. Classe XLII. Bd. S. 595 1860. — Ercolani, Giornale di Veterinaria, 1852. Vol. I. p. 317. Torino und Repertor. der Thierheilk. v. Hering Bd. 14 p. 264. — Davaine, Traité des Entozoaires. Paris 1860. — Colin, Mémoire sur le développement et les migrations des Sclérostomes. Paris 1864 und Récueil de méd. vét. 1864 p. 686. — Leisering, über Hämatozoën der Haussäugethiere, Virchow's Archiv Bd. 33. p. 111. 1865. — Krabbe, Tidsskrift for Veterinairer. 1866. und Repertor. der Thierheilkunde. 1866. p. 361. — Schneider, A., Monographie der Nematoden. Berlin. 1866. — Leuckart, die menschl. Parasiten. Bd. II. 1867—1868.

[1]) Lehrbuch der Pathol. und Therap. der Hausthiere. Bd. II. pag. 205 und 208. 3. Aufl. 1867.

[2]) Lehrbuch der path. Zootomie. pag. 173 u. 179. 1869.

Unter den genannten Autoren haben sich besonders Rudolphi, Mehlis, v. Siebolt, Gurlt, Leuckart und Schneider um die Naturgeschichte der Nematoden verdient gemacht; wir folgen hier ausschliesslich den Angaben der beiden letzteren. Während Rudolphi und Andere die Würmer, die man in den aneurysmatischen Säcken der Eingeweidearterien des Pferdes trifft, als eine kleinere Varietät des Pallisadenwurmes (Strongylus armatus minor) betrachteten, wissen wir jetzt mit Bestimmtheit, dass dieselben nur eine jüngere Entwicklungstufe des Strong. armatus, der in den dicken Gedärmen des Pferdes seinen Sitz hat, darstellen. — Rudolphi hielt die unbedeutende Grösse der Aneurysmabewohner für die wahrscheinliche Folge ihres ungewöhnlichen Aufenthalts. Erst später überzeugte man sich (Mehlis), dass diese Würmer durch verschiedene andere Charaktere (Mund- und Schwanzbildung) von den Pallisadenwürmern des Darmes verschieden seien. In den Aneurysmen trifft man wiederum 2 Entwicklungstufen nämlich Larven von 6–15^{mm} (Fig. 1 b), die an der Stelle des gewaltigen Mundbechers der Darmwürmer eine rosettenförmige Hornplatte (Fig. 3) tragen, die in der Mitte von der kleinen Mundöffnung durchbohrt ist; ferner geschlechtsreife aber noch unausgewachsene Individuen von 19^{mm} (Fig. 1 a) deren Geschlechtsorgane zwar klein und ohne Zeugungstoffe sind, die aber in allen Stücken den ausgewachsenen

Fig. 1.

Pallisadenwürmer (Strongyli armati) aus einem Aneurysma der vorderen Gekrösarterie des Pferdes. a. Geschlechtsreifes, b. jugendliches Individuum (Larve). Natürliche Grösse.

Fig. 2.

Kopf des geschlechtsreifen Pallisaden-Wurmes. Der Mundrand mit scharfen Zähnen besetzt. Seitliche Ansicht. Vergrösserung 30.

Fig. 3.

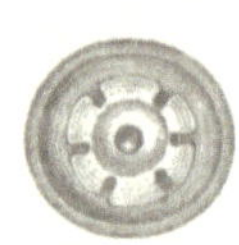

Kopf d. jugendlichen Palisadenwurmes (Larve) von vorn. Vergrösserung 30.

Darmbewohnern gleichen und nur noch in der abgestreiften Haut der geschlechtslosen stecken; diese Häutung aus den Jugendformen wurde zuerst von Gurlt beobachtet. Bevor wir in eine nähere Darstellung der verschiedenen Hypothesen über die Wanderungen und Entwicklung dieses schwierigen Wurmes eingehen, werden wir vorzugsweise nach den Untersuchungen Schneiders dem feineren Bau desselben einige Worte widmen.

Der Strongylus armatus (Rud.), bewaffneter Pallisadenwurm, Sclerostoma equinum (Dujard.), Sclerostoma armatum (Dies), entstammt der Gattung der Strongyliden aus der Ordnung der Nematoden (Rundwürmer).

Derselbe ist von blassröthlicher oder braunrother Farbe, drehrundem Körper; der Kopf kugelich abgestutzt; er ist vorzüglich durch einen den Schwanz trichterförmig umgebenden Beutel (Bursa) charakterisirt. Das Weibchen misst 23—46^{mm}, das Männchen 20—30^{mm}. (Weibchen 35—55^{mm}, Männchen 27—30^{mm} nach Davaine.)

Wie überhaupt der Körper der Nematoden besteht der Strongylus armatus aus zwei in einander steckenden Röhren; die innere ist das Darmrohr, die äussere der Leibesschlauch. Mastdarm und Mund sind functionell zwar Theile des Ernährungsapparates, morphologisch aber Theile des Leibesschlauches. Zwischen Darm und Leibesschlauch liegt der Geschlechtsapparat als ein vom übrigen Körper fast vollkommen isolirtes Gebilde, dessen Ausführungsorgan in die äussere Haut übergeht.

I. Das Darmrohr zerfällt in zwei scharf getrennte Abtheilungen, den Ösophagus und den Darm. Der Kanal des Ösophagus ist von einer chitinartigen dichten Membran ausgekleidet. Diese Auskleidung des Ösophaguskanals, die sich wie eine Cuticularbildung auf dem als Matrix dienenden Ösophaguskörper verhält, wird bei der Häutung ebenfalls abgeworfen. (Von dieser Thatsache kann man sich öfters überzeugen, indem bei Manipulationen mit den Würmern die Cuticula mit dem Ösophagus sich abstreift und letzterer an seiner äusseren Oeffnung festhaftend gleichsam das Verbindungsglied zwischen dem Wurm und seiner abgeworfenen Hülle darstellt). Die innere Oberfläche des Ösophagus ist glatt, mit parallel querlaufenden Streifen, die nach vorn convex gekrümmt verlaufen. Am hinteren Ende ist der Ösophagus schwach kolbenförmig angeschwollen. Der eigentliche Ösophaguskörper besteht aus Fasern und einer kernhaltigen Zwischensubstanz. Die Function des Ösophagus ist wesentlich die eines Saugorgans.

Der Darmkanal setzt sich aus einer einzigen Schicht Zellen zusammen, auf deren äusserer und innerer Fläche eine feste Cuticula liegt. Die Grundsubstanz des Darmkanals enthält viele dunkle Körnchen, die in dem sonst hellen Zellinhalt eingebettet sind. Diese Körnchen bestehen nicht aus Fett, wie man mitunter vermuthet hat, indem sie in Aether unlöslich sind. Mitunter enthalten die Zellen Kügelchen von schwarzer oder auch dunkelblauer Farbe. Am hinteren Ende des Darmkanals, das sich kräftig contrahiren kann, findet man deutliche Muskelfasern.

II. Der Leibesschlauch besteht aus 2 Hautschichten, der inneren Muskel- und der äusseren Hautschicht. Mit demselben ist auf das Innigste das Nerven- und Gefässsystem verbunden. Der Centraltheil des Nervensystems, ein den Ösophagus umgebender Ring, ist von einer Scheide umgeben, deren Gewebe sowohl in die Muskel- als Hautschicht übergeht.

1) Das Gewebe des Muskelschlauches gehört zu den willkürlichen Muskeln; die Muskelschicht besteht aus einzelnen Zellen, die an ihrer Aussenseite eine fibrilläre Lage besitzen, entweder in einem grossen Theile ihres Umfanges oder nur an dem der Haut anliegenden Theile.

2) Die Hautschicht, (die histologisch dem Chitinskelet der Arthropoden gleicht), besteht aus einer subcutanen und Cuticularschicht. Die erstere ist weich und feinkörnig; die Membranen der Cuticularschicht sind auf ihrer äusseren Fläche in der Spaltungsrichtung mit zarten Furchen bedeckt. Die äussere Seite der Cuticula ist mit zwei, gleichweit von einander abstehenden Linien bedeckt. Diese Linien entsprechen Falten, die nach innen bis etwa in die halbe Dicke der Cuticula eindringen. Die Haut bildet nicht bloss die allgemeine Körperbedeckung, sondern auch den Mund und After. Die Afteröffnung ist immer ein querer Spalt, an dessen

Rändern die Haut schief nach innen und der Rückseite zu ein Rohr, den Mastdarm, hineinsendet.

3) Unterbrechungen der Muskelschicht werden als Seitenfelder bezeichnet. In dem Seitenfeld verläuft ein wellenförmig verlaufendes Gefäss, welches einen drüsenartigen Anhang besitzt mit daran sich setzenden faserigen Strängen und krümlichen Körperchen von rostbrauner Farbe.

Das Centralorgan des Nervensystems besteht in einem den Ösophagus eng umschliessenden Ring.

Der Mund (Fig. 2), dessen kreisrunde Oeffnung mit einem doppelten Kranze scharfer Zähne besetzt ist, führt in eine nach hinten kugelförmig abgerundete Mundkapsel, in deren Tiefe die Zähne befestigt sind. Die hintere Oeffnung der Mundkapsel ist höchst complicirt gebaut und zeigt grosse individuelle Verschiedenheiten. Zur Bewegung der Zähne und Lippen finden sich keine Muskeln, sie werden nur durch die allgemeinen Körperbewegungen und die Saugwirkung des Ösophagus in Thätigkeit gesetzt. Die Zähne sind nach vorn gerichtet und können also sehr wohl zum Bohren und Schneiden dienen. Das Festhalten wird allein durch den Ösophagus bewirkt. Da derselbe im Zustand der Ruhe geschlossen ist, so wird der Mund ohne Anstrengung an der Stelle haften bleiben, wo er einmal angesogen ist. Diese Sicherheit der Befestigung wird durch die Mundkapsel noch erhöht, indem beim Saugen die Schleimhaut in die Mundkapsel faltenartig hineingepresst oder gezogen wird. Indess darf man die so befestigten Thiere nicht im ununterbrochenen Zustand des Blutsaugens denken.

Die männlichen Geschlechtsorgane bestehen aus dem Schwanzbeutel (Fig. 4) (Bursa) und dem Stachel (Spiculum). Die Bursa ist breiter als lang, sehr ausgebildet und besitzt die Gestalt eines Trichters; auf der Bauchseite der Bursa liegt immer eine Anzahl Papillen (Tastwerkzeuge). Das andere Begattungsorgan ist das Spiculum, welches sammt der Scheide, in welcher es immer steckt, eine Cuticularbildung ist. Die Geschlechtsröhre ist ein einfacher Schlauch, der sich in die ventrale Wand des

Fig. 4.

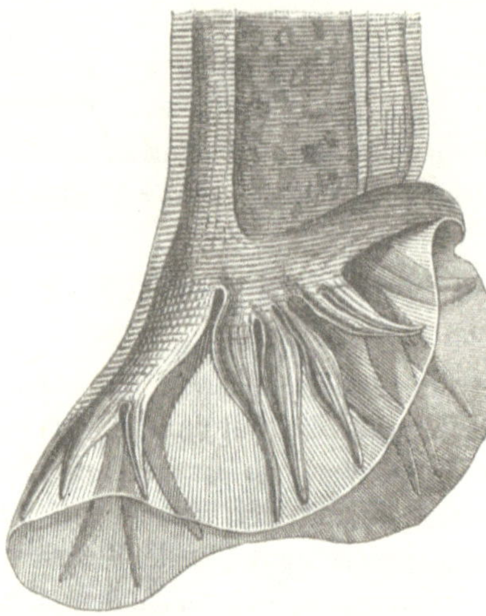

Schwanzbeutel (Bursa) des männlichen Pallisadenwurmes. Vergrösserung 30.

Mastdarms öffnet, mit einer Saamen bereitenden und einer Saamen ausführenden Abtheilung.

Die weiblichen Geschlechtsorgane bestehen aus äusseren und inneren Theilen. Als äusseres Begattungsorgan dient die Vulva, die 11^{mm} (bei einer Totallänge von 43^{mm}) vor der Schwanzspitze liegt und einen Spalt bildet, der die Bauchlinie quer durchsetzt. Die inneren Geschlechtstheile bestehen aus einem Schlauche, der sich in Vagina, Uterus, Tuba und Eierstock theilt.

Die Eier sind elliptisch, 0,09^{mm} lang (Davaine), in der Mitte eingeschnürt; die Begattung erfolgt unter einem rechten Winkel.

Wohnort: Equus Caballus. Besonders im Dick- und Blinddarm zu jeder Jahreszeit. Auch in Brasilien vorkommend. Die Zahl der Männchen soll im Allgemeinen grösser sein.

Entwicklung des Strongylus armatus. Den Untersuchungen Schneider's und Leuckart's war es vorbehalten, die irrthümlichen Lehren und Meinungen zu berichtigen, die seit Rudolphi bis auf die neueste Zeit über die allerdings verwickelten Metamorphosen des Strongylus armatus verbreitet waren. Nachdem Rudolphi den Bewohner der Aneurysmen des Pferdes als kleinere oder aneurysmatische Varietät des den Dickdarm bewohnenden Strongylus dargestellt hatte, machte Mehlis zuerst auf die abweichende Mund- und Schwanzbildung der ersteren aufmerksam, und Gurlt (1844) wies den Häutungsprocess nach, nach welchem sich dann erst die Zähnchen am Munde und der dreilappige Schwanzbeutel des Männchens zeigen. Später schilderte Ercolani (1852) einen Wurm in der Schleimhaut des

Colon und Coecum, den er mit der Entwicklung und Verwandlung des Pferdepallisadenwurmes in Zusammenhang brachte; er beschrieb nämlich Knoten und Granulationen in der Schleimhaut dieser Darmtheile von Linsengrösse, die in verschiedenen Entwicklungsstufen einen Wurm enthielten, zuerst ohne deutliche Mundtheile und dann mit Mundkapsel versehen. Ercolani ist hier, wie Leuckart und Schneider annehmen, in den weit verbreiteten Irrthum verfallen, dass er das Sclerost. tetracanthum, welches ebenfalls in der Schleimhaut des Dickdarms eingekapselt seinen Wohnsitz hat, mit den Jugendformen von Strong. armatus verwechselt hat.

Auch Davaine (l. c. p. LXXVII) hält in seinem classischen Werke die Trennung in 2 Arten noch aufrecht und unterscheidet eine variété intestinal und anévrysmatique; er beschreibt bei der letzteren sogar sehr kleine wahrscheinlich rudimentäre Eier, die ausserdem noch von keinem Beobachter gesehen wurden. Eine eigene Monographie von Colin (1864) war der Lebensgeschichte des Strongylus gewidmet; ihre zum grossen Theil unrichtigen Auffassungen sind von Leuckart vollständig widerlegt. Colin hält die Bewohner der Aneurysmen nur für verirrte und verkümmerte Parasiten; er ist in einer Richtung ebenfalls in den Irrthum Ercolani's verfallen, indem er die Jugendformen des Strongylus armatus mit denen des Sclerost. tetracanthum zusammengeworfen hat. Die Auswanderung der Eier des darmbewohnenden Strongylus leugnet Colin und lässt dieselben sich direct in der Schleimhaut des Darmes, in welche sie von den Weibchen versenkt werden sollen, sich entwickeln und so dieselben im Leibe des Pferdes ihre ganze Entwicklung durchlaufen. Die Mittheilungen Krabbe's schliessen sich an diejenigen von Ercolani und Colin an; er hält ebenfalls die Schleimhaut des Coecum und Colon für den eigentlichen Aufenthaltsort der jungen Strongyli; die in den Gekrösarterien gefundenen sind nach ihm verirrte Exemplare; auch er verwechselt das Sclerost. tetracanthum mit den Jugendformen des Strongylus armatus.

Kehren wir nun zu unserer eigentlichen Aufgabe zurück und versuchen nach den Untersuchungen Leuckart's eine übersichtliche Darstellung des complicirten Entwicklungsganges unseres Wurmes zu geben.

In dem Leben der Nematoden lassen sich 3 Stadien unterscheiden: Embryo, Larve und geschlechtsreifes Thier. Diese 3 Stadien werden dadurch scharf getrennt, dass diese Würmer sich während ihres Lebens 2mal häuten und mit jeder Häutung eine Metamorphose verbunden ist. Während die Lebensgeschichte der Entozoën sich über 2 Träger vertheilt, von denen der eine den Jugendzustand, der andere das geschlechtsreife Thier beherbergt, gibt es eine Anzahl von Nematoden, die keinen Zwischenwirth bedürfen und ohne Unterbrechung zur vollen Entwickelung kommen, sobald sie als reife, von den Eischalen noch umhüllte Embryonen in ihre Wirthe gelangt sind. Zu diesen gehört der Strongylus armatus. Die Eier des Pallisadenwurmes, der im ausgewachsenen Zustand den Dickdarm des Pferdes bewohnt, gelangen mit den Excrementen nach aussen; da dieselben nur von einer dünnen weichen Schale umschlossen sind, so entwickeln sich die Embryonen rasch und vermögen leicht nach Aussen durchzubrechen; sie schlüpfen aus und leben im Schlamm oder Wasser, um hier nach Art der freien Nematoden Nahrung zu geniessen. Entsprechend den Anforderungen des freien Lebens besitzen diese Jugendzustände gewisse charakteristische Eigenthümlichkeiten in Form und Organisation, die sie von den ausgebildeten Würmern unterscheiden; sie besitzen mit anderen Worten eine Larvenform, die zu einem freien Leben befähigt und die genau dieselbe ist, welche wir bei anderen beständig freien kleinen Nematoden (den Arten des Genus Rhabditis) (Pelodera und Leptodera, Schneid.) als eine bleibende Bildung wiederfinden. Die Uebereinstimmung ist so vollständig, dass es fast unmöglich ist, jene Jugendzustände ohne Kenntniss ihrer Abstammung und ihrer Metamorphose von wahren Rhabditiden zu unterscheiden, Die Embryonen von Sclerost. equin. entwickeln sich (Sommers) binnen 3—4 Tagen und gleichen durch ihre Körperform (sowie durch die Bildung des pfriemenförmig ausgezogenen Schwanzendes) und ihre Lebensweise den Embryonen von Sclerost. hypostomum. Nachdem diese jungen Individuen im Schlamm und Wasser sich bis zu einem bestimmten

Grad entwickelt haben, gelangen sie dann, wahrscheinlich mit dem Trinkwasser (Leuckart) — ob freilich immer sogleich, ist noch näher zu untersuchen — in den Darmkanal des Pferdes, als ihres definitiven Wirthes.

Da wir den entwickelten Wurm jedoch nicht allein im Dickdarm des Pferdes, sondern eine jüngere Entwicklungsstufe desselben nahezu regelmässig in den aneurysmatischen Erweiterungen der Gekrösarterien finden, so fragt es sich, wie letztere dorthin gelangen und wieder auswandern. Leuckart denkt sich diess folgendermassen: Die Einwanderung in das Gefässsystem geschieht ohne Zweifel zu einer Zeit, in der die Thiere noch klein sind, vielleicht unmittelbar nach der Uebertragung in die Pferde. Ob der Aufenthalt der jungen Würmer im Gefässapparat des Pferdes normal und für die weitere Entwickelung derselben nothwendig sei oder nicht, lässt Leuckart dahingestellt; jedenfalls sind gewisse Leistungen und Fähigkeiten von Seiten der Larven dazu nothwendig. Auch Schneider kann über die Art der Einwanderung in die Blutgefässe keinen Aufschluss geben. Beide Forscher stimmen darin überein, dass die Larven in den Aneurysmen zum geschlechtsreifen Thiere auswachsen und sich schliesslich, nachdem sie eine bestimmte Grösse erreicht haben ($15-18^{mm}$), durch eine Häutung in die definitive Form mit Mundbecher und Geschlechtsorganen verwandeln. Nach Schneider verlassen die geschlechtsreifen Thiere die abgeworfene Larvenhaut nicht, sondern wahrscheinlich erst dann, wenn sie ihre Wanderung aus dem Aneurysma nach dem Darm antreten; die Wege dieser Wanderung sind noch unbekannt. Leuckart glaubt, dass dieselben nach Abstreifen der letzten Larvenhaut die Wandungen des aneurysmatischen Sackes, die ihnen bisher als Wohnort gedient, verlassen, durch die peripherischen Verästelungen der Gekrösarterien den Darmkanal aufsuchen und dessen Wände durchbohren, um in das Darmrohr zu gelangen. Bei den nicht unbedeutenden Dimensionen der Würmer (Durchmesser jetzt circa 1^{mm}), wird diese Wanderung allerdings nicht ohne merkliche Verletzung stattfinden, allein trotzdem dürfte dieselbe keine grossen Schwierigkeiten haben, da die kräftige Bewaffnung des Mundes (Fig. 2) und namentlich die Zähnelung der Lippenränder ein Instrument darstellt, das unwillkürlich an eine Trepankrone (Leuckart) erinnert und für derartige Leistungen wie gemacht erscheint. Dass man solche Verletzungen bis jetzt noch nicht gefunden hat, hat für denjenigen, der weiss, wie rasch solche kleine Darmwunden sich schliessen, nichts Auffallendes; sind doch die Spuren der Darmwunde nach dem Darmstich kaum wieder zu finden. — Leuckart macht für die Wahrscheinlichkeit dieser Art Wanderung mit Recht noch geltend, dass der Grimmdarm, also das Gebiet der Arter. colica (besser der beiden arter. colicae), die am häufigsten mit Wurmaneurysmen besetzt ist, auch am häufigsten die ausgebildeten Würmer enthält, weit häufiger als der Blind- und Dünndarm.

Reife Geschlechtsprodukte hat Leuckart ebensowenig wie Colin bei den Aneurysmabewohnern aufgefunden; diese Thatsache erklärt er daraus, dass die Würmer noch vor der völligen Ausbildung ihren Wohnplatz ändern. Ausserdem trifft man in den Aneurysmen niemals in Begattung begriffene Thiere.

Die oben schon angedeutete Thatsache, dass in den Aneurysmen verschiedene Entwicklungsstufen des Strongylus gefunden werden, bedarf nach diesen Auseinandersetzungen keiner weiteren Erörterung. Ueber die von andern Arten abweichende Bildung des Mundes der Larven (Fig. 3) bemerkt Schneider noch, dass die Mundöffnung eine sechseckige Gestalt hat, welche von einer in der Haut selbst liegenden sehr zierlich gebildeten sechseckigen Rosette umgeben ist, um welche die 6 Mundpapillen liegen. Nach hinten schliesst sich an die Mundöffnung eine kleine aus 2 Schichten bestehende Mundkapsel oder Mundrand, der sich trichterförmig erweitert und auf die vordere Fläche des Ösophagus passt. Bei der Häutung werden nicht nur die allgemeine Körperhaut, sondern auch die bandförmigen Papillen, der Mastdarm, die Mundtheile, sowie die Auskleidung des Ösophagus abgeworfen.

Es liegen einige Beobachtungen vor, die wahrscheinlich machen, dass die Pallisadenwürmer in grosser Zahl in den Blutgefässen vorkommen können. So erzählt Mather[1]) von einem Fohlen, bei dem er in den Blutgefässen des Hinterleibs (Aorta poster. und ihren Zweigen) Tausende von Würmern gefunden haben will; in einem anderen Falle fand er dieselben in grosser Zahl in den Nierenarterien. Ferner wurden vor kurzer Zeit zwei Fälle[2]) beschrieben, in denen sich Tausende von Pallisadenwürmern in den Gedärmen und gleichzeitig in den aneurysmatischen Arterien des Hinterleibs fanden.

Ausserhalb des Darmes und der Aneurysmen wurde der Strongylus armatus einmal von Valentin in der Pfortader und von Gurlt in der Tunica vaginalis des Hodens gefunden (Schneider p. 312); ebenso fand Baird[3]) bei einem Fohlen den Strongylus armatus in der Scheidenhaut des Hodens. — Die Würmer welche Colin im geschlechtsunreifen Zustand in Kapseln eingeschlossen im subserösen Gewebe in der Nähe des Blind- und Grimmdarmes, der Bauchspeicheldrüse und der Leber bei Pferden gefunden hat und die er für Strong. armatus ansah, sind wahrscheinlich Strongyli tetracanthi gewesen.

Da der Strongylus tetracanthus (Mehlis) so vielfach in den Entwicklungskreis des Strong. armatus gezogen wurde, so geben wir schliesslich nach Schneider eine kurze Charakteristik desselben: Männchen und Weibchen 16^{mm} lang; Mundöffnung rund, von einem hohen Hautwulst umgeben, besitzt neben den Zähnchen 4 grössere Stacheln, Mundkapsel kurz, ihr vorderer Rand mit platten Borsten besetzt. After stark hervorgewölbt. Vulva kurz vor dem After. Bursa länglich. Wohnort: Equus Caballus, Duodenum und Coecum. Diese Würmer wurden von Rudolphi u. A. für junge Individuen von Strongylus armatus gehalten. Er lebt ebenfalls wie der Strong. armatus unter Rhabditisform eine Zeitlang im Freien, gelangt mit dem Wasser in den Pferde-

---

[1]) The Veterinarian. Vol. XXX. 1857 u. Repertor. der Thierheilk. Bd. 18 p. 333.

[2]) The Veterinarian. Vol. XLII. p. 404. 1869.

[3]) Magaz. of natur. history Vol. VIII. p. 502. u. Magazin f. d. gesammte Thierheilk. Bd. 31. p. 248.

darm, kapselt sich in der Darmhaut ab und verwandelt sich im Innern der Cyste in seine definitive Form.

3) Anatomische Verhältnisse der Baucheingeweide und ihrer Arterien.

Bekanntlich zeigen die Eingeweide des Pferdes in ihrem Bau einige Eigenthümlichkeiten, deren wir mit einigen Worten gedenken wollen.

Aus dem verhältnissmässig sehr kleinen Magen gehen die dünnen Gedärme hervor, die in einer Länge von beiläufig 22 Meter an dem langen, fächerförmigen Dünndarmgekröse (Mesenterium) befestigt sind, welches den Haupttheil der vorderen Gekröswurzel bildet. In der rechten Flankengegend mündet der Hüftdarm (Ileum) in den Blinddarm (Coecum), dessen Volumen das des Magens um das 2—3-fache übertrifft und der sich in einer Länge von ¾ Metern bis zur Brustbeinspitze erstreckt. Der Blinddarm ist mit dem oberen und unteren Quercolon (Ende und Anfang des Colon) durch das Blinddarmgekröse (Mesocoecum) verbunden, sowie durch das Ligamentum ileo-coecale mit dem Hüftdarm; ferner verbinden Bauchfellfalten seinen Blindsack mit dem Endstück des Zwölffingerdarms, der hier von rechts nach links tretend die Grenze zwischen vorderer und hinterer Gekröswurzel bildet, sowie mit dem Mastdarmgekröse (Mesorectum), welches allein die hintere Gekröswurzel bildet.

Der nun folgende Grimmdarm (Colon; la portion coecogastrique du colon) ist 3—4 Meter lang und so mächtig ausgebildet, dass er die Hälfte der Bauchhöhle ausfüllt. Er bildet eine einfache Schlinge, deren Ende unmittelbar neben dem Anfang liegt und erstreckt sich in einer oberen und unteren Lage, die durch ein schmales und langes Gekröse (Mesocolon) mit der Gekröswurzel und unter sich verbunden sind, von der rechten Flankengegend nach unten und vorn bis zum Brustbein und von hier nach rückwärts in die Beckenhöhle; sein Anfang bildet die rechte untere Lage, sein Ende (die magenförmige Erweiterung) die rechte obere Lage.

Die vordere Gekröswurzel wird demnach aus dem Gekröse des Dünn-, Blind- und Grimmdarmes zusammengesetzt und enthält als nahezu einzige Blutquelle für die beschriebenen circa 26—27 Meter langen Darmpartien die vordere Gekrösarterie (art. mesenterica anter.) mit ihren 26 Aesten. Während die Bauchschlagader (art. coeliaca) (Fig. 5. a) mit ihren 3 Aesten [art. hepatica (a'), gastrica (a'') und lienalis (a''')] Leber, Magen und Milz versieht, wird der ganze Intestinaltractus vom Anfang der dünnen Gedärme bis zum Anfang des Mastdarms von der vorderen Gekrösarterie (Fig. 5. b.) versorgt; der Mastdarm besitzt als eigene Arterie die hintere Gekrösarterie (art. mesent. poster.) (Fig. 5. l.).

Die Aeste der vorderen Gekrösarterie (Fig. 5. b.) (art. grande mésentérique; art. mesent. sup. des Menschen), deren Erkrankung uns fast ausschliesslich beschäftigen soll, anastomosiren nach vorn mit der Zwölffingerdarmarterie und hiedurch mit der Bauchschlagader, nach rückwärts durch einen starken Ast — art. hämorrhoidalis anter. (Fig. 5. c.) mit den Mastdarmarterien und hiedurch mit der hinteren Gekrösarterie. Weniger bedeutende Anastomosen bestehen am Grunde der Gekröswurzel mit den Arterien des Pankreas, der rechten Niere und Nebenniere sowie mit den hinteren Zwerchfellarterien und den Lendenarterien. — Für das Verständniss der in der Folge häufig gebrauchten Namen der einzelnen Aeste sowie der Localisation der Wurmaneurysmen ist es nothwendig, eine gedrängte Beschreibung der einzelnen Zweige dieser Arterie zu geben.[1])

Die vordere Gekrösarterie (Fig. 5. b.) stellt einen kurzen unpaaren Stamm dar, der als der stärkste Ast der Bauchaorta aus der unteren Wand derselben ungefähr 4 Centim. hinter dem Ursprung der Bauchschlagader entspringt. Ihre Verzweigungen werden am besten in 3 Gruppen eingetheilt:

1) Die Arterien des Dünndarms (Fig. 5. kk') (arteriae jejunales et ileae) entspringen nahe der Aorta als 7—9 Stämme,

---

[1]) Hauptsächlich nach: Franck, Lehrbuch der Anatomie der Haussäugethiere. Stuttgart 1870.

Fig. 5.

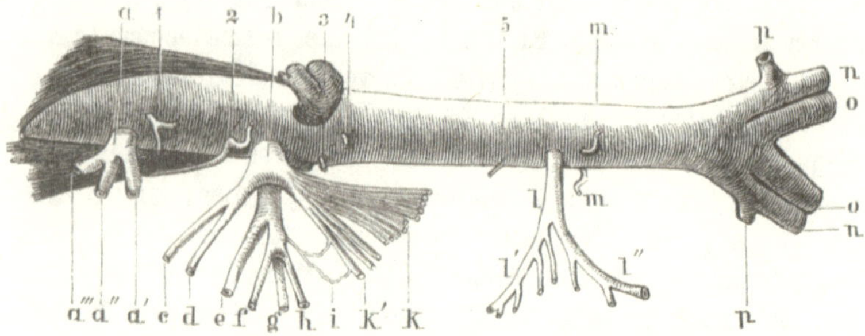

Die Bauchaorta des Pferdes und ihre Aeste.

a. Bauchschlagader (art. coeliaca); a', a'' und a''' Magen-, Milz- und Leberarterie. b. Vordere Gekrösarterie (art. mesent. ant.). c. Vordere Mastdarmarterie. d. Obere Grimmdarmarterie. e. Untere Grimmdarmarterie. f. Obere, g. untere Blinddarmarterie. h. Hüftdarmarterie. i. Anastomosen (pathologische) zwischen dem Stamm der Dickdarmarterien und einer Dünndarmarterie. k. Dünndarmarterien. k'. Ast zur Zwölffingerdarmarterie. l. Hintere Gekrösarterie. l' l'' Aeste derselben. m m. Innere Saamenarterien. n n. Darmbeinarterien (arter. iliacae). o o. Beckenarterien (art. hypogastricae). p p. Umschlungene Darmbeinarterie. 1. Zweige zum Solargeflecht und den Nebennieren. 2. Obere hintere Zwerchfellarterie und Ast zur Nebenniere. 3. Linke Nierenarterie. 4. Aeste zum Solargeflecht. 5. Ast zum Harnleiter.

die sich in 19—21 Aeste verzweigen. Sie sind von geringem Durchmesser und theilen sich in der Nähe des Gekrösansatzes in je 2 Aeste, von denen ein jeder mit dem ihm nächsten Aste der Nachbararterie anastomosirend einen Bogen (Arkade) bildet. Von diesen Gefässbogen gehen die Darmzweige (rami intestinales) gerade in senkrechter Richtung an den Darm; nur einzelne der grösseren Aeste bilden (wie beim Menschen) secundäre Gefässbogen. Auf 1 Meter Dünndarm kommt sonach eine Arterie.

2) Die Arterie des Hüft-Blind-Grimmdarms [1] (Fig. 5 e—h) (arteria ileo-coeco-colica). Sie verzweigt sich circa 8—10 Centim. von dem Ursprung aus der Aorta entfernt in folgende Aeste:

a) Hüftdarmarterie (art. ilea) (Fig. 5. h.), die mit dem letzten Aste der Gruppe 1 anastomosirend einen Bogen bildet.

[1] Eine eigentliche Art ileo-coecalis, wie sie von vielen Autoren analog der Verzweigung beim Menschen beschrieben wird, existirt nicht beim Pferde, sondern die 4 oben genannten Arterien entspringen gleichzeitig aus der vorderen Gekrösarterie.

b) Die obere Blinddarmarterie (art. coecal. sup.) (Fig. 5. f), die längs des Blinddarmgekröses verläuft und durch einen grösseren Ast mit der unteren Grimmdarmarterie anastomosirend auch die rechte untere Lage des Grimmdarmes versorgt.

c) Die untere Blinddarmarterie (art. coec. infer.) (Fig. 5. g.) verläuft auf der entgegengesetzten Seite des Blinddarms.

d) Die untere Grimmdarmarterie (art. colica inf., art. colique droite) (Fig. 5. e.) ist stärker als die obere (3a), gibt nach ihrem Ursprung einen besonderen grossen Ast zur magenähnlichen Erweiterung. Sie bildet mit der oberen Grimmdarmarterie (Fig. 5. d.) einen grossen Gefässbogen und geht in dieselbe unmittelbar über. Beide laufen im Mesocolon wenige Centimeter von einander entfernt längs der einander zugekehrten Tänien des Grimmdarmes.

3) Die Arterie des Grimm-Mastdarms (arteria colicorectalis) (Fig. 5. c. u. d.) besteht aus 2 Aesten, die manchmal auch getrennt, jedoch unmittelbar neben einander nahe dem Ursprung der Dünndarmarterien entspringen. Sie bildet folgende Aeste:

a) Die obere Grimmdarmarterie (arter. colica super., art. colique gauche) (Fig. 5. d.) ist schwächer als die untere Grimmdarmarterie (2 d.) und geht in der beschriebenen Weise in dieselbe über.

b) Die vordere Mastdarmarterie (arter. hämorrhoidalis anter.; branche anastomotique avec la petite mésentérique) (Fig. 5. c.) geht zum Anfang des Mastdarms und bildet mit der mittleren Mastdarmarterie (aus der mesent. poster.) einen Gefässbogen.

Ausser diesen Darmästen gehen von der vorderen Gekrösarterie noch Zweige zu dem Mesenterium und seinen Nerven, Venen, Lymphdrüsen und Lymphgefässen.

4) Feinerer Bau der vorderen Gekrösarterie.

Während andere mittelstarke Arterien des Pferdes wie z. B. die Nierenarterien wesentlich diejenigen feineren Structurverhältnisse zeigen, wie sie von Kölliker[1]), Eberth[2]) u. A. für die mittelgrossen Arterien des Menschen beschrieben werden, bietet die vordere Gekrösarterie des Pferdes (ebenso die Bauchschlagader und hintere Gekrösarterie) ein wesentlich abweichendes Verhalten. Dasselbe besteht in dem Vorhandensein einer Muskelschicht in der Intima und Adventitia, die meist so entwickelt sind, dass man mit Recht von einer Muscularis Intimae und Muscularis Adventitiae reden kann.

Bevor wir diese Verhältnisse etwas näher ins Auge fassen, bemerke ich, dass es mir nicht gelungen ist, unter 15 untersuchten Pferden eine normale vordere Gekrösarterie zu erhalten — ein sprechender Beweis für die Häufigkeit der Aneurysmen. Die folgenden Mittheilungen sind daher grösstentheils an relativ normalen Theilen verschiedener aneurysmatischer Arterien gewonnen und in Folge dessen vielleicht weniger exact.

Die vordere Gekrösarterie gehört zu den mittelstarken Arterien und besteht wesentlich aus Muskelfasern und elastischen Fasern, ferner aus Bindegewebe, Epithelien, Gefässen, Nerven; so entsteht eine Complicirtheit des Baues, die bei pathologischen Processen die Untersuchung nicht wenig erschwert.

Der Durchmesser der Ursprungsmündung beträgt circa 12—15^{mm}; die Dicke der Wandung 1,6—2^{mm}.

An Quer- und Längsschnitten lassen sich die 3 Hauptlagen unterscheiden, die man als Innenhaut — tunica intima, mittlere oder Ringfaserhaut — tunica media und als äusserste Haut — tunica adventitia sive externa bezeichnet.

Die normale Dicke der Intima beträgt 0,15—0,30—0,5^{mm}, der Media 0,8—1,0^{mm} und der Adventitia 0,8—1,0^{mm}.

Betrachten wir die einzelnen Häute von innen nach aussen fortschreitend, so finden wir:

1) Die Intima. Sie gehört der grossen Gruppe des Bindegewebs an und enthält alle Elemente desselben: Zellen und faserige Intercellularsubstanz mit reichlichem elastischem Gewebe.

---

[1]) Handbuch der Gewebelehre. 5. Aufl. 1867.

[2]) Stricker's Handbuch der Lehre von den Geweben. 1869. p. 191.

Ihre Elemente sind vorzugsweise in der Längsrichtung angeordnet. Während sie an anderen Arterien von ähnlicher Grösse nur 3 Schichten besitzt, besteht sie an unserer Arterie aus 4 Lagen, die von innen nach aussen in folgender Ordnung gelagert sind.

a) Die innerste Auskleidung der Arterie bildet die Zellhaut (Remak), das Endothel (His); sie besteht aus einer dünnen Lage spindelförmiger Zellen.

b) Die innere Faserhaut, innerste Längsfaserhaut (Remak), streifige Lagen der Intima (Kölliker). Sie ist bindegewebiger Natur und besteht in ihren innersten Schichten, die unmittelbar unter dem Endothel gelagert sind, aus blassen, streifigen Lagen mit zahlreichen spindel- und sternförmigen Zellen, die in anastomosirenden Kanälen liegen. Das Vorkommen von sternförmigen Bindegewebszellen, wie sie beim Menschen in der Aorta genauer beschrieben (Langhans) und theilweise bestritten wurden (Henle), ist für unsere Arterie nach meinen Präparaten keinem Zweifel unterworfen.

c) Angrenzend an die äusseren Schichten von b) und ohne scharfe Grenze in sie übergehend findet sich am Stamm und den ersten Aesten der Arterie eine Muskelfaserschicht (Fig. 6) mit einer feinfaserigen oder feinkörnigen Intercellularsubstanz. Die Richtung der Muskelfasern ist im Ganzen in der Längsaxe der Arterie, während die einzelnen Muskelfasern häufig mehr schräg und ungleichmässig gelagert sind (Fig. 6); dieselben bilden keine dichtgedrängte Schicht wie in der Media, sondern liegen mehr vereinzelt in die erwähnte Grundsubstanz eingebettet. Die Muskelfasern unterscheiden sich ausserdem insofern von denen der Media, dass sie in der Mehrzahl schmäler und kürzer sind. Die Dicke dieser

Fig. 6.

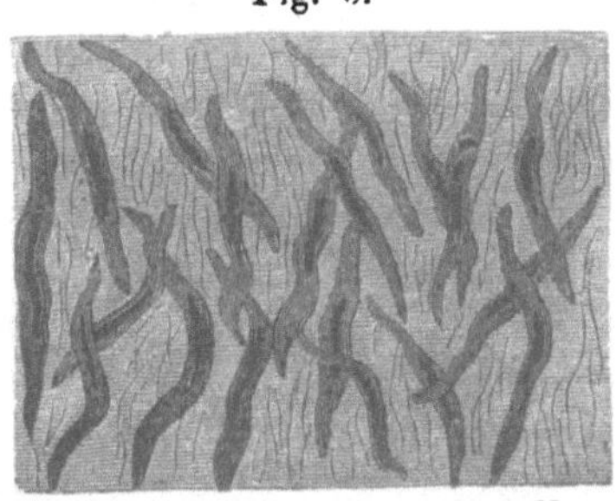

Muskelfaserschicht aus der Intima (Muscularis Intimae) der vorderen Gekrösarterie (Aneur. No. 41). Vergrösserung 250.

Muskelfaserschicht, die beim Pferde[1]) noch nicht beschrieben wurde, ist sehr verschieden. Sie ist unter kaum pathologischen Verhältnissen schon 0,3^{mm} dick und kann unter solchen einen Dickendurchmesser bis zu 1,5—2^{mm} erreichen. — Da dieselbe nur durch die elastische Innenhaut von der Tunica media getrennt ist, so könnte man bei tiefen Flächenschnitten daran denken, dass man die innersten Lagen der Media in den Schnitt bekommen hat; dass dem nicht so ist, davon überzeugt man sich durch Dickenschnitte an derselben Stelle. Dass man es hier wirklich mit Muskelfasern zu thun hat, ist zweifellos, da verschiedene Methoden z. B. die Maceration in Salzsäure oder Salpetersäure unwiderleglich die Gegenwart derselben constatiren. — Man ist wohl berechtigt, diese Schicht die „Muscularis Intimae" zu nennen, analog der Muscularis Mucosae in den Schleimhäuten.

d) Als äusserste Lage der Intima, die zugleich die Grenze gegen die Media bildet, haben wir die **elastische Innenhaut** — elastische Haut (Donders), elastische Innenhaut (Kölliker), elastische Längsfaserhaut (Remak) —; sie bildet an Querschnitten deutlich sichtbare feine wellige Längsfalten (Querfalten, wie sie Eberth für die Arterien des Menschen beschreibt, sah ich nur unter pathologischen Verhältnissen). Sie besteht aus 2—3 mit

---

[1]) Dieser Befund reiht sich an die Beobachtung Remak's (Archiv für Anatomie, Physiologie von J. Müller 1850. p. 79) an, der beim Menschen, Schwein, Ochs und Schaf eine contractile aus glatten Muskelfasern bestehende Längsschicht in der Intima der Arterien der Eingeweide (Arter. meser., venal., splenic. u. hepatic.) in der Nähe der Ausflussmündungen beschrieben hat. Remak schildert diese Muskelschicht als mit blossem Auge sichtbare, dicke, in die Gefässhöhle vorspringende Längsstränge. Sie ist bestimmt, die Ausflussmündungen offen zu erhalten, sobald namentlich bei spitzwinkeligem Abgang der nicht genügend in ihrer Lage befestigten Aeste (ib. p. 91 u. 92) eine zu weit gehende Verengerung des Stammes oder Astes oder beider den Abfluss des Blutes erschweren könnte. — Auch Kölliker und Eberth haben in einigen Arterien des Menschen vereinzelte Muskelfaserzellen oder ihnen sehr ähnliche Spindelzellen beobachtet.

einander anastomosirenden Membranen, die aus einem feinen elastischen Netz zusammengesetzt sind.

2) Die Media — Muscularis Mediae. Ihre Elemente haben eine Querrichtung und bestehen aus dicht gelagerten glatten Muskelfasern und einem feinen elastischen Fasernetz, welches von etwas Bindegewebe begleitet ist, das unter normalen Verhältnissen schwierig nachzuweisen ist. Sie wird nach innen durch die innere elastische Membran (1 d.) scharf von der Intima getrennt und ebenso nach aussen von der Adventitia durch die stark entwickelten elastischen Längsfasern derselben.

3) Die Adventitia lässt ebenfalls eine Muskelschicht erkennen und besteht somit

a) aus einem elastischen Theil mit vorwiegender Längsfaserung, der aus einem elastischen Fasernetz mit sich kreuzenden Bindegewebsbündeln besteht;

b) die innerste Lage besteht fast constant aus einer längsverlaufenden Muskelfaserschicht, die ebenfalls beim Menschen und einigen Säugethieren (Ochs, Schaf) als Attribut der in ihrer Lage weniger fixirten grossen Eingeweidearterien beschrieben wurde. Sie bildet keine innig aneinander gekittete Muskelschicht wie die Muscularis Mediae, sondern ihre Fasern sind bündelweise in ein reichliches elastisches und bindegewebiges Netz eingebettet. Unter pathologischen Verhältnissen kann man sie an Querschnitten schon mit blossem Auge unterscheiden; bei einer Dicke der ganzen Arterienwand von 6^{mm} habe ich sie 1,5—2^{mm} dick gesehen (vid. Aneurysmen Nr. 30); häufig ist sie 1^{mm} dick (Fall Nr. 31). Sie findet sich nicht bloss am Stamm der vorderen Gekrösarterie, sondern auch im Beginn ihrer grossen Aeste. Analog der Muscularis Intimae kann man sie als „Muscularis Adventitiae" [1]) auffassen.

Die Vasa vasorum verlaufen zahlreich in der Adventitia und erstrecken sich nur bis in die äussersten Lagen der Media; es sind demnach die Intima und die innersten Lagen der Media gefässlos.

[1]) Beide Muskelschichten finden sich, nur schwächer, auch an der Arteria coeliaca des Pferdes.

II.

Pathologische Anatomie der Wurmaneurysmen.

1. Casuistik.

Praeparat. Abthl. VII. Ord. 3 Nr. 3 der Münchener Sammlung.

(1) a) Aneurysma der arter. coeliaca.

Dasselbe sitzt unmittelbar am Ursprung aus der Aorta, ist von rundlicher Form und misst 4,5 Ctm. in allen Durchmessern. Die Ursprungsöffnung aus der Aorta ist auf 2,5 Ctm. Durchmesser erweitert. Die Wandung ist derb, elastisch, zwischen 1,5 —3^{mm} dick. An einigen Stellen nehmen sämmtliche 3 Häute namentlich die Media an der Verdickung Theil, an anderen gehen Intima und Media unmittelbar in einander über, indem die Media durch bindegewebige Einlagerung verdrängt und atropisch erscheint. Die Intima ist weissgelblich trüb, bildet flache Erhebungen, ohne Gerinnselbildung auf ihrer Innenfläche, die ziemlich glatt ist. Die abgehenden Aeste (Magen-, Milz- und Leberarterie) sind besonders an ihren Ursprung durch Verdickung und runzliche Längsfaltenbildung um die Hälfte ihres normalen Lumens verengt und haben die Ursprungsöffnungen derselben ein sternförmiges Aussehen.

In den innersten Lagen der verdickten Intima entsprechend den Zwischenräumen der verdickten streifigen Lagen sieht man eine geringe Zellenvermehrung, in den äussersten Schichten der Intima einige Fettkörnchen.

Die abnorm erweiterte Ursprungsöffnung der art. coeliaca gibt dem Aneurysma theilweise die Bedeutung und das Aussehen eines sackförmigen Aneurysma's der Aorta.

(2) a) Aneurysma der vorderen Gekrösarterie.

Die vordere Gekrösarterie stellt einen unregelmässig geformten derben Wulst dar von 12 Ctm. Länge und 7,5 Ctm. Dicke an der Basis, während weiter nach aussen, wo die beiden erweiterten Grimmdarmarterien allein betheiligt sind, der Dickendurchmesser nur 3,5—4,5 Ctm. beträgt. Die Lichtung der Gekrösarterie ist am Ursprung aus der Aorta in noch höherem Grade als bei a) auf 4 Ctm. Durchmesser erweitert, woran die der Ausflussmündnng zunächst gelegenen Theile der Aortawandung auch Theil nehmen und gleichsam durch ihre Ausbuchtung einen Vorhof des Aneurysma darstellen.

Die Wandung des Aneurysma ist bis zu 4—10^{mm} dick. An Querschnitten einer 7^{mm} dicken Stelle bilden Intima und Adventitia je die Hälfte der Wandung, während die Media, die an anderen Stellen hypertropisch, vollkommen geschwunden ist; man findet statt ihrer querverlaufende, zellenreiche, leicht braunroth pigmentirte Bindegewebstreifen, die hie und da $^1/_3$—$^1/_4$ des Gefässumfanges umkreisen und Adventitia und Intima unmittelbar verbinden; dieselben sind vascularisirt und lassen sich Gefässe bis zu 0,15^{mm} Durchmesser in ihnen nachweisen. Als ihre unmittelbare Fortsetzung erscheinen körnige Pigmentstreifen, die abwechselnd oder eingelagert in fettige Heerde zwischen Media und Adventitia sich ausbreiten. Letztere ist sehr zellenreich und zeigt eine Hypertrophie ihrer Längsmuschelfaserschicht bis auf 1,5—2^{mm} an einer Stelle, wo die ganze Wandung 6^{mm} Durchmesser hat. In anderen Gegenden der Wandung ist die Media 0,3—0,7^{mm} dick, aber unregelmässig angeordnet oder nur in einzelnen Faserbündeln vorhanden unter bedeutender Zunahme der elastischen und bindegewebigen Elemente. An solchen Stellen geht die Media ohne scharfe Abgrenzung in die Adventitia und Intima über. Letztere zeigt ein classisches Bild der acuten und chronischen Entzündung in allen möglichen Stadien und Formen. Während ihre äussersten Schichten durch Einlagerung reichlicher Rund- und Spindelzellen und Vermehrung der Muskelfaserzellen ausgezeichnet und stellenweise durch vascularisirtes Bindegewebe ersetzt sind, sind die innersten dem Thrombus nächstliegenden

Schichten mehr acut verändert, indem die lückenförmigen Räume der innersten Längsfaserhaut durch überaus zahlreiche Rundzellen von dem Aussehen weisser Blutkörperchen erfüllt sind. Kalkige Heerde bemerkt man nur an einzelnen Stellen der Media.

Das Lumen des Aneurysma ist in seinem ganzen Umfang, ebenso wie sämmtliche von dem Aneurysma ihren Ursprung nehmenden Aeste der Gekrösarterie durch einen derben, geschichteten, gelblichen Thrombus ausgefüllt, welcher der Intima ziemlich innig adhärirt. Derselbe setzt sich über den Rand der oben erwähnten, so bedeutend erweiterten Ursprungstelle der Gekrösarterie in das Lumen der Aorta hinein fort und zwar in Form von warzenförmigen Knollen, die theilweise mit einem Dickendurchmesser von 1 Ctm. in die Lichtung der Aorta hineinragen. Indem diese thrombotischen Ausläufer den Rand der Ursprungstelle der Arterie ringförmig auskleiden, bleibt als Eingang in das Aneurysma nur eine unregelmässige Querspalte von kaum 3^{mm} Breite, die sich eine Strecke weit in das Innere des Thrombus fortsetzt, um dann, wie eine eingeführte Sonde belehrt, blind zu endigen. Der Thrombus besteht mikroskopisch aus fettigkörnigem Debritus, geronnenem Fibrin und sparsamen weisen Blutkörperchen.

Die Bauchaorta zeigt hier ausser einer faltigen Runzelung der Intima keine, besonders nicht atheromatöse Veränderung.

Strongyli armat. sind nicht nachzuweisen.

Ein beiliegendes (10 Ctm. langes) Stück einer Arterie (arter. colica?) stellt einen harten Strang dar und ist durch einen frischen braunrothen Thrombus vollkommen verstopft.

Praep. A. VII. O. 3. Nr. 4 der Münch. Sammlung.

(3) a) Aneurysma der vorderen Gekrösarterie. (Art. ileo-coeco-colica).

Dasselbe misst 10 Ctm. in der Länge, 6 Ctm. im Durchmesser und hat eine ovale Form. Durch die bedeutende Verdichtung des Bindegewebs, welches zahlreiche grössere und kleinere Arterien, Lymphdrüsen und Nervenstämme zu einem derben festen Convolut vereinigt, ist die Wandung des Aneurysma bis auf 2 Ctm. verdickt, so dass das Lumen desselben, welches sich spindelförmig nach beiden Seiten verengert, an Stelle der grössten Erweiterung nur 2 Ctm. Durchmesser besitzt.

Die eigentliche Arterienwand ist auf 2—5^{mm} verdickt und ist dieser wechselnde Durchmesser hauptsächlich bedingt durch die ungleichmässige Dicke der Media, die entsprechend ihrem Faserverlaufe in circulären Zügen an einigen Stellen normal, an anderen hypertrophisch zackige Hervorragungen bildet und an anderen wiederum vollkommen atrophisch querverlaufende Einkerbungen zeigt. Die Intima verhält sich vielfach analog, indem sie stellenweise fehlt oder bis auf 2,5^{mm} verdickt, an anderen Stellen kaum sichtbar, allenthalben aber innig mit dem gelben, derben, wandständigen Thrombus verbunden ist, der in ungleicher Dicke die Innenwand des Aneurysma vollkommen auskleidet und nur einen engen Kanal frei lässt. Der Thrombus zeigt nirgends Andeutungen von Organisation und enthält 2 Pallisadenwürmer, die nahe der Intima ihren Sitz haben. Zwischen Media und Adventitia bemerkt man hellrothe Pigmentstreifen, die hie und da senkrecht die Media durchsetzend bis zu dem Thrombus sich fortsetzen.

Mikroskopisch enthält die Intima an den verdickten Stellen wenig zellige Elemente; in ihren innersten Schichten sind die streifigen Lagen einfach vermehrt, die äusseren dagegen meist bindegewebig umgewandelt und gehen dieselben mit Verlust der durch die elastische Innenhaut gebildeten Grenze unmittelbar in die Media über. Letztere enthält reichliche körnig braunrothe Pigmenthaufen, die als unmittelbare Fortsetzung der Ausläufer des Thrombus, die an Stelle des hie und da zerstörten Media bis zur Adventitia reichen, sich zwischen Media und Adventitia ausbreiten (Aneurysma dissecans multiplex). An den eingekerbt aussehenden Stellen der Wandung findet man die Intima vollkommen fehlend, an ihrer Stelle den wandständigen Thrombus, der entweder zugleich noch die fehlende Media vertritt oder zwischen die ringförmigen Reste derselben eingefilzt sich bis zur Adventitia erstreckt. Die Muscularis Adventitiae ist durchweg 1^{mm} dick, selbst noch am äussersten Ende der aneurysmatischen Erweiterung, wo die untere Grimmdarmarterie entspringt. In dem sclerosirten Bindegewebe der Adventitia und des Mesenterium finden sich die feineren Arterien (0,4^{mm} Durchmesser) mit organisirten und canalisirten Thromben versehen.

An einigen feinen Schnitten, welche die Media noch theilweise erhalten zeigen, findet sich zwischen ihr und der Adventitia die zusammengefaltete Larvenhaut eines Pallisadenwurmes, umgeben von einem fettig-körnigen, rothbraun pigmentirten Heerd. In der Mitte der Media an einer anderen Stelle findet sich eingebettet ein Strongylus, der seinem Umfange nach der Reife nahe ist.

Die Adventitia ist theilweise sclerosirt oder ebenso wie einzelne Reste der Media durch Rundzellen infiltrirt.

Die zahlreichen kleineren Arterienäste, die von dem Aneurysma ihren Ursprung nehmen, sowie andere in der bedeutend verdickten Bindegewebskapsel verlaufende Gefässe (Arterien und Venen) sind durch Wucherung der Intima ausnahmslos in ihrem Lumen verengt, oder durch frischere und ältere Thromben vollkommen verschlossen.

(4. u. 5.) b) u. c) Aneurysmen der unteren Grimmdarmarterie. Die beiden am peripherischen Ende des eben beschriebenen Aneurysma abgehenden Aeste des Hauptstammes sind durch frischere Thromben als Ausläufer des wandständigen Thrombus im Aneurysma vollkommen verstopft; der eine 5 Centimeter lang vorhandene Ast (arteria colica infer.) zeigt auf dieser kurzen Strecke zwei unmittelbar auf einanderfolgende kleinere Aneurysmen, von denen das erste kirschen- das zweite wallnussgross ist. Die Erweiterung ist ebenso wie bei 3 eine gleichförmig circuläre, die alle Seiten der Wandung betrifft. Die Wandungen verhalten sich mit Ausnahme der fehlenden dicken Bindegewebskapsel ähnlich wie die des grösseren Aneurysma.

Nur zeigen diese beiden Aneurysmen im Ganzen frischere Veränderungen sowohl in der Beschaffenheit der Wandungen als des vollkommen obstruirenden Thrombus. Erstere ist mit denselben buchtigen circulären Einkerbungen und Erhöhungen — namentlich das zweite grössere Aneurysma — versehen. Der Thrombus ist braunroth, theilweise geschichtet und enthält ebenfalls mehrere Exemplare von Strongylus armatus.

Da die 3 Aneurysmen unmittelbar auf einander folgen, so kann man das Ganze als *ein* rosenkranzförmiges Aneurysma auffassen, dessen einzelne Abtheilungen allerdings von sehr ungleicher Grösse sind.

Die Zahl der in sämmtlichen Aneurysmen vorhandenen Pallisadenwürmer beträgt 8.

Präp. A. VII. O. 3 Nr. 5 der Münch. Sammlung.

6) *Thrombus aus einem Aneurysma der vorderen Gekrösarterie.*

Dieses Präparat stellt nur den herausgeschälten, wandständigen, canalisirten Pfropf aus einem über kindskopfgrossen Aneurysma dar. Derselbe besteht aus einer schmutzig gelblichen oval geformten Masse von 17 Centim. Länge und 10 Centim. grösstem Dickendurchmesser; dieselbe ist mit einem plattgedrückten höhlenähnlichen Kanal versehen, der in seiner grössten Erweiterung in der Mitte des Thrombus 5 Ctm. breit und 2—3 Ctm. hoch ist. Entsprechend der Weite dieses Kanals verhält sich die Dicke des wandständigen Thrombus, der in der Mitte bis zu 4 Ctm. Durchmesser, gegen die beiden Enden nur 0,25—0,50—2 Ctm. Durchmesser hat. Der Thrombus ist von exquisit geschichtetem Bau; so lassen sich an einer Stelle von 0,5 Ctm. Dicke 16 blätterige Schichten zählen, woraus sich auf die Feinheit der einzelnen Blätter schliessen lässt.

Die Bestandtheile des Thrombus bilden theilweise veränderter Faserstoff und einzelne farblose Blutkörperchen. Der Kanal ist mit einer membranähnlichen, leicht ablösbaren Haut ausgekleidet, die mikroskopisch aus einem feinen fibrinösen Netzwerk mit Einlagerung mässig zahlreicher farbloser Zellen besteht.

Der Eingang zu dem Kanal ist weit offen, weniger der Ausgang, an dessen Stelle mehrere spitz zulaufende ästige Fortsetzungen des Thrombus den Abgang einiger Arterienäste andeuten, die grossentheils verstopft waren.

Pallisadenwürmer sind nicht vorhanden.

Präp. A. VII. O. 3. Nr. 6 der Münch. Sammlung.

7) Aneurysma der vorderen Gekrösarterie.

Dasselbe besteht aus einer kleineren vorhofähnlichen Abtheilung — Stamm der Gekrösarterie — und einer grösseren — Stamm der Dickdarmarterien. Von ziemlich ovaler Gestalt, nach einer Seite etwas sackig ausgebuchtet, 11,5 Ctm. lang, 6,5 breit. Die Wandung ist von derber, wenig elastischer Beschaffenheit, ist im Ganzen ziemlich gleichmässig dick ($3—5^{mm}$), wobei die Adventitia nur wenig betheiligt ist, mehr die Intima ($2,5—3^{mm}$ dick), während die Media in wechselnder Dicke an einigen Stellen hypertrophisch, an anderen namentlich an Stelle der grössten Erweiterung atrophisch und durch derbes, straffes Bindegewebe ersetzt ist, welches unmerklich in die verdickte Intima übergeht. Sowohl in den äusseren Lagen der Intima als auch in der Media bemerkt man eine ausgebreitete Verkalkung. Die Innenwand, die zum grössten Theile besonders in der mehr sackigen Ausbuchtung von einem derben, knolligen, wandständigen Thrombus bedeckt ist, ist im Uebrigen gelblich trüb, undurchsichtig und bildet flache beetartige Erhebungen, die stellenweise durch dünne blossliegende Kalkplatten gebildet werden. Betrachtet man feine Schnitte unter dem Mikroskop, so sieht man die einzelnen Häute ohne Grenze in einander übergehen; die Intima ist in ihren innersten Lagen theils fettig usurirt, theils enthält sie zwischen den Lagen der Längsfaserhaut einzelne Rundzellen eingelagert. Im Uebrigen ist die Intima zellenarm und grossentheils sclerosirt; sternförmige Zellen fehlen vollständig. In der Tiefe sieht man hie und da einzelne Muskelfasern mit den charakteristischen stäbchenförmigen Kernen. An einer Stelle ungefähr 1^{mm} unter der inneren Oberfläche sieht man neben einem kleinen kalkigen Herd (Fig. 7. c.) eine zusammengefaltete Larvenhaut (Fig. 7. b.) in die verdichtete Intima eingebettet; die weitere Lagerung der Larvenhaut an horizontalen Schnitten zu verfolgen, gelang nicht. Ganz in der Nähe findet sich ein wirklich knöcherner unregelmässig gestalteter Herd (Fig. 7) von $0,9^{mm}$ Länge und $0,5^{mm}$ Breite mit deutlichen zahlreichen Knochenkörperchen und Bildung von Havers'schen Kanälen (Fig. 7. aa.). In seinen äussersten

Fig. 7.

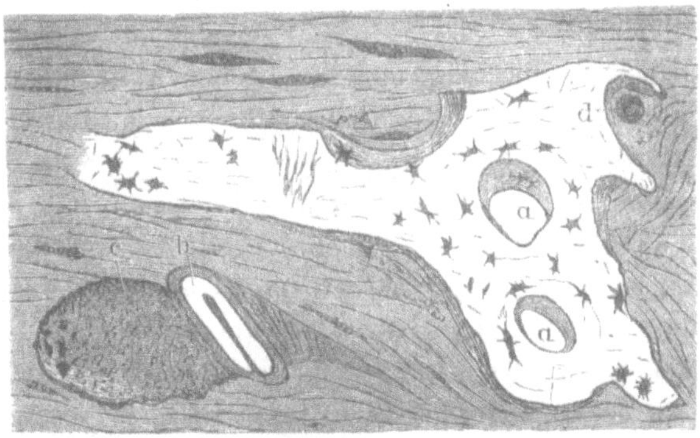

Wahre Knochenbildung in der Intima der Aneurysmawandung.
a) Havers'sche Kanäle. b) Abgeworfene Larvenhaut eines Pallisadenwurmes. c) Kalkherd. d) Grösseres Gefäss (Arterie). Vergrösserung 200.

Schichten enthält derselbe ausserdem unvollkommen ausgebildete Knochenkörperchen von verschiedener Form. Ebenso finden sich in der Nähe einige Kalkherde mit undeutlich knochenkörperähnlichen Körperchen; unmittelbar daneben sieht man in der Intima mehrere aus gefässhaltigem Bindegewebe (Fig. 7. d.) bestehende Herde.

Der oben erwähnte Thrombus adhärirt der Intima ziemlich innig und besteht wesentlich aus entfärbten Blutkörperchen und Fibrin ohne Organisation. Derselbe ist undeutlich geschichtet und an der dem Sacke gegenüberliegenden Seite von einem sehr unregelmässig aussehenden buchtigen Kanal durchzogen. Die Ein- und Ausmündungsöffnungen sind frei. Die Intima der abgehenden Arterien ist in zahlreichen Längsfalten verdickt. Ganz ähnlich verhalten sich die von der vorhofähnlichen Abtheilung des Aneurysma entspringenden Aeste (arteriae ileae, jejunales und hämorrhoid. post.), deren Ursprungsöffnungen überdies durch ringförmige Verdickung der Intima bedeutend verengt sind; einige kleinere Aeste sind an ihrem Ursprung durch atheromatöse Entartung der Aneurysmawand vollständig obliterirt.

Pallisadenwürmer sind im Thrombus oder dessen Kanal nicht vorhanden.

Präp. A. VII. O. 3. Nr. 7 der Münch. Sammlung.

8) Aneurysma der vorderen Gekrösarterie. (Art. ileo-coeco-colica).

Dasselbe ist biloculär und in beiden Abtheilungen mehr sackig als circulär erweitert. Das Ganze ist 7,5 Ctm. lang. Der erste Sack ist fast welschnussgross und hat 2,5 Ctm. in allen Durchmessern, ist nahezu rund und mehr nach rechts sich aussackend, während die zweite grössere Abtheilung nach links gerichtet und mehr platt gedrückt 4 Ctm. in der Breite und 3 Ctm. in der Dicke misst. Das Ganze hat die Form eines unregelmässig verzogenen 8ers. Der eigentliche Stamm der Arterie, wo die Arterien der Dünndärme entspringen, ist nicht verändert.

Die Wandungen sind bedeutend verdickt, das Lumen des Aneurysma entsprechend eng. Erstere sind durchweg 6—9^{mm} dick, wovon an einigen Stellen 7^{mm} auf die Media kommen; dieselbe ist vielfach durch bindegewebige circulär verlaufende Lagen unterbrochen oder ihre Muskellagen sind sehr dünn und unregelmässig angeordnet. An solchen Stellen nehmen die Adventitia und das umgebende Zellgewebe vorzugsweise an der allgemeinen Verdickung der Wand Theil. Auch die Intima ist hier bis auf 2^{mm} verdickt; stellenweise fehlt sie vollkommen oder ist in ihren ulcerirten Resten innig verschmolzen mit dem fast vollständig obstruirenden, sehr unregelmässig gestalteten Thrombus, der von bröckliger Beschaffenheit und in seinen äussersten Schichten älteren Datums ist. In den verschiedenen Theilen des Thrombus finden sich 49 Exemplare von Strongylus armatus nebst einigen abgeworfenen Larvenhäuten.

Die Eingangsmündung in das Aneurysma ist sehr verengt und ausserdem durch den im ersten Sack befindlichen, theilweise frischeren Thrombus nahezu vollkommen verschlossen; die Ausgangsöffnung ist vollkommen durchgängig. Hier beginnt eine dritte aneurysmatische Ausbuchtung, die aber nur zu einem kleinen Theil an dem Präparate vorhanden ist.

Die dazu gehörige Bauchaorta ist vollkommen normal, nur ist ihr Lumen eng und ihre Wandung verhältnissmässig dünn.

Präp. A. VII. O. 3. Nr. 8 der Münch. Sammlung.[1])

9) a) Aneurysma der Arteria coeliaca. (Fig. 8 b.)

Fig. 8.

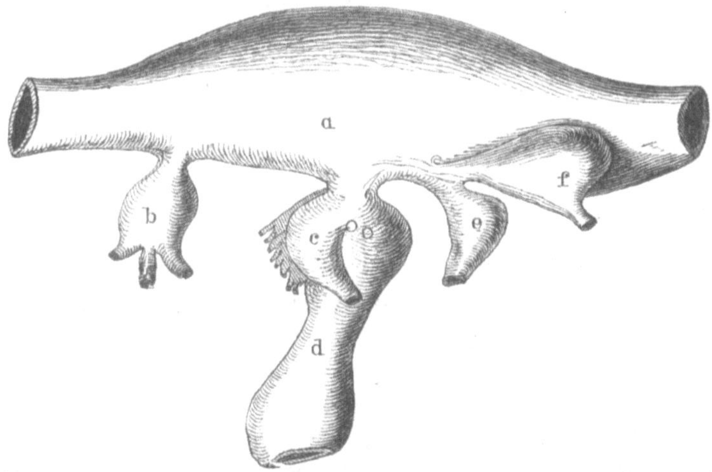

Sechsfaches Aneurysma der Bauchaorta und ihrer Aeste: a) der Bauchaorta (v. Aneur. Nr. 58), b) der Bauchschlagader (arter. coeliaca), c) der oberen Grimmdarmarterie, d) der vorderen Gekrösarterie (arter. ileo-çoeco-colica), e) der rechten Nierenarterie (v. Aneur. Nr. 59), f) der linken Nierenarterie (v. Aneur. Nr. 60). ½ der natürlichen Grösse.

Der kurze Stamm ist auf 1,5 Ctm. erweitert und setzt sich diese Erweiterung auf die beiden grösseren Aeste (a. gastrica und lienalis) conisch zulaufend fort. Die Wandung ist bis auf $2{,}5^{mm}$ verdickt und nehmen die Intima, deren Längsfalten sich noch weiterhin in die Verzweigungen fortsetzen, und die Media hauptsächlich an dieser Verdickung Theil. Durch die faltige Runzelung der Intima sowie durch einen wandständigen Thrombus, der sich aus der Aorta — oder auch umgekehrt in die Aorta (?) — fortsetzt, ist die Ursprungsöffnung der Coeliaca nahezu vollkommen verschlossen. Dieser wandständige Thrombus, der innig auf der Intima festsitzt, erstreckt sich in Form schmaler Ausläufer eine kurze Strecke weit in die Verzweigungen der Arterie fort. An der Stelle der Theilung in die 3 Hauptäste verdickt sich der

[1]) Vide Aneurysmen Nr. 58, 59 u. 60.

wandständige Thrombus zu einer unregelmässigen bröckligen bohnengrossen Auflagerung, die theilweise in Organisation begriffen ist, während die unterliegenden und angrenzenden Theile der Intima und Media durch purulente Infiltration bedeutend verdickt, geschwellt und an einer Stelle an der Grenze des Thrombus in ihren innersten Lagen förmlich ulcerirt sind. — Ohne Pallisadenwürmer.

10) b) Aneurysma der vorderen Gekrösarterie. (Fig. 8. d.) (Arter. ileo-coeco-colica).

Der in einer Länge von 8 Ctm. vorhandene Stamm der Gekrösarterie ist unmittelbar von seinem Ursprung aus der Aorta an aneurysmatisch erweitert und zwar in Form eines etwas in die Länge gezogenen 8ers. Der Querdurchmesser beträgt an verschiedenen Stellen 1,5—2 Ctm. Die Erweiterung ist eine circuläre, gleichmässige nach allen Seiten. Die Ursprungsöffnung aus der Aorta ist durch einen wandständigen Thrombus, der eine Fortsetzung des im Aortenaneurysma befindlichen Thrombus bildet, nicht unbedeutend verengt. Die Wandung ist durchweg verdickt, namentlich in der Mitte an den weniger erweiterten Stellen, die bis zu 6^{mm} dick sind, wovon allein 4^{mm} auf die hypertrophische Muscularis kommen. Im Beginne des Aneurysma, wo die grösste Erweiterung besteht, finden sich in der kaum 2^{mm} dicken Wandung einzelne kalkige Einlagerungen; die Media ist hier verdünnt und theilweise bindegewebig entartet. Die Intima ist überall erhalten, gelblich trüb, zu runzlichen Erhebungen und Vertiefungen umgewandelt; von ihr entspringen mehrere brückenförmige, rundliche Spangen, die ähnlich den Trabekeln der Herzhöhlen 1^{mm} dick und 7—15^{mm} lang das Lumen des Aneurysma durchkreuzen. Diese eigenthümlichen Spangen haben eine entfernte Aehnlichkeit mit Pallisadenwürmern, die an beiden Enden innig in die Intima eingebettet sind; die mikroskopische Untersuchung ergibt, dass dieselben aus feinfaserigem Bindegewebe bestehen.

Der abgeschnittene Stamm der Dickdarmarterien hat am peripherischen Ende des Aneurysma einen Durchmesser von 12^{mm}; die Wandungen sind 3^{mm} dick, wovon 2^{mm} auf die hypertrophirte

Media kommen; es war demnach auch hier eine zweite aneurysmatische Erweiterung vorhanden.

Im Innern des Aneurysma finden sich nur stellenweise feine fibrinöse Auflagerungen von 0,2^{mm} Dicke.

Keine Pallisadenwürmer im Aneurysma; dagegen in dem Aortenaneurysma.

11) c) Aneurysma der oberen Grimmdarmarterie. (Fig. 8. c.)

Die aus dem Stamm der vorderen Gekrösarterie nahe am Ursprung aus der Aorta entspringende obere Grimmdarmarterie bildet ein haselnussgrosses rundliches Aneurysma von circa 2 Ctm. Durchmesser nach allen Richtungen. Die Wandungen verhalten sich ähnlich wie im vorigen Falle. An feinen Schnitten sieht man die Intima entweder in zelliger Wucherung, oder auch fehlend und durch eine dünne Fibrinschichte ersetzt, die unmittelbar auf der Media aufliegt; letztere ist wie die Intima vielfach hypertrophisch oder zu bindegewebigen Quersträngen entartet. Diese circulären Stränge sind hie und da durch braunrothe Pigmentstreifen durchzogen, die sich in gleichem Grade auch in die Adventitia fortsetzen. Im Innern befindet sich ein strangartiger platter Thrombus, der wenig fest mit der Intima verbunden ist und sich aus dem Stamm der Gekrösarterie und der Aorta bis hieher fortsetzt. — Ohne Strongylus armatus.

Präp. A. VII. O. 3. Nr. 9 der Münch. Sammlung.

12) a) Aneurysma der vorderen Gekrösarterie. (Fig. 9.)

Dasselbe ist 9 Ctm. lang, 4 Ctm. breit und ziemlich gleichmässig rund; hat vollkommen die Gestalt eines menschlichen Magens und zwar so, dass an der dem Fundus entsprechenden Stelle der aus der Aorta entspringende Stamm der Gekrösarterie (Fig. 9. a) einmündet, an Stelle der Cardia die Arterien des Dünndarms — 7 Stämme mit 16 Zweigen (Fig. 9. g.) — und an Stelle des Pylorus die weiteren Verzweigungen der Dickdarmarterien ihren Ursprung nehmen (Fig. 9. c—f.). Das Aneurysma

Fig. 9.

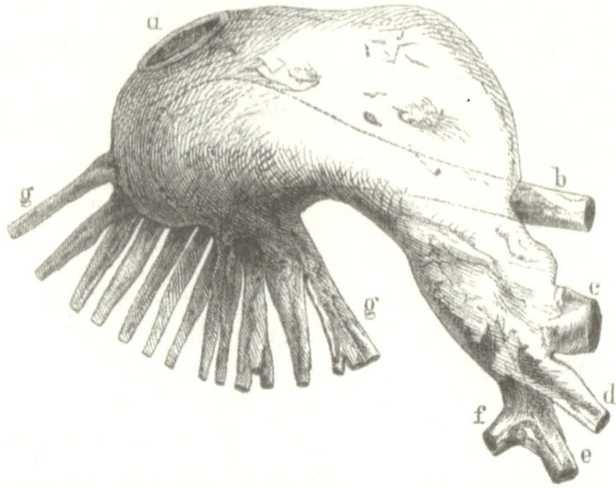

Aneurysma der vorderen Gekrösarterie. a) Am Ursprung aus der Aorta abgeschnittener Stamm der Arterie. b) Obere Grimmdarmarterie, an ihrem Ursprung aneurysmatisch erweitert. c—f. Arter. ileo-cocco-colica: c) untere Grimmdarmarterie. d) Hüftdarmarterie. e) obere, f) untere Blinddarmarterie. g g) Dünndarmarterien (art. ileae et jejunales). ²/₃ der natürl. Grösse.

ist unmittelbar am Ursprung aus der Aorta abgeschnitten, wo das Lumen der Gekrösarterie auf 2,5 Ctm. Durchmesser erweitert ist. Die Wandung stellt fast allenthalben eine durch kalkige Einlagerungen starre, 2—5ᵐᵐ dicke Kapsel dar, die nur an einigen umschriebenen Stellen, die der kleinen Curvatur des Magens entsprechen würden, von Kalkeinlagerungen frei und wenig elastisch und beweglich ist. Soweit die innere Wandung an dem nicht geöffneten Präparat zu sehen und zu fühlen ist, ist sie durch die grösstentheils bloss liegenden Kalkplatten ungemein rauh und höckerig, die mehrfach in ringförmigen Wülsten in die Lichtung des Aneurysma prominiren. Den Inhalt desselben bilden einzelne nicht sehr umfangreiche, schmutzig gelbe Faserstoffbröckchen, die namentlich auf den Rauhigkeiten der Kalkplatten sitzen. — Ohne Pallisadenwürmer.

Die Abgangsöffnungen der Dünndarmarterien (Fig. 9. gg.) sind durch ringförmige Verdickung der an diesen Stellen noch erhaltenen Intima mässig verengert, jedoch nirgends durch Thromben verschlossen.

13) b) Aneurysma der oberen Grimmdarmarterie (Fig. 9. b.).

Dieselbe ist in einer Ausdehnung von 3 Ctm. Länge und 2 Ctm. grösster Breite aneurysmatisch erweitert und geht allmählig konisch zulaufend in das normale Lumen des Gefässes über. Die Erweiterung beginnt unmittelbar am Ursprung der Arterie aus dem grösseren Aneurysma (12) und bildet gleichsam ein Anhängsel desselben, dem es durch die Structur seiner Wandungen und sonstige Beschaffenheit vollkommen ähnlich ist.

Exemplare von Strongylus armatus ebensowenig wie in 12 nachzuweisen.

Präp. A. VII. O. 3. Nr. 10 der Münch. Sammlung.

14) a) Aneurysma der vorderen Gekrösarterie. (Arter. ileo-coeco-colica).

Unmittelbar nach ihrem Ursprung aus der Aorta theilt sich die vordere Gekrösarterie in 3 von einander geschiedene Abtheilungen, wovon die eine die zu einem Paquet vereinigten Dünndarmarterien, die zweite die aneurysmatische obere Grimmdarmarterie und die letzte den ebenfalls aneurysmatischen Stamm der Dickdarmarterien umfasst, der zunächst beschrieben werden soll.

Das Aneurysma hat eine 8 ähnliche Form, misst 12 Ctm. in der Länge und an den beiden mehr ausgedehnten Endtheilen 6 Ctm. in der Breite; dagegen beträgt in der leicht eingeschnürten Mitte der Dickendurchmesser nur 4 Ctm. Auf die zweite Erweiterung folgt eine nur noch theilweise am Präparat vorhandene dritte Erweiterung, so dass das Ganze gewissermassen ein rosenkranzförmiges Aussehen hat.

Die Wandung ist ziemlich gleichmässig verdickt bis auf 4—5^{mm} und kommt diese Verdickung vorzüglich auf Rechnung der stellenweise von Bindegewebszügen durchwachsenen Muscularis, die an mehreren Stellen bis auf 3^{mm} verdickt ist; nur die beiden sackigen Ausbuchtungen, die die eigenthümliche Formation bedingen, besitzen etwas dünnere Wandungen. Die Adventitia und das angrenzende Bindegewebe nehmen verhältnissmässig geringen Antheil an der Verdickung. Die Intima ist allenthalben verdickt, milchig getrübt, oder schmutzig gelblich gefärbt.

Das Innere des Aneurysma ist bis auf einen unregelmässig gestalteten, mässig weiten Kanal von einem derben, gelblichen, exquisit geschichteten Thrombus ausgefüllt, der in den Ausbuchtungen innig an der Intima adhärirt, an anderen Stellen dagegen und in den mehr central gelagerten Schichten durch seine dunkelbraunrothe Färbung sein jüngeres Alter anzeigt. Mikroskopisch besteht der Thrombus wesentlich aus Fibrin und weissen Blutkörperchen in fettiger Entartung. In den äussersten Schichten des Thrombus finden sich einige grössere Kalkherde. Die Ursprungsöffnung der vorderen Gekrösarterien (Fig. 10 a), die 12^{mm} Durchmesser hat, ist zur Hälfte durch einen in das Lumen der Aorta hineinragenden wandständigen Thrombus (Fig. 10 b u. c.) ausgefüllt, der sich von dem Thrombus der Aneurysma unmittelbar in die Aorta fortsetzt und an dem Rande des Ausflussmündung innig mit der Intima verbunden ist. Derselbe ist wenig consistent und bröcklig. Aus der so verengten Ursprungsöffnung der Gekrösarterie ragt überdiess noch ein förmlich gestielter, etwas platt gedrückter Thrombus von 2,5 Ctm. Länge und 1 Ctm. Dicke (Fig. 10. b) frei beweglich in das Lumen der Aorta herein; derselbe hängt ebenfalls mit den innersten Schichten des aneurysmatischen Thrombus zusammen, oder ist vielmehr eine unmittelbare Fortsetzung desselben und hilft die ohnehin verengte Ausflussmündung noch mehr verengen.

Fig. 10.

Fortgesetzter Thrombus aus einem Wurmaneurysma d. vorder. Gekrösarterie in das Lumen der Bauchaorta. a) Ostium der vorderen Gekrösarterie, b) grösserer, c) kleinerer fortgesetzter Thrombus aus der aneurysmatischen vorderen Gekrösarterie in das Lumen Bauchaorta. $^2/_3$ der natürlichen Grösse.

An der Ausgangsmündung des Aneurysma endet der Thrombus ziemlich stumpf und ist dieselbe durchgängig.

Die Bauchaorta normal in jeder Richtung.

15) b) Aneurysma der oberen Grimmdarmarterie.

Das wallnussgrosse, rundliche Aneurysma mit 3,5 Ctm. Durchmesser nach allen Richtungen beginnt unmittelbar am Ausgangspunkte des vorigen (14).

Die Wandung ist gleichmässig auf 3—4^{mm} verdickt und nehmen hieran in erster Linie die Media, in zweiter die Intima Antheil; die Adventitia ist wie im vorigen Fall wenig betheiligt.

Das Innere ist nahezu vollständig ausgefüllt von einem gelblichen, mässig derben, geschichteten Thrombus, der theilweise der Intima nur lose anliegt, theils innig mit derselben verbunden ist; ein spaltförmiger Kanal, der mit einem dünnen abziehbaren Faserstoffhäutchen ausgekleidet ist, erhält denselben durchgängig. Der Thrombus, der eine unmittelbare Fortsetzung desjenigen in dem grösseren Aneurysma des Gekrösarterienstammes ist, verengt den Eingang in das vorliegende auf 2^{mm} Durchmesser und schliesst den Ausgang nahezu vollständig.

In dem auskleidenden Fibrinhäutchen findet sich ein mittelgrosser Strongylus armatus (Larve) eingebettet; in den äusseren Schichten des Thrombus nahe der Intima lässt sich eine abgeworfene Larvenhaut nachweisen.

Die zwischen beiden Aneurysmen (14 u. 15) entspringenden Dünndarmarterien sind durch Wucherung der Intima sämmtlich in ihrem Lumen verengt, während die Ursprungsöffnungen relativ intakt sind. So findet sich z. B. bei einer Arterie von 6^{mm} Durchmesser die Intima auf 1^{mm} verdickt, während die Media nur 0,4^{mm} dick ist.

Präp. A. VII. O. 3. Nr. 11 der Münch. Sammlung.

16) A n e u r y s m a d e r v o r d e r e n G e k r ö s a r t e r i e (art. ileo-coeco-colica).

Das Ganze bildet mit den innig verwachsenen Arterien des Dünndarms eine derbe wulstige Masse. Das eigentliche Aneurysma ist 12 Ctm. lang, an der Basis 5 Ctm., am äusseren Ende 4 Ctm. breit.

Die Wandung ist an einigen Stellen 6—7^{mm} dick, an anderen kaum 1,5—2^{mm}. Die Intima ist nach Ablösung des meist innig adhärirenden Thrombus entweder vollkommen ulcerirt und fehlend, oder wulstig verdickt und unterminirt. Die Media ist unregelmässig, die Adventitia allenthalben verdickt. Das Innere des Aneurysma ist von einem vollständig obstruirenden Thrombus eingenommen, der in seinen äussersten Schichten theils aus käsig eiterigem, mit einzelnen Kalkkörnern untermischtem Brei, theils aus weisslichen Fibrinschichten besteht; in einer solchen findet sich ein grosser Pallisadenwurm.

In dem peripherischen Ende des Aneurysma geht der ältere Thrombus in eine frischere dunkelrothe Cruormasse über, die 3 kleinere Exemplare von Strongylus armatus einschliesst.

Die vom Stamme der Gekrösarterie abgehende obere Grimmdarmarterie ist vollkommen thrombosirt, ebenso fast sämmtliche Arteriae ileae et jejunales, deren gemeinsamer kurzer Stamm durch einen festen derben Thrombus verschlossen ist. Der an diesem Präparate nur theilweise vorhandene kurze Stamm der vorderen Gekrösarterie d. h. der dem Ursprung nächste Theil derselben zeigt eine mässige Schwellung und Lockerung der Intima, die mit dünnen fest adhärenten wandständigen Fibringerinnseln belegt ist.

Die kleinen Gefässe des mesenterialen Bindegewebs, welches das Aneurysma unmittelbar umgibt, sind sämmtlich durch frische Thromben verstopft.

Präp. A. VII. O. 12 der Münch. Sammlung.

17) a) Aneurysma der vorderen Gekrösarterie. (Arter. ileo-coeco-colica).

Dasselbe bildet eine länglich concentrisch runde, nach allen Seiten gleichmässige Erweiterung, die 10 Ctm. lang, 4 Ctm. breit ist und gegen die Peripherie sich etwas verschmälert.

Durch diffuse kalkige Einlagerung ist die Wandung starr und unnachgiebig, ihre Dicke beträgt 1,5—2^{mm}.

Die Intima ist vollkommen aufgegangen in den plattenförmigen, grösseren und kleineren kalkigen Einlagerungen, ebenso die Media, von der nur noch hie und da Reste nachweisbar sind. Die Adventitia ist mässig verdickt und bildet mit der kalkig umgewandelten Media und Intima, die mit unregelmässig geformten lockeren Fibringerinnseln bedeckt ist, den wesentlichen Bestandtheil der Wandung. Im Innern des Aneurysma befinden sich lockere frei liegende Gerinnsel, die hauptsächlich aus rothen Blutkörperchen und Faserstoff bestehen und wohl theilweise erst postmortal entstanden sind.

Der Stamm der Gekrösarterie bildet unmittelbar vom Ursprung aus der Aorta beginnend eine Erweiterung, die gleichsam den Vorhof des grösseren Aneurysma darstellt, welches den Stamm der Dickdarmarterien einnimmt. Die Intima dieser vorhofartigen Erweiterung ist verdickt, rauh und durch einzelne kalkige Einlagerungen uneben; sie wird bedeckt von einer dünnen Faserstoffschicht, die bis an die Ausflussmündung aus der Aorta reicht und noch theilweise in dieselbe übergeht.

Am Eingange in das Aneurysma liegen 3 Exemplare von Strongylus armatus von mittlerer Grösse.

Die Bauchaorta vollkommen normal.

18) b) Aneurysma der oberen Grimmdarmarterie.

Dasselbe beginnt unmittelbar hinter dem Ursprung aus dem Stamm der Gekrösarterie als eine 2,5 Ctm. lange und 1,5 Ctm. breite Erweiterung, deren Wandung fast durchweg wie die des abgehenden Arterienstammes bedeutend verdickt ist.

Im Innern dieses kleinen Aneurysma findet sich ein wandständiger Thrombus, der in verschiedener Dicke theils der Wandung innig adhärirt, theils bröcklig und lose beschaffen ist und ein Exemplar von Strong. armatus enthält. Die Innenfläche der Wandung ist stellenweise unregelmässig vertieft durch Defecte der Intima. Die Media ist in ringförmigen Lagen verkalkt; man bemerkt auf Querschnitten einzelne Kalkherde in derselben, die sich in kleine mit atheromatösem Brei gefüllte Gänge fortsetzen.

Die Wandung des vom Aneurysma abgehenden Arterienstammes ist in ihren sämmtlichen Häuten verdickt.

Die übrigen vom aneurysmatischen Stamm der Gekrösarterie entspringenden Zweige des Dünndarmes sind in ihren Wandungen unter vorwiegender Betheiligung der in Längsfalten gelagerten Intima meistens verdickt.

Präp. A. VII. O. 3. Nr. 13 der Münch. Sammlung.

19) Aneurysma der vorderen Gekrösarterie.

Getrocknetes Präparat, zur histologischen Untersuchung nicht geeignet. Dasselbe ist von cylindrischer Form mit einigen Ausbuchtungen, 6 Ctm. lang, 3 breit mit stark verkalkten 3—5^{mm} dicken, in ringförmigen Absätzen angeordneten Wandungen. Ohne Inhalt.

Präp. A. VII. O. 3. Nr. 14 der Münch. Sammlung.

20) Aneurysma der vorderen Gekrösarterie.

Nur theilweise erhalten, indem das der Ursprungsöffnung nächste Stück fehlt. Der vorhandene Theil ist 5 Ctm. lang und 4 Ctm. breit, von rundlich-ovaler Form. Mit den abzweigenden Aesten, die namentlich für den Dünndarm sämmtlich von dem Aneurysma ihren Ursprung nehmen, bildet dasselbe ein von derbem Bindegewebe eingehülltes Paquet.

Die Wandung ist starr, bis auf 5^{mm} verdickt; die Intima ist bedeutend verdickt, trübe und theilweise verkalkt; in ihren innersten Lagen bemerkt man neben fettiger Entartung eine mässige Einlagerung von Rundzellen; ebenso finden sich die äusseren Lagen der Media in zelliger Wucherung. Die Media namentlich an Stelle der grössten Erweiterung ist bindegewebig metamophosirt und atrophisch oder nur von einzelnen bindegewebigen Quersepten unterbrochen.

Im Innern des Aneurysma finden sich ältere Fibringerinnsel, die innig mit der entarteten Intima verbunden sind; sie bilden, wie es scheint, nur Ueberreste eines grösseren wandständigen Thrombus, der entfernt wurde.

Die hier abgehenden (circa 16) Aeste des Dünndarms zeigen an ihrer Ursprungstelle eine besondere Abweichung, indem dieselben sämmtlich durch eine wallartige prominirende Verdickung der Intima des Aneurysma in ihrem Lumen nicht unbeträchtlich verengt sind. So ist z. B. die Lichtung einer Arterie, die mehrere Ctm. vom Ursprung entfernt einen Durchmesser von 3^{mm} hat, an der Ausflussmündung in einen länglichen Spalt von kaum

1,5^{mm} Durchmesser umgewandelt. Aehnlich verhalten sich in mehr oder minder hohem Grade die übrigen Arterien; eine grössere Arterie von 5^{mm} Durchmesser ist durch kalkige Metamorphose der Intima an ihrem Ursprunge vollkommen verschlossen.

Ausserdem ist die Intima sämmtlicher abgehenden Arterien wulstig verdickt, zu Längsfalten umgewandelt; ihr Lumen dadurch, sowie durch die Compression von Seite des verdichteten Bindegewebes verengt, in welchem eingebettet sie verlaufen.

Präp. A. VII. O. 3. Nr. 15 der Münch. Sammlung.

21) Aneurysma der vorderen Gekrösarterie.

Getrocknetes Präparat; zur histologischen Untersuchung nicht geeignet. Ist von rundlicher Gestalt und misst 4 Ctm. in allen Durchmessern. Die Wandung wird fast ausschliesslich von grösseren zusammenhängenden Kalkplatten gebildet; ebenso ist der Stamm der zuführenden Arterie mit kalkigen Einlagerungen versehen. Wirkliche Verknöcherung lässt sich nicht nachweisen.

Präp. A. VII. O. 3. Nr. 18 der Münch. Sammlung.

22) a) Aneurysma der vorderen Gekrösarterie (Fig. 11 a) (Arter. ileo-coeco-colica).

Dasselbe ist 13 Ctm. lang, in der ersten Abtheilung 3 Ctm. breit, in der zweiten 3,5; durch eine geringe Einkerbung in der Mitte erhält das Aneurysma einige Aehnlichkeit mit einem unregelmässigen 8.

Die Wandung ist elastisch und von sehr ungleicher Beschaffenheit und Dicke; letztere beträgt stellenweise nur 1^{mm} und steigt hinwiederum auf 6^{mm} an der wenigst erweiterten Stelle. Ein sehr unregelmässiges Aussehen zeigt die innere Oberfläche; dieselbe bildet abwechselnd Erhebungen und Vertiefungen und ist grösstentheils namentlich in den Ausbuchtungen ausgekleidet von einem innig adhärenten, entfärbten Thrombus, dessen Innenfläche ein höckeriges und zerklüftetes Aussehen hat und 10—12 Exemplare von Strong. armatus eingebettet enthält. In der Mitte des Aneurysma zwischen den beiden Ausbreitungen ist die Intima trüb weisslich verdickt und ohne thrombotische Auflagerung. Die

Fig. 11.

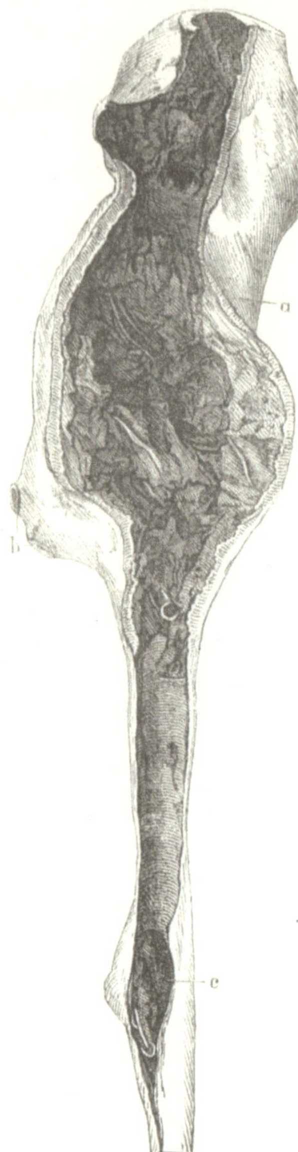

Aneurysma verminosum der vorderen Gekrösarterie: a) der Arter. ileo-coeco-colica, b) Ursprung der oberen und unteren Blinddarmarterie, c) Aneurysma der unteren Grimmdarmarterie. In a) Pallisadenwürmer und ein unregelmässiger wandständiger Thrombus, der sich in die Blinddarmaterien (b) fortsetzt. In (c) ein unregelmässig canalisirter Thrombus nebst einem Knäuel von Pallisadenwürmern. $^2/_3$ der natürlichen Grösse.

Adventitia ist allenthalben gleichmässig verdickt, die Media dagegen stellenweise namentlich in den Ausbuchtungen bis auf kaum bemerkbare Spuren geschwunden, an anderen Stellen dagegen auf 4^{mm} verdickt. Auf der äusseren Seite des ersten Aneurysma bemerkt man eine erbsengrosse rundliche Hervorragung (in der Abbildung nicht zu sehen), die sich bei näherer Untersuchung als ein kleines Aneurysma dissevans erweist; nach ulcerativer Zerstörung der Innen- und Mittelhaut hat sich das hier angesammelte Blutgerinnsel in einen puriformen Brei umgewandelt, der die Aussenwand hervortreibt. An feinen Schnitten durch die Aneurysmawandung sieht man mikroskopisch die Intima meist fehlend und durch den wandständigen Thrombus ersetzt oder zu einem zellenreichen Bindegewebe verdickt. Die Media ist vielfach von Querstreifen durchsetzt, die abwechselnd aus jungen Rundzellen, kalkigen Herden und Streifen von körnigem rostfarbenem Pigment bestehen; letztere breiten sich in der öfter geschilderten Weise zwischen Media und Adventitia aus und dringen hie und da noch in die Adventitia ein. Die Media ist an vielen Stellen besonders den vertieften circulären Einkerbungen vollkommen geschwunden oder durch gefässhaltiges Bindegewebe ersetzt und nur hie und da hypertrophisch. An den dünnsten Stellen der Wandung ist dieselbe von Querstreifen junger Rundzellen so reichlich durchsetzt, dass man kaum noch die normale Grundsubstanz erkennen kann; hier sieht man ebenfalls einzelne kalkige und pigmenhaltige Herde oder fettige Haufen, die sich auch bis in die Adventitia erstrecken.

Zwischen Media und Intima befinden sich ausserdem einzelne rundliche Herde, die aus einem frischeren, aus wenig veränderten rothen Blutkörperchen gebildeten Gerinnsel bestehen und vollkommen dem Umfang eines Pallisadenwurmes entsprechen.

Aus der zweiten Abtheilung des Aneurysma entspringen zwei grössere Aeste — arter. coecalis sup. et inf. — (Fig. 11. b.) die durch nahezu obstruirende fortgesetzte Thromben fast unwegsam sind.

23) b) Aneurysma der unteren Grimmdarmarterie (Fig. 11. c.).

In einer Entfernung von 5 Ctm. folgt auf das soeben beschriebene Aneurysma (Fig. 11. a.) ein zweites kleineres von länglicher mehr sackförmiger Form, welches 2 Ctm. lang und 1,5 Ctm. breit ist. Die Wandung verhält sich ähnlich wie in dem grösseren Aneurysma und besteht wesentlich aus Adventitia, während die Media grösstentheils und die Intima vollkommen ulcerirt sind. An einer Stelle der äusseren Oberfläche findet sich eine erbsengrosse rundliche Erhebung, die sich beim Einschneiden als ein kleines Aneurysma dissecans erweist, indem die Media und Intima ulcerirt und der Innenraum durch einen puriformen Brei ausgefüllt ist. Das Aneurysma selbst ist durch einen unregelmässig canalisirten, bröckliggelben und braunrothen Thrombus angefüllt, der an seinem peripherischen Ende einen aus 6 Pallisadenwürmern gebildeten förmlichen Knäuel einschliesst. Die Wandung der abgehenden Arterie ist verdickt; ihr Lumen durch

Fig. 12.

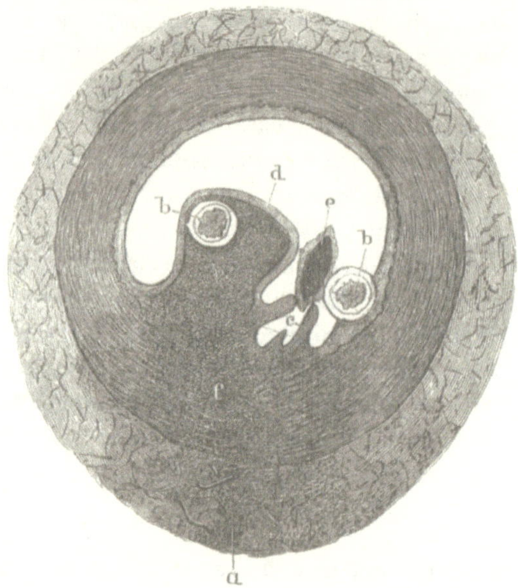

Arteriitis verminosa (der unteren Grimmdarmarterie).

a. Gefässentwicklung in der Adventitia. b b'. Querschnitte von Pallisadenwürmern. c. Papilläre Wucherung der Intima. d. Innerste Schicht der Intima, eiterig unterminirt und in das Arterienlumen emporgewulstet. e. Frischer Thrombus im Lumen der Arterie. f. Eiterig infiltrirte Media. Vergrösserung 12.

einen wandständigen in Schrumpfung und Rückbildung begriffenen Thrombus nahezu vollständig geschlossen. Mehrere Centimeter entfernt von diesem Aneurysma ist das Arterienlumen an einer Stelle etwas erweitert und wieder verengt; an der letzten Stelle finden sich in die Wandung eingebettet 2 Exemplare von Pallisadenwürmern (Fig. 12. b.), die Intima enorm verdickt und theilweise in papillärer Wucherung (Fig. 12. c.). An einem feinen Schnitt zeigt sich der Befund einer diffusen Arteriitis mit starker Gefässentwicklung in der Adventitia und den äussersten Schichten der Media (Fig. 12. a.) — In dem Lumen ein dünner frischer Thrombus (Fig. 12. e.)

24) Präp. A. VII. O. 3. Nr. 17a.

Aneurysma einer Grimmdarmarterie.

Dasselbe ist von konischer Form, 10 Ctm. lang, am centralen Ende 3 Ctm. breit, gegen die Peripherie 2—2,5 Ctm. breit. Die Verdickung der Wandung beträgt bis zu 6—10^{mm}, woran sich besonders die Adventitia und das angrenzende Bindegewebe betheiligen, die bis auf 6^{mm} verdickt sind. Die 2—4^{mm} dicke Media ist durch zahlreiche, querverlaufende, septenartige Lamellen von 0,5^{mm} Breite unterbrochen, welchen reichliche rostfarbene Pigmenteinlagerungen entsprechen, die sich zwischen Media und Adventitia weiter ausbreiten und der Media ein förmlich marmorirtes Aussehen geben. Diese queren Pigmentstreifen sieht man an denjenigen Stellen der Innenwand, die frei von thrombotischen Auflagerungen sind, durch die verdickte Intima hindurchschimmern. An solchen Stellen ist die Intima einfach getrübt und verdickt; im grössten Theile der Innenwand wird sie dagegen von unregelmässigen wulstigen Fibrinschichten bedeckt, in denen 10 Pallisadenwürmer eingebettet liegen. Der wandständige Thrombus setzt sich beiderseits in den zu- und abführenden Stamm der Arterie fort und verengt ersteren bedeutend; letzteren verschliesst er in Form eines frischeren braunrothen Gerinnsels vollkommen und enthält 2 geschlechtsreife Exemplare von Strongylus armatus. (Auf der Wanderung begriffen?). — In der verdickten Innenwand bemerkt man an Stellen, wo der wandständige Thrombus dieselbe nicht vollkommen auskleidet, mehrere feine Oeffnungen, die entweder Ausflussmündungen von kleineren hier abgehenden Gefässen sind oder als gewundene Gänge, die mit frischeren oder älteren Blutgerinnseln gefüllt sind, die Wandung durchsetzen. Die in dem einschliessenden Bindegewebe verlaufenden feineren Arterien sind fast ausnahmslos durch Thromben verschlossen.

An feinen Schnitten sieht man mikroskopisch die Intima entweder fehlend oder usurirt und es bedeckt hier der wandständige Thrombus, dessen äusserste Lagen in Organisation begriffen sind, unmittelbar die unebene zackige Media. An anderen Stellen ist die Intima entzündlich infiltrirt, verdickt, ohne scharfe Grenze von der Media geschieden und ebenso von den äussersten organisirten Lagen des Thrombus, der in seinen inneren Schichten aus Fibrin und weissen Blutkörpern besteht. An einer Stelle findet sich in die Intima eingebettet ein Strongylus von mittlerem Umfange, in dessen Umgebung eine reichliche Wucherung und Infiltration der Intima durch zellige Elemente bemerkbar ist. Wie schon erwähnt setzt sich der Thrombus an zahlreichen durch Pigmentstreifen gekennzeichneten Stellen quer durch die Media hindurch bis zur Adventitia fort; auch diese thrombotischen Ausläufer sind hie und da in gefässhaltiges Bindegewebe umgewandelt oder in Organisation begriffen und bestehen hauptsächlich aus weissen Blutkörperchen. Die im grösseren Theile verdickte Media zeigt stellenweise Hypertrophie der Muskelfasern mit bedeutender Entwicklung der elastischen Fasernetze und Bildung bindegewebiger Septen. An manchen Stellen erscheint das normale Bild der Media durch reichliche Rundzellenbildung vollkommen verwischt oder dieselbe vollkommen bindegewebig umgewandelt.

Präp. A. VII. O. 3. Nr. 23.

25) a) Aneurysma der vorderen Gekrösarterie. (Arter. ileo-coeco-colica.) (vide Nr. 57).

Der Stamm der Dickdarmarterien, der in einer Länge von 7 Ctm. vorhanden ist, bildet ein spindelförmiges, 2,5 Ctm. breites Aneurysma. Die Wandung ist auf einer Seite bis auf 10^{mm} verdickt, wovon 4^{mm} je auf Intima und Adventitia resp. das mesenteriale Bindegewebe kommen und nur 2^{mm} auf die Media. Die Intima selbst ist getrübt, faltig verdickt und hie und da mit dünnen, derben, fest anhaftenden Gerinnseln von geringem Umfange bedeckt. Dagegen fehlt die Intima und Media an mehreren ringförmigen Stellen vollkommen und wird hier die Wandung ausschliesslich durch die Adventitia und das verdichtete Bindegewebe gebildet. — Im Inneren keine Pallisadenwürmer.

An feinen Schnitten erscheint die Intima an den verdickten Stellen in ihren äusseren Schichten in vascularisirtes Bindegewebe umgewandelt oder durch Zunahme von glatten Muskelfasern verdickt und hie und da durch Einlagerung von Rundzellen verändert.

An den vertieften wie angefressen aussehenden Stellen liegen die Reste der Media entweder bloss oder sind bindegewebig umgewandelt. In der Umgebung dieser Stellen sieht man bindegewebige durch zahlreiche Rundzellen ausgezeichnete Septen quer die Media durchsetzen und hie und da in Verbindung stehen mit Gängen, die noch in den innersten Lagen der Media verlaufen und von denen einer die gefaltete Larvenhaut eines Strongylus enthält.

Die Grenze zwischen Intima und Media ist vollkommen verwischt; die elastische Innenhaut nicht mehr im Zusammenhang vorhanden.

In der Adventitia befinden sich feine Gefässe mit organisirten Thromben.

Fig. 13.

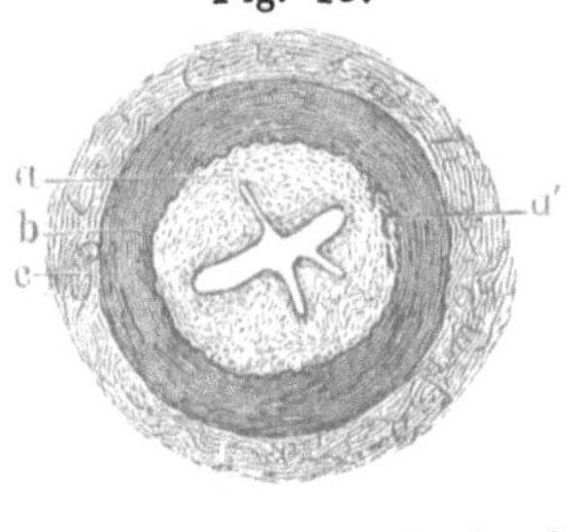

Endoarteriitis chronica der Bauchschlagader (arter. coeliaca). Querschnitt. a. Enorm verdickte Intima. a'. Gefässentwicklung in derselben. b. Media. c. Adventitia. Vergrösserung 3.

Die Bauchschlagader (art. coeliaca) zeigt in diesem Falle keine aneurysmatische Erweiterung, wohl aber eine Verengerung ihres Lumens durch eine enorme Wucherung der Intima (Fig. 13). Mikroskopisch findet sich ein grosser Zellenreichthum der Intima ohne eine Spur von fettiger oder kalkiger Metamorphose; an einer Stelle sind sogar mehrere Gefässe (Fig. 13. a') in den äussersten Schichten der Intima vorhanden.

26) b) Aneurysma einer Dünndarmarterie.

Unmittelbar vom Ursprung aus dem aneurysmatischen Stamm der vorderen Gekrösarterie (25) beginnt ein haselnussgrosses Aneurysma einer Dünndarmarterie, deren Lumen nach dem Austritt aus dem Aneurysma nur 1,3^{mm} Durchmesser besitzt. Im Innern einige kleine wandständige Gerinnsel.

Die Wandung ist verdickt; die Intima besitzt eine Dicke von 1,5^{mm} wie die Media, deren Durchmesser übrigens an verschiedenen Stellen verschieden gross ist.

Die milchig getrübte Intima wird hauptsächlich durch die verdickten zellenarmen Lagen der Längsfaserhaut zusammengesetzt; nur die innersten Lagen enthalten in lückenförmigen Räumen theils regelmässig eingelagerte, theils unregelmässig zerstreute Rundzellen. An Stelle der innern elastischen Haut liegt eine bindegewebige Lage, die hie und da die mit einem dicken elastischen Netze versehene und atrophische Muscularis durchsetzt. In den äussersten Lagen der Intima findet sich an einer Stelle eine Larvenhaut eines Strongylus in narbiges Gewebe eingeschlossen.

Auch hier finden sich feine Arterien der Adventitia mit organisirten Thromben.

Präp. A. VII. O. 3. Nr. 27.

27) a) Aneurysma der vorderen Gekrösarterie[1]). (Arter. ileo-coeco-colica).

Der in einer Länge von 7 Ctm. vorhandene Stamm der Gekrösarterie ist circulär gleichmässig auf 3—4,5 Ctm. Querdurchmesser erweitert.

Die Wandung ist derb, 4—7^{mm} dick an einzelnen Stellen nur 1,5^{mm}, wovon an manchen Stellen 3^{mm} auf die Intima und je 2^{mm} auf Media und Adventitia kommen. Nach Ablösung des 2—8^{mm} dicken canalisirten Thrombus findet man die vorher innig mit dem Thrombus verbundene Intima rauh und uneben, mit kalkigen Einlagerungen versehen, die sich bis an die Media erstrecken.

Der centrale Eingang in den canalisirten Thrombus ist unmittelbar am Ursprung aus der Aorta ziemlich eng; es erstrecken sich hier dünne und schmale Ausläufer des Thrombus bis über den Rand der Ausflussmündung in das Lumen der Aorta hinein. An diesem Präparat findet sich zugleich Thrombose der Becken- und Cruraläste der Aorta.

Der Thrombus ist von zahlreichen Strongylusgängen durchbohrt; seine äussersten Schichten bestehen aus fettig umgewandeltem Fibrin mit einzelnen weissen Blutkörperchen.

[1]) Vergleiche Aneurysmen der Bauchaorta Nr. 57.

In den tieferen Schichten des Thrombus findet sich ein Pallisadenwurm.

28) b) Aneurysma der oberen Grimmdarmarterie.

Wallnussgross, sackförmig, 4 Ctm. lang, 3 Ctm. breit; an seinem Ursprunge obliterirt.

Die Wandungen verhalten sich ähnlich wie im vorigen Falle, sind bis auf 2,5^{mm} verdickt; die Intima uneben und höckerig mit kalkigen Einlagerungen versehen, die mit dünnen, unregelmässigen Gerinnseln bedeckt sind; letztere bestehen hauptsächlich aus Fett, körnigem Detritus, Kalkpartikelchen und Spindelzellen. Ein vollkommen obstruirender Thrombus wurde wahrscheinlich entfernt. An dem centralen Ende des Aneurysma, wo man den zuführenden Stamm der Arterie zu finden glaubt, ist die Media und Adventitia bedeutend verdickt und das Lumen der Arterie durch einen verkalkten Thrombus, der mit der ebenfalls verkalkten Intima innig verbunden ist, vollkommen verschlossen.

Die vom vorigen Aneurysma (27) abgehenden Aeste des Dünndarms sind zu einem derben Paquet vereinigt und an ihrer Mündungsstelle aus dem Stamm der Gekrösarterie bedeutend verengt; so ist z. B. die Ausflussmündung einer Arterie von 4^{mm} Durchmesser auf 1,5^{mm} verengt.

Die Aorta ist in ihrer unteren Wandung in der Umgebung des Ursprungs der Eingeweidearterien verändert, ihre Intima bis auf 1,5^{mm} verdickt getrübt, faltig und mit einzelnen kalkigen und atheromatösen Herden versehen.

Altes Pferd zu anatomischen Uebungen getödtet. 6. XII. 1869.

29) Aneurysma der vorderen Gekrösarterie. (Arter. ileo-coeco-colica.)

Dasselbe ist 5 Ctm. lang, 2,5 Ctm. breit, im Anfang bauchig ausgedehnt, gegen das Ende schmäler werdend.

Die Wandung des Aneurysma ist 8—10^{mm} dick und ist hiebei besonders die Adventitia betheiligt, in geringerem Grade auch die Media und Intima. An feinen Schnitten sieht man die äussersten Schichten des Thrombus in beginnender und theilweise vollendeter Organisation und ohne Grenze in die innersten Lagen der Intima übergehen. Die normale Struktur der letzteren ist bedeutend verändert, indem sie grösstentheils durch ein zellenreiches — aus zahlreichen stern- und spindelförmigen Zellen bestehendes — derbes Bindegewebe ersetzt ist. Nach Ablösung des wandständigen Thrombus sieht man in der Intima querverlaufende schmutzig braune Pigmentstreifen durchscheinen, die mikroskopisch meist von querverlaufenden Streifen junger Zellen begleitet sind und sich mit denselben vielfach durch die verdickte Muscularis bis zur Adventitia fortsetzen; oder man sieht ähnliche oder bindegewebige Streifen in grosser Zahl die Muscularis quer durchsetzen, die hie und da von solcher Ausdehnung sind, dass sie die atrophische Muscularis ersetzen; längs derselben bemerkt man auch fettig körnige Herde. Im Uebrigen ist die verbreiterte und hypertrophische Muscularis vielfach bindegewebig umgewandelt oder es erscheinen an Längschnitten die einzelnen Muskellagen von breiten bindegewebigen Septen eingeschlossen. Die Adventitia ist bedeutend verdickt und enthält zwischen den elastischen Fasern ein derbes Bindegewebe.

Der Innenraum des Aneurysma ist von einem wandständigen, canalisirten Thrombus ausgekleidet, der am Ein- und Ausgang in der Dicke einer Federspule offen ist. Der Thrombus ist an Stelle der grössten Ausbreitung 7^{mm} dick und verdünnt sich von hier aus allmählig. Die Innenfläche desselben ist entweder unregelmässig vertieft oder mehr gleichförmig reticulirt. Derselbe ist von blassröthlicher Farbe und ziemlicher Consistenz; seine innersten Lagen bestehen nur aus Fibrin, seine mittleren und äusseren gehen entweder unmittelbar in die Intima über und sind bindegewebig organisirt oder befinden sich besonders an den dickeren Schichten in fettiger Degeneration: Körnerzellen, Fettmoleküle und Fettkörnchen, sowie weisse Blutkörperchen bilden an solchen Stellen die histologischen Elemente des Thrombus.

In dem Thrombus finden sich zahlreiche feine Kanäle, in denen eingebettet 14 Exemplare von Strong. armatus liegen.

Dieselben ragen theilweise frei in das Lumen des Aneurysma hinein oder sind noch von den innersten Lagen der Intima umschlossen. In den äussersten Schichten des Thrombus lassen sich ausserdem noch mehrere dunkelbraun gefärbte abgestreifte Larvenhäute nachweisen. Ferner findet sich an einer Stelle an der Grenze zwischen Intima und Media ein Pallisadenwurm eingebettet, dessen Lager eine direkte Fortsetzung eines der bindegewebigen Querstreifen bildet, welche die Muscularis durchsetzen und als weitere Ausläufer schmutzigrothe Pigmentstreifen und Bindegewebszüge zwischen Media und Adventitia besitzen.

Unter Kolikerscheinungen umgestandenes Pferd. Sect. 15. XII. 1869.

30) Aneurysma der vorderen Gekrösarterie. (Art. ileo-coeco-colica).

Ist von spindelförmiger Gestalt, 8 Ctm. lang und 3 Ctm. breit. Die Wandung ist bis zu 6mm dick, dehnbar elastisch. Die Innenfläche ist beinahe zur Hälfte von einem canalisirten ringförmigen Thrombus bedeckt, der das Lumen bedeutend verengt. An diesen Stellen fehlt die Intima und adhärirt der Thrombus unmittelbar der Media, die bedeutend verdickt ist. Ebenso hypertropisch ist die Muscularis adventitiae, die in der Mitte des Aneurysma bis auf 2mm verdickt ist. Die Intima ist an den Grenzen des Thrombus theils in ihren tieferen Schichten bindegewebig umgewandelt, theils mit Zunahme ihrer normalen Elemente durch reichliche Einlagerung von Rundzellen im Zustande acuter Entzündung. Auch die Muscularis Intimae ist stellenweise verdickt oder auch fehlend.

Nach Ablösung des Pfropfes erscheint die Intima grösstentheils im Zustande der Ulceration, ausserdem verdickt und gerunzelt. Ueberaus brüchige und lockere Massen von röthlicher Farbe bedecken die ulcerirten Stellen und bestehen mikroskopisch aus farblosen Blutkörperchen, körnigem Detritus, Fett, Körnerzellen und Pigmentschollen. Hie und da sieht man in der verdickten Intima quer laufende schmutzig braunrothe Streifen durchscheinen, die aus körnigem Blutpigment bestehen und sich öfters, von bindegewebigen Streifen begleitet, durch die enorm hypertrophische Media fortsetzen.

An einer peripherischen Theilungsstelle hinter dem Aneurysma, wo die Blinddarmarterien und die untere Grimmdarmarterie entspringen, sitzt ein lockerer reitender Embolus, der besonders das Ostium der unteren Grimmdarmarterie verengt und 3 Exemplare von Strongylus armatus einschliesst, von denen 2 sehr lose, 1 grösserer sehr innig in das Gerinnsel eingebettet ist. Der Embolus sitzt lose auf und besteht wesentlich aus weissen Blutkörperchen und fettig entartetem Faserstoff.

Weiter peripherisch in der unteren Grimmdarmarterie ein zweiter reitender Embolus von ähnlicher Beschaffenheit.

In einem anderen vom Aneurysma abgehenden Stamm (obere Grimmdarmarterie) findet sich eine weitere haselnussgrosse Erweiterung ohne Thrombenbildung.

Wegen Rotz getödtetes altes Pferd. 22. XII. 1869.

31) a) Aneurysma der vorderen Gekrösarterie.

Dasselbe ist 7,5 Ctm. lang, am centralen Ende 2,5—3 Ctm. breit. Die Wandung ist auf 7—8^{mm} verdickt mit vorwiegender Betheiligung der Adventitia und Media. Erstere ist sclerosirt, ihre Muscularis bis auf $1,5^{mm}$ verdickt; die Muscularis mediae bis zu 3—4^{mm} dick und in der Längsrichtung mit zahlreichen Einkerbungen und Firsten versehen. An ersteren fehlt meist die Intima und liegt der wandständige Thrombus die Vertiefungen ausfüllend unmittelbar auf der ulcerirten Media. In diesen längsverlaufenden Vertiefungen hausen manchmal grosse Exemplare von Strongylus zwischen den äussersten Schichten des Thrombus und den innersten der Media, die an solchen Stellen eiterig infiltrirt erscheint. An den prominirenden Firsten ist die Intima erhalten und besonders in der peripherischen Gegend des Aneurysma bis zu 1—2^{mm} verdickt. Die Innenfläche ist fast allenthalben mit einem 1—3^{mm} dicken, theilweise organisirten Thrombus ausgekleidet, der eine dem normalen Lumen der Arterie ungefähr entsprechende Lichtung offen lässt. Die innere, durch zahlreiche Längsfalten unebene Oberfläche des Thrombus wird von einer dünnen halbdurchsichtigen Membran ausgekleidet, die aus einem feinen Fibrinnetz mit spärlichen weissen Blutkörperchen besteht. Im Uebrigen zeigt der

Thrombus theils die verschiedenen Entwicklungstufen des organisirten Gewebes, theils besteht er aus Granulationszellen, reichlichen Körnerzellen und einem fettigen Detritus, der sich als ein schmutzig röthlicher Brei aus den Vertiefungen des Thrombus ausdrücken lässt.

In den verschiedenen Schichten des Thrombus eingebettet liegen 21 Exemplare von Strongylus armatus, die meist mit einem Ende frei in die Lichtung der Arterie hereinragen.

Die entzündliche Verdickung der Intima reicht unmittelbar bis an den Ursprung aus der Aorta, ebenso die Ausläufer des wandständigen Thrombus.

Die von dem erweiterten Stamm abgehenden Aeste des Dünndarms sind an ihrem Ursprunge sämmtlich durch wandständige Thromben verengt, einzelne grössere Arterien des mesenterialen Bindegewebs mit frischen Thromben versehen.

32) b) Aneurysma der oberen Grimmdarmarterie.

Dasselbe ist eine unmittelbare Fortsetzung des grösseren Aneurysma und hat den Umfang einer Haselnuss. Die Wandungen sind in allen Einzelnheiten ähnlich beschaffen wie die des vorhergehenden (31). Im Innern am Eingang 1 Pallisadenwurm.

Unter Kolikerscheinungen umgestandenes Pferd. 26. XII. 1869.

33) Aneurysma der vorderen Gekrösarterie (Arter. ileo-coeco-colica).

Die Erweiterung erstreckt sich bis zur Theilung in die einzelnen Aeste in einer Länge von 7 Ctm. und ist an der Basis 3 Ctm. gegen die Peripherie zu 1,7 Ctm. breit.

Die Wandung hat an Stelle der grössten Erweiterung nahe am Ursprung der Arterie eine Dicke von nahezu 1 Ctm. und wird gegen die Peripherie zu immer dünner. Die Media und Adventitia sind bedeutend verdickt; die Intima dagegen fehlt an einzelnen Stellen vollkommen, oder ist gelockert, geschwellt und in der Gegend der grössten Aussackung an einer umschriebenen Stelle ausserordentlich verdickt, succulent und milchig weiss. In das entzündlich infiltrirte, mit zahlreichen Rundzellen versehene

Gewebe der Intima findet sich ein Pallisadenwurm und in der Nähe in einer mehr bindegewebig sclerosirten Stelle der Intima die Larvenhaut eines Strongylus eingelagert.

An einer Stelle der Innenwand sieht man eine grössere schiefrig gefärbte Stelle durch die getrübte und verdickte Intima durchscheinen.

Im Ganzen ist die Muscularis bis über 6^{mm} hypertrophisch und von zahlreichen bindegewebigen Septen durchbrochen, die querverlaufend besonders an der Grenze gegen die Intima zu das Muskelgewebe verdrängen und so die Grenze zwischen beiden Arterienhäuten vollkommen verwischen. An einer solchen Stelle findet sich eingebettet ein Pallisadenwurm; die Wandung seines Lagers besteht aus einer Zone von Eiterkörperchen, die zugleich mit einem queren bindegewebigen Septum in Verbindung steht, welches die Muscularis quer durchsetzt.

In dem Aneurysma befindet sich ein lockerer, saftreicher, obstruirender Thrombus, der besonders an Stelle der grössten Erweiterung das Lumen der Arterie vollkommen ausfüllt und nur nach aussen die Intima theilweise freilässt, wo ein frisches lockeres Blutgerinnsel seine Fortsetzung bildet. Derselbe ist von weissröthlicher Farbe und verschliesst das Aneurysma in einer Länge von 2,5 Ctm. vollkommen, ebenso einen grösseren an der Basis abgehenden Ast — die obere Grimmdarmarterie. In dem Thrombus finden sich circa 8 Exemplare von meist ausgebildeten Pallisadenwürmern. Die mikroskopischen Elemente des Thrombus bilden weisse Blutkörperchen, feine Fettkörner, zahlreiche Molecüle und nur hie und da zusammenhängende Stückchen geronnenen Faserstoffs.

Weiter nach auswärts nahe dem peripherischen Endtheile des Aneurysma an der Theilungsstelle des Gefässes in die einzelnen Aeste des Dickdarms (art. colica inf. und art. coecalis) findet sich ein bohnengrosser, festsitzender Embolus, der vermöge seiner Grösse und Lage das Lumen der Arter. colica infer. nahezu vollständig verschliesst, sich in mehrere hier abgehende Aeste des Dickdarmes fortsetzt und dieselben vollständig unwegsam macht. Dieser Embolus hat ganz dasselbe Aussehen und Beschaffenheit wie der oben beschriebene Thrombus des Aneurysma;

ebenso ist seine mikroskopische Zusammensetzung dieselbe: er besteht ebenfalls ausschliesslich aus weissen Blutkörperchen, die nebst zahlreichen feinen Fettkörnern und moleculärem Detritus in eine spärliche Fibrinmasse eingebettet sind. Ungefähr 2 Ctm. nach aussen, wo die Arter. colica infer. einen grösseren Ast abgibt, sitzt ein zweiter reitender Embolus von geringerem Umfange und von derselben Beschaffenheit wie der soeben beschriebene.

An acutem Rotz umgestandenes Pferd. 28. XII. 1869.

34) a) Aneurysma der vorderen Gekrösarterie. (Arter. ileo-coeco-colica).

Die Erweiterung erstreckt sich in einer Länge von 9 Ctm. bis zur Verzweigung in die Dickdarmarterien, ist im Beginn 3,5 Ctm., weiter nach aussen nur 1,5 Ctm. breit und betrifft gleichmässig die Wände nach allen Richtungen. Die Wandungen sind durchweg auf 5^{mm} verdickt und sind sämmtliche Häute, namentlich die Media und Adventitia daran betheiligt. Die Intima ist getrübt, von weissgelblicher Farbe und durch leichte Erhebungen und Vertiefungen uneben. An der Stelle der grössten Erweiterung sitzt ein vollkommen circumscripter, warzenförmiger, fest anhaftender Thrombus von 6^{mm} Dicke, dessen Basis 12^{mm} in sämmtlichen Durchmessern misst. Derselbe ist von trübweisslicher Farbe und abgeglätteter Oberfläche; seine Basis bildet ein grösserer atheromatöser — aus grösseren Fettkörnern und moleculärem Detritus gebildeter — Herd in den innersten Schichten der emporgewölbten Intima. Mikroskopisch ist die Intima an dieser Stelle theils von zahlreichen Rundzellen durchsetzt, die in der nächsten Umgebung des atheromatösen Herdes allmälig seltener werden, in ihren tieferen Schichten dagegen bindegewebig umgewandelt, ebenso die innerste Lage der angrenzenden Media, entsprechend dem Sitz des Thrombus. Als unmittelbare Fortsetzung dieses Bindegewebs sieht man einen bindegewebigen Streifen hier schief die Muscularis durchsetzen, die im Uebrigen gleichmässig hypertrophisch erscheint.

Ein vollkommen ähnlich zusammengesetzter, wandständiger, prominirender Thrombus sitzt unmittelbar an der Ursprungsöffnung der Gekrösarterie und verengert das Lumen derselben merklich, sowie die Ausflussmündung der hier ihren Ursprung nehmenden vorderen Mastdarmarterie. Die äussersten Lagen desselben sind theilweise organisirt, setzen sich von der Basis des Thrombus aus als dünne, theils organisirte, theils mehr fibrinöse Ausläufer gegen die Aorta hin fort und ragen mit ihren äussersten Enden in das Lumen derselben hinein.

In dem Aneurysma findet sich kein Pallisadenwurm. Bei genauer Untersuchung sieht man auf dem zuletzt beschriebenen Thrombus ein dünnes schwarzbraunes Gebilde, welches mit einem Ende frei in das Lumen des Aneurysma hineinragt, mit dem andern so fest in dasselbe eingebettet liegt, dass es durch einen mässig starken Zug nicht zu entfernen ist. Die mikroskopische Untersuchung erweist dieses Gebilde als die abgestreifte Larvenhaut eines Pallisadenwurmes.

Derjenige Theil der vorderen Gekrösarterie, aus welchem die Dünndarmäste entspringen, ist ebenfalls mässig ausgebuchtet.

35) b) Aneurysma der oberen Grimmdarmarterie.

Beginnt in ovaler Form — 3 Ctm. lang, 2 breit — unmittelbar vom Ursprung aus der Gekrösarterie. Die Wandungen verhalten sich ähnlich wie im vorigen Falle; im Innern sind keine thrombotischen Auflagerungen.

Die zu beiden Aneurysmen gehörige Aorta ist in dem Abschnitt zwischen vorderer Gekrösarterie und Bauchschlagader in geringem Grade atheromatös verändert; die Innenwand ist leicht gefurcht, uneben und enthält in den tieferen Lagen der Intima dünne kalkige Platten bis zu Halbguldengrösse, die vorzüglich in der Umgebung der Ursprungsöffnungen beider Arterien gelagert sind. Die übrigen Theile der Bauchaorta sind vollkommen normal.

Zu anatomischen Uebungen getödtetes Pferd. 2. I. 1870.

36) a) Aneurysma der vorderen Gekrösarterie.

Dasselbe misst 10 Ctm. in der Länge, hat am Anfang einen Durchmesser von 4 Ctm., weiter nach aussen von 2—2,5 Ctm.

Nahe am Ursprung aus der Aorta ist die Erweiterung nach einer Seite zu mehr sackig, weiter nach aussen gleichförmig circulär.

Die Wandung ist 3—5^{mm} dick. Die Adventitia und das anliegende mesenteriale Bindegewebe sind bedeutend verdichtet; in letzterem sieht man stellenweise schieferig gefärbte Stellen hindurchschimmern, die sich mikroskopisch als unregelmässige körnige Pigmentstreifen erweisen. Die Media ist an Stelle der grössten Erweiterung theils bindegewebig theils in Verbindung mit der Intima kalkig umgewandelt; an dem peripherischen mehr gleichmässig erweiterten Theile des Aneurysma ist sie in hohem Grade hypertrophisch. Die innere Oberfläche ist sehr uneben und unregelmässig gebildet. Die verdickte und getrübte Intima, die mikroskopisch sehr zellenarm ist und in ihren äussersten Lagen einzelne fettige und kalkige Herde enthält, ist entweder mit einem dünnen innig anhaftenden Faserstoffbeschlage bedeckt oder an den verkalkten Stellen mit einem derben Thrombus bedeckt, die bis zu 8^{mm} dick das Lumen des Aneurysma verengen; in denselben eingebettet finden sich 5 grosse Exemplare von Strong. armat. und 2 abgeworfene Larvenhäute.

Am Rande der Ausflussmündung aus der Aorta bildet die Intima eine flache, linsengrosse, schmutzig grau durchscheinende Erhebung. Die nähere Untersuchung ergibt, dass hier ein Pallisadenwurm von ansehnlicher Grösse zwischen Intima und Media seinen Sitz hat. Derselbe ist ohne Larvenhaut und ist seine Cuticula von zahlreichen Eiterkörperchen bedeckt. Die innere Oberfläche der Intima ist ausser der leichten Erhebung an dieser Stelle vollkommen intakt. Mikroskopisch ist die Intima hier durch eine reichliche Zelleninfiltration um das vierfache ihrer normalen Dicke (0,35^{mm}) verdickt. Der Gang des Strongylus ist zunächst von einer dichten Lage junger Rundzellen umgeben, die allmählig in einiger Entfernung weniger zahlreich werden. Die Muscularis ist hier ebenfalls von zahlreichen jungen Zellen durchsetzt; an einigen glücklichen Schnitten sieht man einen die Media schief durchsetzenden Streifen, der durch körniges Pigment gekennzeichnet in den Wurmgang übergeht. Die Entwicklungsstufe des Pallisadenwurmes genau zu bestimmen war nicht möglich; nach dem

Durchmesser des Körpers konnte man ihn für eine mittelgrosse Larve ansehen.

Die von dem Aneurysma entspringenden Dünndarmarterien sind aus ihren Ausflussmündungen durchweg verengt und einzelne auch durch kleinere Thromben theilweise verschlossen.

37) Aneurysma der unteren Grimmdarmarterie.

Ungefähr ½ Meter von dem vorigen entfernt, ist 5 Ctm lang, 2 Ctm. breit, verschmälert sich an beiden Enden unbedeutend und stellt eine nach allen Seiten gleichförmige Erweiterung dar. Die Wandung ist bis auf 3—5^{mm} verdickt, so dass das Lumen höchstens 1 Ctm. Durchmesser hat. Die Verdickung der Wandung besteht vorwiegend durch die Theilnahme der Adventitia und des adnexen Bindegewebes. Letzteres zeigt ein reichlich entwickeltes varicöses Venennetz, welches durch eingeschlossene verkalkte Thromben knollige derbe Hervorragungen bildet; daneben sieht man schieferige Pigmentirung des sclerosirten Bindegewebes. Die Media ist verdickt und theils bindegewebig, theils kalkig umgewandelt. Die verdickte Intima ist mit einem bröckligen, gelblichkäsigen wandständigen Thrombus bedeckt, der ringförmig ⅓ der Innenfläche überzieht und 2 Pallisadenwürmer enthält. Mikroskopisch besteht der Thrombus in diesem wie im vorigen Falle aus farblosen Blutkörperchen, grossen Körnerzellen und Körnerhaufen (letztere bis zu 0,075^{mm} Länge und 0,03 Breite), körnigem und fettigem Detritus, grösseren Fetttröpfchen (bis zur Grösse eines rothen Blutkörpers), Myelin und etwas coagulirtem Blut. Ausserdem finden sich an ulcerirten Stellen der Intima sternförmige Bindegewebszellen in fettiger Entartung.

Im weiteren Verlaufe der Grimmdarmarterie finden sich kleinere Seitenäste derselben durch alte, theilweise kalkige Thromben verschlossen und das zunächstgelegene Bindegewebe des Mesocolon deutlich schieferig pigmentirt und sclerosirt.

Unter Kolikerscheinungen umgestandenes Pferd. Section am 9. I. 1870.

38) Aneurysma der vorderen Gekrösarterie.

Dasselbe erstreckt sich vom Ursprung aus der Aorta bis zur Theilung der Arterie in die einzelnen Dickdarmarterien in einer Länge von 11 Ctmr. Dasselbe ist ziemlich gleichmässig rund und von flaschenförmiger Gestalt, indem es im Anfang bauchig und 3,5 Ctm. breit, nach aussen nur mehr 2 Ctm. breit ist. An dem bauchigen Theil ist die Wandung bis zu 8^{mm} dick mit vorwiegender Theilnahme des verdickten mesenterialen Bindegewebes, während die Media dort theilweise atrophisch und bindegewebig umgewandelt ist. An dem engeren peripherischen Theil beträgt die Dicke der Wandung nur 3—5^{mm} und ist hier vorzüglich die Muscularis hypertrophisch. Die Intima ist allenthalben bedeutend verdickt und zum grösseren Theil von einer 1 — 2^{mm} dicken schmutzig weisslichen und schieferig gefärbten canalisirten Fibrinschicht bedeckt, die theilweise locker aufliegend 3 Pallisadenwürmer einschliesst, an anderen Stellen dagegen innig mit der Intima verbunden ist. Ihre Ausläufer setzen sich in centraler Richtung bis in das Lumen der Aorta fort, wo sie lose aufliegen. Die Ausflussmündung der Gekrösarterie ist überdiess nicht unerheblich erweitert. Der nicht vom Thrombus bedeckte Theil der Intima ist undurchsichtig, trüb, in flachen Falten und Unebenheiten verdickt. Mikroskopisch zeigt die Intima durchweg Vermehrung ihrer normalen Elemente, in den äussersten Schichten eine reichliche Einlagerung von Rundzellen. An der Media bemerkt man ausser der mässigen Verdickung keine auffallende Veränderung. Der deutlich geschichtete Thrombus besteht aus weissen Blutkörpern und Fibrin und ist von mehreren rundlichen 1,5—2^{mm} weiten Gängen durchbohrt, die entweder leer oder mit frischem Blutcoagulum gefüllt sind.

Die von dem Aneurysma entspringenden Arterienäste sind durch Verdickung der in Längsfalten erhobenen Intima ausnahmslos in ihrem Lumen verengert.

Die Aorta ohne irgend welche Veränderung.

Dreijähriges, wegen Rotz vertilgtes Pferd. 14. I. 1870.

39) Aneurysma der vorderen Gekrösarterie.

Ganseigross, misst im Längendurchmesser 7, im Querdurchmesser 6 Ctm. Beginnt unmittelbar von der Ursprungsöffnung aus der Aorta, die auf 15^{mm} Durchmesser erweitert ist und zerfällt in 2 Abtheilungen, von denen die eine den Stamm der Gekrösarterie, die andere kleinere den Stamm der oberen Grimmdarmarterie betrifft, die beide durch eine groschengrosse Oeffnung miteinander communiciren.

Die Wandungen beider Abtheilungen verhalten sich vollkommen übereinstimmend; sie sind derb, starr, von wechselnder Dicke — 3—10^{mm} dick — und zwar kommt diese Verdickung hauptsächlich durch die Verkalkung der Intima und Media zu Stande, die in Form von ringförmigen Auswüchsen in das Lumen des Aneurysma hineinragen und entsprechende ebenfalls ringförmige Ausbuchtungen zwischen sich lassen.

Die innere Wandung ist grösstentheils durch die weisslich getrübte und bedeutend verdickte Intima ausgekleidet, deren äussere Schichten mit den innersten der Media, wie erwähnt, ringförmig verkalkt sind. Diese Kalkringe liegen stellenweise bloss und sind nur von einer dünnen Membran bedeckt, die aus zahlreichen farblosen Blutkörperchen, Körnerzellen und einem feinen Faserstoffnetz besteht. In diese Membran eingelagert, die sich nahe dem Ursprung der Arterie aus der Aorta etwas verdichtet, befinden sich daselbst 3 grosse Exemplare von Strongylus armatus. Dieser wandständige Thrombus ist theils innig mit der Intima verbunden, theils liegt er locker auf und setzt sich über den Rand der Ausflussmündung in die Aorta fort. Auch in der kleineren aneurysmatischen Erweiterung findet sich ein wandständiger, lockerer Thrombus von weissröthlicher Farbe mit 2 Pallisadenwürmern; derselbe besteht vorwiegend aus Körnerzellen und Körnerhaufen in der verschiedensten Grösse nebst grossen blassen Granulationszellen und weissen Blutkörperchen.

Die Ursprungsmündungen der Arterien des Dünndarms bieten insofern ein eigenthümliches Verhalten, als dieselben sämmtlich taschenförmige und konisch zulaufende Ausbuchtungen bilden.

Die Aorta, sowie die übrigen Eingeweidearterien verhalten sich vollkommen normal.

Unter Kolikerscheinungen umgestandenes Pferd. Sect. 24. I. 1870.

40) Aneurysma der vorderen Gekrösarterie.

Von flaschenförmiger Gestalt, 7,5 Ctm. lang, am Beginn 3,5 Ctm., weiter nach aussen 2,5—3 Ctm. breit.

Die Erweiterung ist an der Stelle, wo die Aeste für die dünnen Gedärme entspringen, am bedeutendsten. Die Wandung ist dort sehr verdünnt und zeigt auf der Innenfläche einen doppelt bohnengrossen lockeren Thrombus jüngeren Datums, von blass röthlicher Farbe, der die Ursprungsmündungen mehrerer Arterien (obere Grimmdarmarterie und Mastdarmarterie) nahezu vollständig verschliesst. Derselbe besteht mikroskopisch in seinen innersten Theilen aus weissen Blutkörperchen, fettig-körnigem Detritus und lockerem Fibrin, während seine äussersten mit der Intima innig verbundenen Schichten aus jungem Bindegewebe bestehen. In ihm eingebettet finden sich 3 Pallisadenwürmer. Die gelockerte und geschwellte Intima enthält unmittelbar neben dem Thrombus ganz nahe der Ursprungsöffnung aus der Aorta 2 Pallisadenwürmer eingebettet, die geschlechtsreif und ohne Larvenhaut sind; ausserdem findet sich in einem communicirenden Gang eine abgeworfene Larvenhaut.

Die eigentliche Wandung des Aneurysma ist elastisch, mässig verdickt (3—5^{mm}) und enthält an einzelnen Stellen kalkige Einlagerungen in der Media, die hypertrophisch und gleichzeitig von bindegewebigen Streifen durchwachsen ist.

Die Intima ist opak, weisslich und verdickt; an Stelle der sackigen Ausbuchtung ist sie von einem frischeren, sehr lockeren und bröckligen, wandständigen Thrombus bedeckt, dessen Oberfläche sehr unregelmässig zerklüftet ist und welcher die Lichtung des Aneurysma hier bedeutend verengert. In ihm eingebettet finden sich 5 Pallisadenwürmer.

An feinen Schnitten der Wandung erscheinen die einzelnen Arterienhäute ohne Grenze von einander geschieden; die Muscularis, wie schon oben angedeutet, hypertrophisch und von zahlreichen jungen Zellen, Pigment- und Bindegewebstreifen durchsetzt. An der vom Thrombus bedeckten Stelle fehlt die Intima theilweise und ist hier die unmittelbar in den Thrombus übergehende innerste Schichte der Muscularis von mehreren Pallisadenwürmern durchbohrt, in deren nächster Nähe sämmtliche normale Elemente eingeschmolzen und durch reichliche dicht gehäufte Rundzellen ersetzt sind.

Bei der mikroskopischen Untersuchung der oben erwähnten Stelle nahe der Aorta, wo mehrere Strongyli eingebettet sind, findet man die Intima durch Zunahme ihrer Elemente auf 0,5^{mm} verdickt und in der Nähe der Wurmgänge durch reichliche Einlagerung von jugendlichen Zellen entzündet. Ebenso ist die Media in dieser Gegend in einen förmlichen Entzündungsherd umgewandelt, der seine Ausläufer in Form reichlicher Zellenwucherungen bis in die Adventitia und das angrenzende Bindegewebe sendet. Durch diese reichliche Zellenbildung ist das normale Bild der Arterienwand vollkommen verwischt; es besteht hier eine acute Arteritis diffusa in optima forma. In der entfernteren Umgebung findet man Intima und Media bindegewebig entartet und mit schmutzig braunen Pigmentstreifen versehen, die durch die verdickte Intima hindurchscheinen.

Verfolgt man die vom Aneurysma abgehenden Aeste des Grimmdarmes, so findet man an verschiedenen Stellen des Mesocolon besonders längs der zum Darm abgehenden Aeste das Bindegewebe verdichtet, dunkelrothbraun und schieferig pigmentirt; die Arterienäste selbst sind vielfach in harte Stränge von 2—3^{mm} Durchmesser verwandelt, die sich beim Einschneiden als derbe gelbschmutzige kalkige Thromben erweisen. Ausserdem findet man mikroskopisch überaus zahlreiche gröbere und feinere Arterien und Venen thrombosirt und sind hier alle möglichen Stadien der Umwandlung der Thromben von der Verkalkung bis zur canalisirten, vascularisirten Organisation nachzuweisen; das Bindegewebe ist hier sclerosirt und von zahlreichen durch bröckliges, braunrothes Pigment gekennzeichneten feinsten Gefässen und Capillaren durchzogen. An einer Stelle des Mesocolon findet sich eine derbe ½ handtellergrosse Masse von mehreren Centimetern Durchmesser; dieselbe besteht aus einer speckig indurirten von Pigmentstreifen durchzogenen Fibrinschicht, die an mehreren Stellen eiterige Herde einschliesst.

Unter Kolikerscheinungen umgestandenes 14jähriges Pferd; als Todesursache fand sich ein Volvulus des Mesenterium. Section am 3. II. 1870.

41) a) Aneurysma der vorderen Gekrösarterie.

Von ihrem Ursprung bis zur Verzweigung in die Stämme der dicken Gedärme erstreckt sich die Erweiterung in einer Länge von 13 Ctm. und einer Breite von 4 Ctm. Dieselbe hat die Gestalt eines 8ers, ist in der Mitte etwas eingeschnürt; im Ganzen gleichmässig rund und nur in dem zweiten, peripherischen Theile mehr sackig ausgebuchtet.

Die Wandung ist auf 5—6^{mm} verdickt und nur in den beiden grösseren Ausbuchtungen mit kalkigen Einlagerungen zwischen Intima und Media versehen, während im übrigen Theil die Media auf 2—3^{mm} verdickt ist. Die Intima ist uneben, milchig getrübt, hie und da durch eingelagertes Pigment schieferig gefärbt. An den ausgebuchteten und verkalkten Stellen sitzen lockere, theils knollige theils flache thrombotische Auflagerungen, die verschiedenartig zusammengesetzt sind: entweder bestehen sie einfach aus geronnenem Faserstoff mit zahlreichen weissen Blutkörperchen, oder werden durch Rund- und Spindelzellen gebildet, oder enthalten als Hauptbestandtheil reichliche Körnerzellen und Körnerhaufen, grössere und kleinere Fettkörnchen und Fetttröpfchen, Moleküle, Myelin etc. — In dem Thrombus eingebettet liegen 2 Pallisadenwürmer.

An feinen Quer- und Längsschnitten sieht man folgende Zusammensetzung: Die Intima ist an den meisten Stellen auf 2^{mm} verdickt und ist hierbei besonders die Muscularis Intimae betheiligt, die hie und da 1^{mm} dick ist. Die Zellhaut (Endothel) ist meist verschwunden; die nächste Lage — innerste Längsfaserhaut — ebenfalls verdickt mit auffallender Vermehrung der sternförmigen Zellen. Die hypertrophische Muscularis Intimae ist in ihren äussersten Lagen, die an die elastische Innenhaut angrenzen, theilweise in gefässhaltiges Bindegewebe umgewandelt, welches auch die Stelle der elastischen Innenhaut vertritt. Hier sieht man ausserdem verschieden grosse Herde rundlicher Zellen, die manchmal in fettig körnigem Zerfall begriffen sind. An einer Stelle zwischen Intima und Media findet sich ein kanalähnlicher Gang von dem Umfang eines Strongylus, der theilweise von einem frischen aus wenig veränderten rothen Blutkörperchen bestehenden Gerinnsel ausgefüllt wird; daneben verkalkte Herde. In seiner Umgebung ist die Muscularis Mediae durch derbes Bindegewebe verdrängt. Letztere ist überhaupt weder nach innen noch nach aussen scharf abgegrenzt und ist stellenweise grösstentheils durch bindegewebige Züge verdrängt, die sich von der verdichteten und stark vascularisirten Adventitia in sie fortsetzen.

42) b) Aneurysma der oberen Grimmdarmarterie.

Dasselbe ist taubeneigross, 3,5 Ctm. lang und 2 Ctm. breit. Die Wandung desselben ist ähnlich beschaffen wie im vorigen Fall. Im Inneren ein kleiner wandständiger Pfropf, der einen Pallisadenwurm enthält.

Zu anatomischen Uebungen getödtetes Pferd. 7. II. 1870.

43) Aneurysma der vorderen Gekrösarterie.

Die vordere Gekröswurzel enthält nahe der Aorta eine derbe feste Geschwulst von der Grösse eines Kindskopfes. Nach Entfernung des lockeren peritonealen und subperitonealen Bindegewebs erscheint ein circa 12 Ctm. langes und 9 Ctm. breites Aneurysma der vorderen Gekrösarterie von ovaler Form, welches unmittelbar vom Ursprung aus der Aorta beginnt und sich bis zur Theilung in die Dickdarmäste erstreckt.

Die Wandung hat einen Dickendurchmesser von 2—3,5 Ctm. und ist diese Verdickung hauptsächlich durch eine enorme speckige Verdichtung des mesenterialen Bindegewebs mit Einschluss der zunächst liegenden Lymphdrüsen und kleineren Blutgefässe bedingt. Die normale Zeichnung der Arterienwandung ist verloren gegangen; die schwartige Adventitia geht ohne bestimmte Grenze in die Media über, deren Muskelbündel durch reichlich eingelagertes Bindegewebe zum grössten Theile verdrängt sind.

An Stelle der grösstentheils ulcerirten Intima findet sich auf der Innenwand des ganzen Aneurysma ein verschieden dicker wandständiger Thrombus, der von braunrother und gelblich röthlicher Färbung und geringer Consistenz theilweise sehr unregelmässig kanalisirt ist, indem in der Mitte des Aneurysma statt des centralen Kanals mehrere untereinander communicirende Gänge den Durchfluss des Blutes ermöglichen. In den verschiedenen Schichten des Thrombus finden sich im Ganzen 26 Exemplare von Strongylus armatus in den verschiedensten Entwicklungsstadien.

An der Stelle der grössten Ausbuchtung zeigt der Thrombus eine seltene Veränderung, indem er in seinem ganzen Umfang in den äussersten wandständigen Schichten in einen weissgelblichen eiterähnlichen (puriformen) Brei umgewandelt ist, der mikroskopisch fast ausschliesslich aus wohl charakterisirten Eiterkörperchen besteht, denen nur einzelne Körnchenzellen von verschiedener Grösse und zahlreiche Fettkörnchen beigemischt sind. An dieser Stelle ist die Intima vollkommen eiterig eingeschmolzen und ebenso die innersten Schichten der bindegewebigen Media. Die eiterige Infiltration erstreckt sich von hier aus in geringer Ausdehnung nach allen Richtungen. Nach innen gegen die Lichtung des Kanals zu ist der abscedirte Thrombus durch eine 2—3^{mm} dicke, derbere, hauptsächlich aus Fibrin bestehende Schicht abgeschlossen, die an einigen Stellen jedoch sehr verdünnt ist.

Der Thrombus setzt sich in seinen Ausläufern bis in die Aorta hinein fort, wo dieselben am Rande der Ursprungsöffnung als 2 linsengrosse Hervorragungen prominiren. Die Ursprungsöffnungen der Dickdarmarterien (art. colica infer. und arter. ileocoec.) sind durch den fortgesetzten Thrombus bedeutend verengt; ebenso die Ausflussmündung der oberen Grimmdarmarterie.

Der Thrombus zeigt in seiner gröberen und feineren Zusammensetzung alle Stadien der pro- und regressiven Metamorphose. Er besteht entweder aus rothem Blutgerinnsel oder aus Faserstoff mit weissen Blutkörperchen in grösserer oder geringerer Menge; in den äussersten Schichten finden sich Anfänge der Organisation oder der Thrombus ist käsig und fettig zerfallen, verkalkt oder in der oben näher beschriebenen Weise vollkommen in Eiter umgewandelt.

In dem sclerosirten Bindegewebe der Wandung findet sich nahe der Aorta ein unregelmässig gestalteter, das ganze Aneurysma umgebender Eiterherd, der an einer Stelle mehr rundlich und wallnussgross in ein maschiges Gewebe eingelagert ist und der Vereiterung einer Lymphdrüse seinen Ursprung verdankt.

Unter Kolikerscheinungen umgestandenes Pferd. Section am 7. II. 1870. Als Todesursache fand sich eine Axendrehung des Grimmdarmes.

44) Aneurysma der vorderen Gekrösarterie.

Dasselbe ist 9 Ctm. lang, am Anfang 3,5 Ctm. breit, wird weiter nach aussen allmählig enger und ist daselbst nur mehr 2,5 – 2 Ctm. breit.

Die Wandung der flaschenfömigen Erweiterung ist auf 4—6^{mm} verdickt, wozu die hypertrophische Muscularis hauptsächlich beiträgt. Zwischen letzterer und Intima befinden sich kalkige Einlagerungen. Die Intima ist unregelmässig verdickt und nicht sehr innig mit dem Thrombus verbunden, der in der Dicke eines Daumens das Lumen der Aneurysma nahezu unwegsam macht. Derselbe ist ungemein brüchig, von milchig röthlicher Farbe. — Der Thrombus ist locker mit der stark pigmentirten und unregelmässig gestalteten Intima verbunden, lässt sich jedoch nicht ohne gewaltsame Trennung von ihr ablösen; in ihm eingebettet liegen 4 Pallisadenwürmer.

Der Thrombus besteht mikroskopisch vorwiegend aus weissen Blutkörperchen und Faserstoff in Fettdegeneration; an einigen Stellen sind seine äussersten Schichten in theilweiser Organisation. In der Nähe der Aorta findet sich zwischen Intima und Media eingebettet ein Strongylus.

An feinen Schnitten findet man die Adventitia durch bindegewebige Wucherung verdickt und von der Media scharf geschieden; letztere ist bis auf 1,5—4^{mm} verdickt, stellenweise von normaler Structur, dann wieder durch reichliche bindegewebige Einlagerung förmlich in einzelne Muskelbündel auseinandergezerrt. An Stelle der Intima findet sich eine 2—3^{mm} dicke Lage, die hie und da noch die charakteristischen sternförmigen Zellen der Intima erkennen lässt, im Ganzen aber die verschiedenen Entwicklungsstufen des jugendlichen und consolidirten Bindegewebs darstellt, welches hinwiederum allmählig in den zellenreichen, stellenweise organisirten Thrombus übergeht.

An den Uebergangsstellen zwischen Thrombus und Intima sieht man runde, regelmässige Lücken, die genau dem Umfang eines Strongylus entsprechen und entweder vollkommen leer oder mit geronnenem Blute ausgefüllt sind. Oder man findet hier ähnlich gestaltete rundliche Stellen, die nach aussen durch concentrisch gelagerte Spindelzellen ihre Form erhalten und theilweise aus gefässhaltigem Bindegewebe bestehen. In den äusseren Schichten des Thrombus findet man ausserdem fast ausschliesslich Rundzellen, die nach innen mehr dem Faserstoffe Platz machen. Die bindegewebig metamorphosirte Intima enthält neben reichlich eingelagertem dunkelbraunem körnigem Pigment einzelne fettig-atheromatöse und kalkige Herde.

Präp. A. VII. O. 3. Nr. 22 der Münch. Sammlung.

45) Aneurysma der hinteren Gekrösarterie. (Fig. 14).

Dasselbe ist gleichmässig circulär erweitert, 7 Ctm. lang, 4 Ctm. breit und besteht eigentlich aus drei aneinander gereihten

Fig. 14.

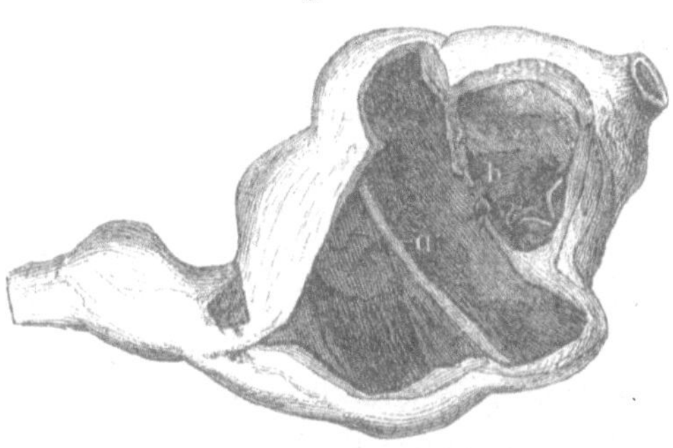

Aneurysma verminosum (triloculare) der hinteren Gekrösarterie.
a. Klappenartige Leiste der Intima. b. Wandständiger Thrombus mit Pallisadenwürmern. $^2/_3$ der natürlichen Grösse.

Abtheilungen (Aneur. triloculare). Die erste Abtheilung ist nach Länge und Breite die kleinste und wird durch eine scharf vorspringende verkalkte Leiste, die einer Ileo-coecalklappe nicht unähnlich ist, von der mittleren geschieden. Aehnlich ist die mittlere Abtheilung durch einen klappenartigen Vorsprung (Fig. 14a.) von der dritten geschieden, die an Breite der mittleren gleich, in der Längsaxe jedoch dieselbe um das Doppelte übertrifft.

Die Wandung ist allenthalben derb und wenig biegsam. Nahe dem Ursprung aus der Aorta ist die Adventitia besonders verdickt und die Wandung überhaupt dicker als in der 2. und 3. Abtheilung, wo dieselben an manchen Stellen durchscheinend dünn sind. An den meist verdünnten Stellen ist die Wandung kaum 0,5^{mm} dick (normal 1,5^{mm}); dort ist die Intima und Adventitia vollkommen erhalten, die Media dagegen geschwunden oder bindegewebig umgewandelt. Die Intima ist im Zustand der fettigen Entartung, besonders deutlich treten sternförmige Fetthäufchen hervor, in welche die entsprechenden Zellen umgewandelt sind. Die 2. und 3. Abtheilung sind ohne Thromben; dagegen finden sich in der ersten auf der rauhen, unebenen Intima gelblich weisse Gerinnsel von mässigem Umfang (Fig. 14 b.), die 4 Exemplare von Strongylus armatus enthalten.

Der zu- und abführende Stamm der Arterie ist in seiner Intima weisslich, faltig und bedeutend verdickt.

Altes zu anatomischen Uebungen getödtetes Pferd. 14. II. 1870.

46) Aneurysma der vorderen Gekrösarterie.

Dasselbe beginnt unmittelbar am Ursprung aus der Aorta und erstreckt sich flaschenförmig in einer Länge von 9 Ctm. bis zur Theilung in die Dickdarmarterien. Im Anfang ist die Erweiterung mehr sackig und hat einen Durchmesser von 4 Ctm., weiter nach aussen beträgt der Durchmesser nur mehr 2,5—2 Ctm.; ausser der sackigen grösseren Ausbuchtung bestehen noch 2 kleinere, von denen die eine die Ursprungsöffnungen der Dünndarmarterien, die andere diejenige der oberen Grimmdarmarterie betrifft.

Die Wandung ist mit hervorragender Theilnahme des mesenterialen Bindegewebs bis auf 1 Ctm. verdickt; an den weniger erweiterten peripherischen Theilen beträgt die Dicke der Wandung nur 4^{mm}.

Die Intima ist in dem engeren Theil, der ohne wandständigen Thrombus ist, stellenweise braun pigmentirt und in flachen Längsfalten verdickt bis auf 1,5—2^{mm}, während der übrige Theil durch einen wandständigen 2—4^{mm} dicken Thrombus ausgekleidet ist, der mit seinen letzten Ausläufern über den Rand der Ausflussmündung in die Aorta sich erstreckt und die Oeffnung der Gekrösarterie etwas verengt.

In dem Thrombus finden sich eingebettet 37 Exemplare von Strongylus armatus (die kleinsten Larven 7^{mm}, die Mehrzahl 13—18^{mm} und einzelne geschlechtsreife 23^{mm} lang), die meist in den innersten Lagen bedeckt von einer durchscheinenden Fibrinschichte ihre Lage haben.

Die histologischen Bestandtheile des Thrombus sind sehr verschiedenartig. Die Hauptmasse bilden in den innersten Schichten Faserstoff und weisse Blutkörperchen, dann folgt meist eine Lage von Fettkörnchen und kleinen Fetttropfen, Körnerzellen und Körnerhaufen in grösster Zahl; in den äussersten Schichten, die theilweise organisirt ohne Grenze in die bindegewebig umgewandelte Intima übergehen, finden sich sternförmige Zellen und contractile Muskelfasern in Fettdegeneration neben jugendlichem vascularisirtem Gewebe. An feinen Schnitten findet sich die Intima an den vom Thrombus bedeckten Theilen hie und da vollkommen fehlend oder von reichlichen Rundzellen infiltrirt. Die hochgradig veränderte Intima geht ihrerseits wieder ohne scharfe Grenze in die zu gleicher Zeit hypertrophische und bindegewebig entartete Media über. Letztere ist besonders in der Gegend der grössten Ausbuchtung von unregelmässigen, dunkelbraunrothen, körnigen Pigmentstreifen durchzogen, die begleitet von Zügen junger Rundzellen oder älterer narbiger Bindegewebsbündel die Media quer oder schief durchsetzen. Mitten in der Media findet sich an einer Stelle ein (auf der Wanderung begriffener?) reifer Strongylus; in seiner nächsten Umgebung ist das Gewebe der Media durch reichliche Rundzellen verdrängt, die sich begleitet von körnigem braunrothem Pigment in organisirte narbige Streifen fortsetzen, welche den Gang des Strongylus mit der an dieser Stelle ulcerirten Intima verbinden.

Unter Kolikerscheinungen umgestandenes Pferd. Section am 22. II. 70.

47) Aneurysma der vorderen Gekrösarterie.

Dasselbe umfasst auch den Ursprung der Dünndarmarterien, ist von flaschenförmiger Gestalt, 8 Ctm. lang, im Beginn bauchig, etwas platt gedrückt, gegen die Peripherie zu sich verschmälernd.

Die Wandungen sind mässig — auf 3—4^{mm} — verdickt mit besonderer Theilnahme der Media, während die Adventitia wenig verdichtet erscheint. An Stelle der sackigen Ausbuchtung ist die Intima im Zustande der Ulceration grösstentheils zu Grunde gegangen und stellt nach Ablösung des bedeckenden gürtelförmigen Thrombus ein seichtes Geschwür dar, dessen Ränder allmählig in die angrenzende verdickte Intima übergehen, dessen Grund von den blossliegenden querverlaufenden Muskelbündeln der Media gebildet wird.

Der Thrombus, der hier das Lumen der Arterie nahezu vollständig verschliesst, ist locker und von blassröthlicher Farbe; mikroskopisch bestehen seine äusseren Schichten aus zahlreichen Granulationszellen, körnigem und fettigem Detritus, Körnerzellen und einzelnen Spindelzellen. Die innersten Schichten dagegen bestehen ausschliesslich aus fettig entarteten farblosen Blutkörpern und Faserstoff. Aehnlich beschaffene Thromben von geringerem Umfang finden sich am Ursprung der Dünndarmarterien. In dem grösseren Thrombus liegen eingebettet 17 Exemplare von Strongylus armatus in verschiedenen Entwicklungstufen, 17—21^{mm} lang.

Die Reste der Intima an der ulcerirten Stelle sind bindegewebig und narbig umgewandelt und von schmutzig grauen und braunrothen Querstreifen durchzogen, die auch in Begleitung bindegewebiger Querstreifen die Media durchsetzen und ihre letzten Ausläufer in die Adventitia erstrecken. Der übrige nicht von Thrombus bedeckte Theil ist geschwellt, gelockert und ebenfalls hie und da schieferig pigmentirt.

Soweit die Untersuchung an den theilweise zerschnittenen Därmen zuläufig, war ein Embolus in den Aesten der Gekrösarterie nicht zu finden; dagegen waren die Coecalarterien sowie die Pfortaderäste daselbst von geronnenem frischem Blute strotzend gefüllt, in geringerem Grade die Gefässe des Grimmdarms. An den verschiedensten Stellen des Mesocolon und Mesocoecum, sowie des Mesenterium finden sich in den feineren Verzweigungen der Arterien und den entsprechenden Venen zahlreiche meist kalkige Thromben. Die Venenthromben ragen im Grimmdarm in grösserer Zahl als geknöpfte schmutzig braun gefärbte über hanfkorngrosse von der Venenhaut entblösste Höcker frei in das Lumen des Darms hinein, indem sie über die Fläche der Schleimhaut 2—3^{mm} hoch prominiren; sie setzen sich unmittelbar in verkalkte Venenthrombosen fest. An der entsprechenden Stelle besteht ein Defect der Mucosa. Das adnexe Bindegewebe ist durchweg pigmentirt, sclerosirt und mikroskopisch überaus zellenreich. Auf der Serosa des Dünndarms finden sich überdies zahlreiche rundliche groschen- bis sechsergrosse, 1—3^{mm} dicke, scharf abgegrenzte schieferig-schwarze Platten, die mikroskopisch aus zahlreichen schwarzen Pigmenthaufen und Zellen, eingebettet in ein sclerosirtes, zellenreiches Bindegewebe bestehen.

Als Ursache dieser eigenthümlichen Pigmentplatten lassen sich an jedem derselben thrombosirte Arterien und Venen nachweisen, die in der Subserosa verlaufend mit verkalkten und theilweise organisirten Thromben gefüllt sind.

Präp. A. VII. O. 3. Nr. 16 der Münch. Sammlung. Aneurysmen der Hauptäste der vorderen Gekrösarterie.

48) a) Die obere Grimmdarmarterie (Fig. 15. b.) bildet unmittelbar nach ihrem Ursprung ein konisch geformtes 8 Ctm. langes, an der Basis 2,5, an der Spitze 1 Ctm. breites Aneurysma. Die Wandung ist von verschiedener Dicke und Beschaffenheit; an Stelle der grössten Erweiterung ist die Intima mässig verdickt, die Media atrophisch und fast vollkommen bindegewebig entartet, die Adventitia nur mässig verdickt, die ganze Wandung hier 2^{mm} dick; weiter nach aussen gegen die Spitze des Aneurysma ist die Media bis zu 5^{mm} verdickt. Das Innere ist vollkommen ausgefüllt von einem derben gelblichen Thrombus,

Fig. 15.

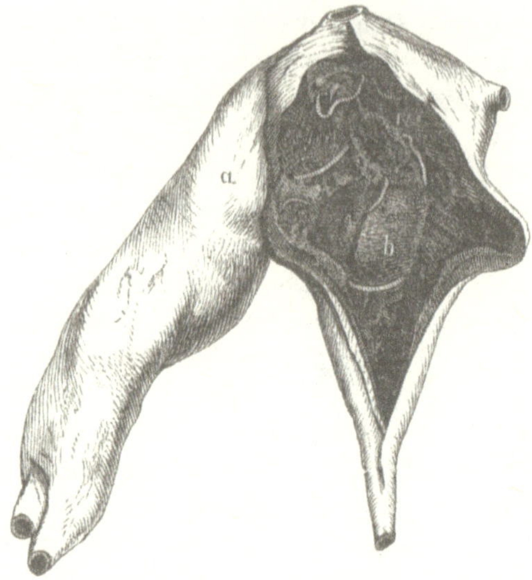

Aneurysma verminosum der vorderen Gekrösarterie: a) des Stammes derselben (arter. ileo-coeco-colica), b) der oberen Grimmdarmarterie. Beide Aneurysmen enthalten Pallisadenwürmer und geschichtete Thromben, die das Lumen zum grössten Theile ausfüllen. $^{2}/_{3}$ der natürlichen Grösse.

der nach aussen in mehr frischere braunrothe Gerinnsel übergeht und mehrere (4) Exemplare von Strongylus armat. einschliesst. Der Thrombus setzt sich ohne Unterbrechung in eine zweite Erweiterung fort:

49) b) Aneurysma des Stammes der vorderen Gekrösarterie (Fig. 15 a.) Ist ebenfalls von konischer Form, 9 Ctm. lang und 2—2,5 breit. Die Wandungen sind fast durchweg auf 5—6^{mm} verdickt, unregelmässig, indem die innere Oberfläche zahlreiche querverlaufende Erhebungen und Vertiefungen zeigt. Die innere Wandung ist von einem grösstentheils canalisirten Thrombus ausgekleidet, der ungefähr 12 Pallisadenwürmer enthält und ausserdem mit zahlreichen Wurmgängen in seinen äussersten Schichten versehen ist.

Die an der Basis dieses Aneurysma abgehenden Dünndarmarterien sind an ihren Ursprungstellen durch frische und ältere

Fig. 16.

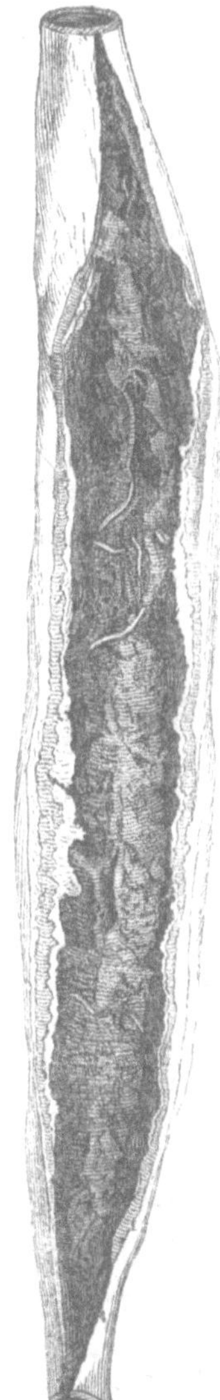

Aneurysma verminosum diffusum einer Grimmdarmarterie. Im Innern Pallisadenwürmer und ein theils obstruirender theils canalisirter geschichteter Thrombus. 2/3 der natürlichen Grösse.

Thromben fast sämmtlich verschlossen; ausserdem ist ihre Intima verdickt und ihr Lumen verengt.

50) c) Diffuses Aneurysma einer Grimmdarmarterie (Fig. 16)[1].

Dasselbe bildet einen derben festen Strang und ist 35 Ctm. lang und durchschnittlich 2 Ctm. breit. Die Wandung ist durchgängig 5—7^{mm} dick, wovon je 2—3^{mm} auf Adventitia und Media und nur 1^{mm} auf die Intima kommen. Zwischen Media und Adventitia sieht man zahlreiche ziegelrothe Pigmentstreifen, die sich hie und da durch die Intima bis zum auskleidenden Thrombus fortsetzen. Der Thrombus, der continuirlich die ganze Erweiterung ausfüllt, ist zum grösseren Theile canalisirt und älteren Datums; nur an seinem peripherischen Ende besteht er aus festgeschichteten jüngeren Cruormassen. In ihm zerstreut finden sich ausser einigen abgeworfenen Larvenhäuten 10 Pallisadenwürmer, von denen sich 4 am Uebergang des älteren Thrombus in das frischere Gerinnsel zu einem förmlichen Wurmknäuel vereinigt haben.

51) d) Aneurysma einer Grimmdarmarterie (Fig. 17.)

Von mehr spindelförmiger Gestalt; die eigentliche Erweiterung ist nur 4 Ctm. lang mit einer Breite von 2,5—3 Ctm., setzt sich jedoch nach beiden

[1]) Fig. 16 stellt nur einen Theil und zwar den mittleren dieses Aneurysma dar.

Fig. 17.

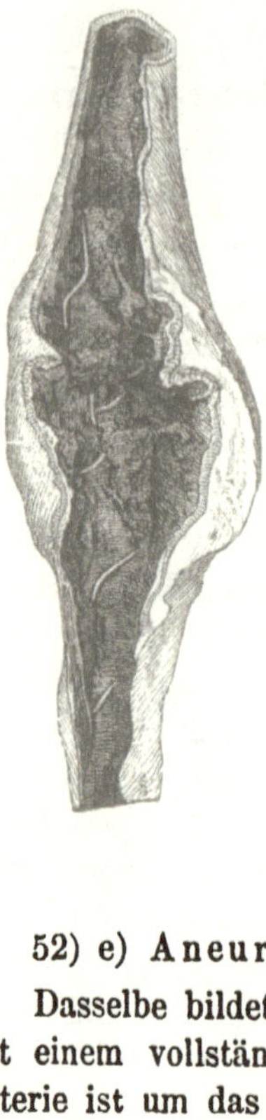

Aneurysma verminosum einer Grimmdarmarterie. Im Innern Pallisadenwürmer und ein theilweise canalisirter geschichteter Thrombus. 2/3 der natürlichen Grösse.

Seiten 4—5 Ctm. lang fort und ist hier unbedeutend — auf 1—1,5 Ctm. Durchmesser— erweitert. Durch die Verdichtung des umgebenden Bindegewebs ist die Wandung auf 1 Ctm. verdickt, während die Lichtung des Aneurysma und ihr entsprechend der ausfüllende Thrombus durch abwechselnde circuläre Ausweitung und Verengerung ein sehr unregelmässiges Aussehen hat. Intima und Media fehlen an den meist erweiterten Stellen nahezu vollkommen und ist die Wandung hier nur durch die verdickte Adventitia und das adnexe sclerosirte Bindegewebe gebildet. Der hier eng canalisirte Thrombus ist von schmutzig gelblicher Farbe, enthält mehrere Pallisadenwürmer und setzt sich in peripherer und centraler Richtung in die weniger erweiterten Stellen als vollkommen obstruirendes Gerinnsel fort.

52) e) Aneurysma eines Astes der Gekrösarterie.

Dasselbe bildet einen derben dicken Strang, der eine Arterie mit einem vollständig obstruirenden Thrombus einschliesst. Die Arterie ist um das 3—4fache verdickt und enthält an einer Stelle einen eng canalisirten Thrombus. Die Arterie ist umgeben von festem derbem Bindegewebe, in welchem zahlreiche verdickte und thrombosirte Arterien und varicös erweiterte Venen verlaufen, die ebenfalls durch ältere und frischere Gerinnsel unwegsam sind.

Präp. A. VII. O. 3. Nr. 17. der Münch. Sammlung.

53) Aneurysma einer Grimmdarmarterie. (Fig. 18).

Dasselbe ist 13 Ctm. lang und 2,5—3 Ctm. breit, gleichmässig circulär erweitert. Die Wandung ist fast allenthalben 5—7^{mm} dick, woran in erster Linie die Adventitia, in zweiter die Media participiren. Während erstere durchweg 2—2,5^{mm} dick ist,

Fig. 18.

Aneurysma verminosum diffusum einer Grimmdarmarterie. Die Innenwand ausgekleidet von einem mässig dicken Thrombus, welcher zahlreiche Exemplare von Strongylus armatus einschliesst. ⅔ der natürlichen Grösse.

ist die Media sehr ungleichmässig 1,5 — 2,5^{mm} dick und vielfach von bindegewebigen Quersepten durchsetzt. Zwischen Adventitia und Media und in den innersten Lagen der ersteren finden sich zahlreiche streifige, rostfarbene bis zu 0,7^{mm} breite Pigmenteinlagerungen; dieselben stehen durch zahlreiche senkrechte Ausläufer, die die Media durchsetzen, mit den Ausläufern des Thrombus in Verbindung. An Stelle der grösstentheils fehlenden Intima ist die Innenwand gleichsam austapeziert von einem verschieden 0,5—5,0^{mm} dicken gelblichen Thrombus, der wesentlich aus Fibrin, weissen Blutkörperchen und Fettkörnchen zusammengesetzt ist; derselbe adhärirt innig an den Resten der Intima oder der Muscularis. Seine innerste Schicht bildet ein dünnes, fibrinöses, durchscheinendes Häutchen, unter welchem eingebettet 18 grosse Exemplare von Strongyl. armatus zu zählen sind, die grösstentheils die unebene Beschaffenheit der inneren Oberfläche bedingen. Mehrere abführende Aeste sind durch Ausläufer des wandständigen Thrombus verschlossen, ebenso das Lumen des ab- und zuführenden Hauptstammes.

An feinen Schnitten enthalten die zellenarmen Reste der Intima zahlreiche kalkige und atheromatöse Herde, die aus Myelin, Cholestearin und einem fettigen Brei bestehen. Die Grenze zwischen Intima und Media oder zwischen Thrombus und Media ist unregelmässig verzogen; letztere hypertrophisch und wie schon erwähnt von zahlreichen bis zu 1mm breiten Streifen durchsetzt, die aus gefässhaltigem Bindegewebe und körnigem Pigment nebst fettigen und kalkigen Herden bestehen. In der Nähe eines kalkigen Herdes finden sich an einer Stelle die Reste einer Larvenhaut.

Zu anatomischen Uebungen getödtetes 7jähriges Pferd. 9. I. 70.

54) Diffuses Aneurysma der vorderen Gekrösarterie und ihrer Hauptäste.

Die vordere Gekröswurzel ist an ihrem Ursprung in eine unförmliche Masse von nahezu 3 Pfund Gewicht umgewandelt, von welcher die Arterien des Dünndarms wenig verändert abgehen, während die Zweige, welche die dicken Gedärme versorgen, in ihren Anfangsstücken bis zu 25 Ctm. lang in derbe Wülste von einem Durchmesser bis zu 3 Ctm. verwandelt sind.

Die ganze Geschwulst misst im Querdurchmesser bis zu 6—8 Ctm. und zeigt bei näherer Untersuchung folgende Veränderungen.

a) Der Stamm der vorderen Gekrösarterie ist in einer Länge von 8 Ctm. auf das 3—4fache seines normalen Durchmessers erweitert, seine Wandungen bis auf 1,5 Ctm. verdickt, woran das mesenteriale Bindegewebe und die Adventitia besonderen Antheil nehmen. Letztere sind überdiess von zahlreichen (collateral erweiterten) geschlängelten grau durchscheinenden Arterien durchzogen. Die Media ist ebenfalls verdickt, von den übrigen Arterienhäuten jedoch nicht scharf abgegrenzt und in ihrem Parenchym von bindegewebigen Längs- und Querzügen unterbrochen. Die Intima ist grau-weisslich getrübt, bedeutend verdickt und stellenweise von lockeren blassröthlichen Gerinnseln bedeckt, in welche eingebettet zahlreiche verschieden grosse Pallisadenwürmer liegen.

Der erweiterte Hauptstamm bildet nahe dem Ursprung aus der Aorta eine welschnussgrosse Aussackung, von welcher die zahlreichen Arterien des Dünndarms entspringen. Diese Erweiterung ist durch grau gelbliche und braunroth gefärbte Thrombusmassen grösstentheils ausgefüllt, welche die Ursprungsöffnungen der Arterien verengen oder theilweise verschliessen.

55) b) Die untere Grimmdarmarterie setzt sich unmittelbar aus dem beschriebenen Stamm der Gekrösarterie als eine aneurysmatische Erweiterung in einer Länge von 13 Ctm. fort; ihr Anfangsstück ist durch einen älteren in verschiedenen Nuancen gefärbten Thrombus vollkommen verschlossen, der sich weiter nach aussen in einen eng canalisirten Thrombus umwandelt. Die Wandungen verhalten sich ähnlich wie im Hauptstamm. Die untere Grimmdarmarterie setzt sich hierauf in einer Strecke von 11 Ctm. Länge relativ normal fort, um wieder in ein mehr spindelförmiges 7 Ctm. langes und im grössten Durchmesser 3 Ctm. breites Aneurysma überzugehen, dessen Lumen durch einen unregelmässig und eng canalisirten Thrombus nahezu verschlossen ist. Die Wandungen verhalten sich theilweise ähnlich wie in den vorhergehenden Erweiterungen, enthalten jedoch ausserhalb der Adventitia in dem sclerosirten Bindegewebe ein Netz von erweiterten feineren Arterien, die entweder ebenfalls durch verkalkte und organisirte Thromben verschlossen sind oder collateral erweitert den zu- und abführenden Stamm der Arterie verbinden.

56) c) Ein ähnliches Verhalten zeigt die obere Grimmdarmarterie, die mehr central vom Stamme der Hauptarterie entspringend in einer Länge von 20 Ctm. eine aneurysmatische 8förmige Erweiterung darstellt. Dieselbe ist von einem verschieden gefärbten und verschieden consistenten Thrombus ausgefüllt, der bis nahe an das peripherische Ende das Aneurysma vollkommen verstopft; an letzterem Theil münden mehrere collateral erweiterte Arterien ein, die die Arterie in ihrem weiteren Verlauf mit Blut versorgen.

Die Wandungen sämmtlicher Erweiterungen sind ziemlich gleichartig verändert. Dieselben sind meist bis auf 1—1,5 Ctm. verdickt. Die Intima entweder ulcerirt und fehlend oder verdickt, die Media meist unregelmässig hypertrophisch. Die äusseren Schichten der Aneurysmawandungen sind vielfach von (collateral erweiterten) Venen und Arterien mit klaffendem Lumen und verdickten Wandungen durchzogen; oder letztere sind mit Thromben in den verschiedensten Umwandlungsstadien gefüllt.

Wie schon erwähnt, sind die Thromben der grösseren Arterienäste von verschiedener Beschaffenheit und Farbe, jüngeren und älteren Datums. Dieselben sind hie und da derb, braunroth, geschichtet und bestehen einfach aus geronnenem Blute oder sie sind schmutzig gelblich, theilweise in puriformer Erweichung und setzen sich aus Körnerzellen, fettigem Detritus, Myelin etc. zusammen.

In den verschiedenen aneurysmatischen Erweiterungen finden sich zusammen 121 Exemplare von Strongylus armatus und zahlreiche abgeworfene Larvenhäute. Die kleinsten derselben messen 6—8^{mm}, die grössten 28^{mm}.

Die Ursprungsöffnung der vorderen Gekrösarterie aus der Aorta ist etwas verengert. Die Ausläufer des wandständigen Thrombus erstrecken sich unmittelbar bis in ihre Nähe und enthalten dort auch mehrere Pallisadenwürmer.

Die Aortawandung selbst ist vollkommen normal.

Im weiteren Verlaufe der Dickdarmarterien im Mesocolon und Mesocoecum sieht man längs der feineren Zweige schieferige Pigmentirung und viele thrombosirte oder erweiterte Gefässe. Wie man sich an feinen Schnitten überzeugt, erstreckt sich dies Verhältniss bis in die feinsten Arterien; so sieht man an einem Querschnitt von 1 □ Ctm. Ausdehnung sicher 5—6 feine thrombosirte Arterien und Venen, deren Thromben alle möglichen Ausgänge und Metamorphosen darstellen, indem dieselben theilweise organisirt, oder verkalkt oder einfach ausgetrocknet erscheinen. Dazwischen liegen Lymphdrüsen, die entweder schieferig pigmentirt oder zu Eiterherden umgewandelt sind.

Präp. A. VII. O. 3. Nr. 23.

57) Aneurysma der Bauchaorta (vide Nr. 25 u. 26).

Die im vorderen Abschnitte mehr sackförmige, nach hinten mehr spindelförmige Erweiterung erstreckt sich in einer Länge von 17 Ctm. hinter dem Ursprung der Arter. coeliaca beginnend bis zum Abgang der hinteren Gekrösarterie. Nach vorn hat dasselbe 6,5 Ctm. im Breitendurchmesser und bildet nach rechts und unten eine rundliche Ausbuchtung; nach hinten verschmälert es sich derart, dass es vor dem Uebergang in die normale Aorta dieselbe noch um das Doppelte ihres Durchmessers übertrifft. Die Wandung ist durchgehends elastisch, enthält nur einzelne kleine kalkige Herde zwischen Intima und Media. Mit Ausnahme einzelner Stellen ist die Wandung kaum 1^{mm} dick und durchsichtig. Die Innenfläche der unteren Wand des Sackes ist von schmutzig gelblicher Farbe und glatter Oberfläche, während die obere in zahlreiche wulstige Längsfalten umgewandelt ist. Die normale Dicke der Aorta beträgt unmittelbar nach dem Eintritt in die Bauchhöhle kaum 2^{mm}. Die Intima erscheint bei der mikroskopischen Untersuchung fettig entartet, die Media sehr atrophisch.

An demselben Präparate finden sich 2 Aneurysmen am Stamm und an einem Dünndarmast der vorderen Gekrösarterie.

Präp. A. VII. O. 3. Nr. 8 der Münch. Sammlung.

58) a) Aneurysma der Bauchaorta (Fig. 8. a.) (vide Nr. 9—11 u. 59 u. 60).

Dasselbe reicht vom Ursprung der Bauchschlagader bis hinter den Ursprung der Nierenarterien. An Stelle der grössten Erweiterung beträgt dieselbe das Doppelte des normalen Durchmessers. Abgesehen von einer in der Mitte und nach rechts befindlichen sackigen Ausbuchtung ist die Form eine spindelförmige. Die linke untere Hälfte der Wandung wird von einer continuirlichen, kalkigen, dünnen Schale gebildet, während die rechte und obere Hälfte mit Ausnahme einiger kalkiger Einlagerungen von geringer Ausdehnung elastisch und sehr verdünnt erscheint. An diesen verdünnten Stellen beträgt die Dicke der Arterienwandung nur 0,5^{mm}; hier ist die Media vollkommen atrophisch und besteht die Wandung nur aus Intima und Adventitia. Die Intima ist allenthalben in ihren äussersten Schichten von zahlreichen mikroskopischen kalkigen und atheromatösen Herden durchsetzt und in ihren innersten Lagen fettig entartet. Die kalkigen Herde sind meist von länglicher Form und unterscheiden sich nicht von der gewöhnlichen Form der Verkalkung. Nur an einem Schnitte finden sich 2 Kalkherde mit deutlichen Knochenkörperchen. Die

Ausläufer der Knochenkörperchen sind wenig zahlreich und die Form der Körperchen etwas unregelmässig; Haver'sche Kanälchen oder lamellöse Anordnung fehlen hier vollkommen. Dagegen zeigt die grosse zusammenhängende Kalkplatte keine Spur von Knochenkörperchen. Dieselbe stellt die kalkig umgewandelte Intima und Media dar und ist insofern eigenthümlich gestaltet, als beide eine Diploë-ähnliche Beschaffenheit angenommen haben und in Form von 2 parallelen Lagen einen fächerigen von einzelnen queren Kalklamellen unterbrochenen Raum zwischen sich lassen, der von kalkigem Brei ausgefüllt ist. Die kalkigen Platten liegen entweder bloss oder sind stellenweise von einer trübweissen, aus faserigem Bindegewebe bestehenden dünnen Lage als Rest der verkalkten Intima bedeckt.

Auf der unteren Innenfläche in der Umgebung der Ursprungsstellen der grossen Gekrösarterien finden sich mehrere schmutzig gelbliche, unregelmässig gestaltete Auflagerungen, die als wandständige Thromben mehr oder weniger innig der Intima adhäriren. Diese wandständigen Thromben setzen sich unmittelbar in die ebenfalls aneurysmatischen Stämme der Arter. coeliaca (Fig. 8. b.) und Mesenterica anter. (Fig. 8. c. d.) fort und verengeren deren Ostien nicht unbedeutend.

Die Abgangsöffnung der rechten Nierenarterie, die wie die linke ebenfalls aneurysmatisch erweitert ist, ist durch einen gelblichen innig mit der Wandung verbundenen warzenförmigen Thrombus, der noch in das Lumen der Aorta mehrere Millimeter hoch hereinragt, bis auf eine enge, 1^{mm} breite Spalte nahezu verschlossen. Dagegen ist der Eingang in das Aneurysma der linken Nierenarterie durch organisirtes Gewebe vollkommen obliterirt und es findet sich an dieser Stelle nur eine blind endigende, sternförmige und faltige Vertiefung.

In dem kleinen wandständigen Thrombus des (früher nicht eröffneten) Aneurysma der Bauchaorta finden sich 2 Exemplare von Strongylus armatus, die nahe am Ursprung der grossen Gefässe — arter. coel. u. art. mesent. ant. — mit einem Theil ihres Körpers fest in den Thrombus eingebettet sind.

Die wandständigen Gerinnsel bestehen mikroskopisch aus

entfärbtem geronnenem Blute, in welchem sich noch weisse Blutkörperchen, fettig-körnig zerfallenes Fibrin und einzelne Cholestearintafeln nachweisen lassen.

Die vor und hinter dem Aneurysma befindlichen Aortenwandungen sind vollkommen normal und ohne Spur einer atheromatösen Entartung.

59) b) Aneurysma der rechten Nierenarterie (Fig. 8 e.)

Die Arterie bildet unmittelbar nach ihrem Ursprung eine sackige rundliche Ausbuchtung von 1,5 Ctm. Durchmesser. Die Wandung des Aneurysma ist circa 1^{mm} dick und wird hauptsächlich aus Intima und Adventitia gebildet, während die Media grösstentheils verdünnt und atrophisch erscheint. Im Innern desselben kein Pfropf, dagegen am Ursprung aus der Aorta der oben (Nr. 58) erwähnte Thrombus, der die Ursprungsöffnung bedeutend verengt. Die Wandungen der von dem Aneurysma abgehenden Nierenarterien sind verdickt, besonders ihre Intima, die in zahlreiche Längsfalten gelegt ist.

60) c) Aneurysma der linken Nierenarterie (Fig. 8. f.)

Dasselbe ist länglich sackförmig 5,5 Ctm. lang, 2 Ctm. breit. Die Wandung ist 1 — 1,5^{mm} dick und besteht grossentheils aus kalkigen Platten; ihre Muscularis ist atrophisch und bindegewebig entartet, die Intima trüb runzlich und mit einzelnen gelblichen bröckligen, mehr oder weniger fest anhaftenden Gerinnseln bedeckt. Während die abgehenden Aeste verengt und faltig geschrumpft sind, ist der Eingang von der aneurysmatischen Aorta durch organisirtes Gewebe vollkommen obliterirt; an der entsprechenden Stelle der Aorteninnenwand findet sich die erwähnte, blind endigende, sternförmige Vertiefung.

2. Allgemeine Schilderung der Wurmaneurysmen.

a. Häufigkeit, Vorkommen, Sitz.

Der von Hering[1]) aufgestellte Satz, dass ein Pferd eher mit mehreren Aneurysmen behaftet sei, als mit keinem, wird

[1]) Recueil de méd. vét. 1830 p. 436.

durch unsere Beobachtungen vollkommen bestätigt. Bei 35 Pferden haben wir 60 Aneurysmen beschrieben, ein Verhältniss, welches den Resultaten Herings sehr nahe kommt; er fand nämlich bei 65 Pferden 108 Aneurysmen. Stelle ich die Zahlen von Hering und mir zusammen, so ergeben sich auf 100 Pferde = 168 Aneurysmen. Die Multiplicität der Aneurysmen zeigt sich am auffälligsten in dem Falle Fig. 8, bei dem sich gleichzeitig 6 Aneurysmen in den Arterien des Hinterleibs fanden.

Was die Häufigkeit überhaupt betrifft, so habe ich unter 15 frisch untersuchten Pferden nie das Aneurysma vermisst, wiewohl sich darunter auch Pferde im Alter von 2½ Jahren befanden. Rayer[1]) fand unter 50 Pferden nur 2 und Bruckmüller[2]) unter 65 nur 6 ohne Aneurysmen. Unter 130 erwachsenen Pferden finden sich demnach 8 ohne Aneurysmen oder 94% sind mit solchen behaftet. Es scheint also die Angabe von Röll[3]), nach welcher gewiss 90% aller Pferde mit Aneurysmen behaftet seien, eher zu niedrig als zu hoch gegriffen.

Bruckmüller fand die behafteten Pferde zwischen 6 und 20 Jahren alt, die befreiten zwischen 6 — 11 Jahren. Aeltere Pferde ohne Aneurysmen sind grosse Seltenheiten; ein solches im Alter von 27 Jahren wird von Hering[4]) erwähnt. Bei neugebornen Fohlen findet man keine Aneurysmen, ebenso scheinen sie in den ersten Lebensmonaten sehr selten zu sein. Dagegen findet man bei 6 monatlichen und älteren Fohlen nicht so selten Aneurysmen. So beschreibt Seamen[5]) 6 Fälle von Aneurysmen bei Fohlen von 6—15 Monaten, von anderen[6]) wird sogar eine Art epizootischen Vorkommens bei Fohlen angenommen.

---

[1]) Archive de méd. comp. 1842. p. 1.

[2]) Vierteljahrsschrift für wiss. Veterinärkunde. Bd. II. p. 59.

[3]) Lehrb. d. Path. und Terapie. 3. Aufl. 1867. II. 204.

[4]) Repert. der Thierheilk Bd. 28. p. 130.

[5]) Edinburgh Veterinary Review. 1864. und Repert. der Thierh. Bd. 28. p. 130.

[6]) Mather, The Veterinar. Vol. XXX. 1857.

Die Vertheilung der Aneurysmen auf die einzelnen Arterien des Hinterleibs gestaltet sich in unseren 60 Fällen folgendermassen: an der vorderen Gekrösarterie und ihren Aesten 53mal, Bauchaorta 2mal, Bauchschlagader (art. coeliaca) 2mal, Nierenarterien 2mal, hintere Gekrösarterie 1mal. Die Vertheilung auf die einzelnen Aeste der vorderen Gekrösarterie ist an Spirituspräparaten selten genau zu bestimmen. Am häufigsten aneurysmatisch ist sicher der Stamm der vorderen Gekrösarterie und besonders der Theil derselben, den ich als arter. ileo-coeco-colica bezeichnet habe. Unter 53 Fällen war dieser Theil des Arterienstammes 32mal erweitert, die obere Grimmdarmarterie unmittelbar an ihrem Ursprung nahe der Aorta 10mal, die beiden Grimm- und Blinddarmarterien in ihrem weiteren Verlaufe ebenfalls 10mal, eine Dünndarmarterie 1mal. Die 108 Fälle von Hering vertheilen sich auf die einzelnen Arterien des Hinterleibs folgendermassen: Stamm der vorderen Gekrösarterie 7mal, Grimmdarmarterien 59mal, Blinddarmarterien 18mal, Dünndarmarterien 16mal, hintere Gekrösarterie 2mal, Bauchschlagader 2mal, Leberarterie 3mal, Nierenarterie 1mal.

Unter 168 Aneurysmen, die von Hering und mir bei 100 Pferden beschrieben wurden, kommen auf die vordere Gekrösarterie und ihre Aeste 153, die Bauchschlagader 4, die Leberarterie 3, die hintere Gekrösarterie 3, die Nierenarterie 3, die Bauchaorta 2 Aneurysmen.

Am meisten betroffen sind daher die Arterien des Verdauungsschlauches: die vordere Gekrösarterie, weit seltener die Bauchschlagader und die hintere Gekrösarterie; noch seltener sind die Nierenarterien und die Bauchaorta selbst der Sitz von Aneurysmen.

Wie wir später sehen werden, ist das Vorkommen von Aneurysmen an den beiden letztgenannten Arterien für die Beurtheilung der ursächlichen Momente der Aneurysmen des Pferdes überhaupt nicht ohne Belang. Aus diesem Grunde und weil man vielfach bezweifelt hat, dass an diesen Arterien auch wurmhaltige Aneurysmen vorkommen können, dürfte es nicht überflüssig erscheinen, eine Zusammenstellung der bis jetzt beobachteten Fälle zu geben.

b) Aneurysmen der Bauchaorta:

1) Rudolphi, Bemerkungen etc. auf einer Reise. Berlin 1805. p. 62.

Aneurysma der hinteren Aorta des Pferdes.

2) Rudolphi, ibid.

Aneurysma verminosum der hintern Aorta am Ursprung der vorderen Gekrösarterie; von grosser Ausdehnung, stark verknöchert, mit Pallisadenwürmern (crinons) gefüllt.

3) Rudolphi, ibid.

Aneurysma verminosum der hinteren Aorta am Ursprung der hinteren Gekrösarterie; verknöchert und alle Zellen voll von Pallisadenwürmern.

Diese 3 Aneurysmen sah Rud. in der Sammlung zu Alfort.

4) Greve, Erfahrungen und Beobachtungen über die Krankheiten der Hausthiere. 1818 p. 172 u. 173.

Aneurysma verminosum der grossen Rückenpulsader (Bauchaorta).

5. 6. u. 7) Greve ibid. p. 173.

3 Aneurysmen der Bauchaorta, die durch Ruptur tödtlich endigten.

8) Chouard, Dupuy's Journ. pratique 1826. p. 390 und Gurlt, Lehrb. d. path. Anat. 1830. p. 300 ff.

Aneurysma der hinteren Aorta in der Gegend der Nierenarterien, hühnereigross. (Wahrscheinlich gleichzeitig ein grosses Aneurysma der vorderen Gekrösarterie). Thrombose der hinteren Aorta und ihrer Aeste.

9) Rigot, Récueil de méd. vét. T. IV. 1827.

Aneurysma der Bauchaorta; bei demselben Pferde ein Aneurysma der vorderen Gekrösarterie und aneurysmatische Erweiterung der Pulmonalarterien und der Carotiden.

10) Chouard, Dupuy's Journ. pratique 1826. p. 390.

Aneurysma der Bauchåorta hinter den Nierenarterien. Thrombose der Aorta bis an die Theilung derselben.

11) Heckmeyer, Magazin für d. ges. Thierheilkunde. Bd. 11. p. 434.

Aneurysma der Bauchaorta, 21 Ctm. lang, 30 Ctm. im Umkreise. Nicht vollständig obstruirender Thrombus daselbst. Thrombose der linken Nierenarterie mit Atrophie der linken Niere.

12) Mercer, The Veterinarian. Vol. XIX. 1846. u. Repert. der Thierheilk. Bd. 7. p. 160.

Aneurysma verminosum der Bauchaorta am Ursprung der Bauchschlagader; die Erweiterung betraf mehr die untere Seite der Aorta. Im Innern ein unregelmässiger Thrombus mit 9 Exemplaren von Strongylus armatus. Ruptur, Tod durch Verblutung.

13) Lecouturier, Annal. de méd. vét. VI. 1857 u. Repert. der Thierheilk. Bd. 18. p. 217.

Aneurysma der Bauchaorta bei einem 20 monatlichen Fohlen, vom Zwerchfell bis zum Ursprung der vorderen Gekrösarterie sich erstreckend; letztere ebenfalls aneurysmatisch.

14) Mather, The Veterinarian. Vol. XXX. 1857.

Aneurysma verminosum der Aorta am Ursprung der Nierenarterien mit überaus zahlreichen Würmern bei einem Fohlen. Ruptur, Tod durch Verblutung.

15) Mather ibid.

Aneurysma verminosum der Aorta und der rechten Nierenarterie mit Tausenden von Würmern.

16) Bruckmüller, Vierteljahrschr. für wiss. Veterinärk. Bd. 14. p. 135.

Grosses Aneurysma der Bauchaorta mit Thrombosenbildung. Eiterige Metastasen in den Nieren.

17) Bruckmüller, ibid. B. 20. p. 143.

Aneurysma der Bauchaorta vor dem Abgang der Nierenarterien, sehr gross, spindelförmig, mit dünnen aber verknöcherten Wandungen.

18) Varnell, The Veterinarian. 1865. u. Repert. d. Thierheilk. Bd. 26. p. 343.

Aneurysma der Bauchaorta, welches 36 Unzen Blut enthielt. Fractur der Wirbelsäule über dem Aneurysma wahrscheinlich durch Usur derselben. Parasiten (Strongyli) wahrscheinlich Ursache der Aneurysma.

19) Varnell ibid.

Aneurysma verminosum der Bauchaorta am Ursprung der

vorderen Gekrösarterie. Die Wandungen sehr dünn. Ruptur, Tod durch Verblutung. In demselben zahlreiche Strongyli armati.

20) Weber, Bulletin de la soc. imper. de méd. vét. 1867 u. Repertor. der Thierheilk. Bd. 28. p. 274.

Aneurysma der Bauchaorta, 25 Ctm. lang, 15 breit. Ruptur in die Bauchhöhle und in den Grimmdarm. Tod durch Verblutung.

21) Thierry, Réc. de méd. vét. 1868. und Vierteljahrsschrift f. wiss. Vet. Bd. 31. Analecten p. 148.

Aneurysma der Bauchaorta. Gänseeigross, vor dem Abgang der vorderen Gekrösarterie mit theilweise verknöcherten Wandungen. Ruptur, Tod durch Verblutung.

22) Caussé, Journ. de méd. vét. milit. T. V. und Vierteljahrsschrift f. wiss. Vet. B. 28. Anal. p. 176.

Aneurysma der Bauchaorta vom 5. Rückenwirbel bis zum 2. Lendenwirbel. Die obere Wand verknöchert. Die untere Fläche des Aneurysma glich dem Euter einer Kuh, indem die harten, verdickten, dichtgedrängten (aneurysmatischen) Gekrösarterien gleichsam vervielfachte Striche darstellen. Thrombose der Aeste der vorderen Gekrösarterie. Plötzlicher Tod.

23) Hackbarth, Magaz. f. d. gesammte Thierheilk. B. 35. p. 243. 1869.

Aneurysma verminosum der Bauchaorta. Entartung der Intima. Im Innern überaus zahlreiche Exemplare von Strongylus armatus, die sich in grosser Menge auch in der aneurysmatischen Gekrösarterie fanden. (Gurlt bemerkt in einer Anmerkung, dass er noch bei keinem Pferde so viele Würmer in den Arterien gesehen habe, als in der übersandten Aorta.) Das damit behaftete 7monatliche Fohlen war an einer Verblutung aus einem Aste der rechten Nierenarterie umgestanden. Die rechte Niere vereitert.

24) Münch. Sammlung. v. Nr. 57.

Aneurysma der Bauchaorta.

25) Münch. Sammlung. v. Nr. 58.

Aneurysma verminosum der Bauchaorta.

Greve[1]) erwähnt ferner kleinere aneurysmatische Erweiter-

[1]) Erfahrungen und Beobachtungen über die Krankheiten der Hausthiere 1818. p. 171.

ungen an der Biegung der Rückenpulsader (Bauchaorta) mit Pallisadenwürmern; die Stelle der Arterie war da, wo sie sassen, entzündet und etwas wenig ausgedehnt.

c) Aneurysmen der Nierenarterien.

1) Hering, Récueil de méd. vet. 1830. p. 438.

2) Fuchs, pathol. Anatomie der Haussäugethiere. 1859. p. 211. — Faustgross, sackförmig. Sammlung der Carlsruher Thierarzneischule.

3. u. 4) Leisering, Bericht f. d. Veterinärwesen im Königreich Sachsen. 1865. p. 25.

Aneurysma verminosum beider Nierenarterien mit Faserstoffgerinnseln und zahlreichen Pallisadenwürmern.

5) Präp. A. VII. O. 3. Nr. 24 der Münch. Sammlung.

Aneurysma einer Nierenarterie. Wallnussgross, sackförmig. Im Innern ein fast vollkommen obstruirender Thrombus, der derb und geschichtet, hauptsächlich aus Fibrin besteht und in seinen äussersten Schichten entsprechend der grössten Convexität des Sackes in puriformer Schmelzung sich befindet. Die Wandung des Aneurysma, die im Uebrigen etwas verdickt und ohne kalkige Einlagerungen ist, ist an dieser Stelle im Umfang eines Groschens eiterig eingeschmolzen und ist nur mehr die noch 5^{mm} dicke Adventitia übrig.

Die Ausläufer des canalisirten Thrombus verstopfen fast sämmtliche von dem Aneurysma abgehende Aeste.

Der zuführende Stamm der Nierenarterie, sowie die abgehenden Aeste ohne alle atheromatöse Veränderung.

6) Von demselben Pferde wie 5.

Aneurysma einer Nierenarterie. Dasselbe ist hühnereigross, sackförmig; die Wandung bis auf $3-4^{mm}$ verdickt. Die Adventitia verdichtet, die Media atrophisch und an einigen Stellen durch Bindegewebe ersetzt. Hie und da finden sich einzelne Kalkherde. Die Innenwand zur Hälfte ausgekleidet von einem verschieden dicken Thrombus, der sich gegen die Ein- und Ausmündungsstelle allmählig verdünnt. Derselbe ist geschichtet und in seinen äussersten Schichten theilweise kalkig umgewandelt.

Die abgehenden Zweige der Nierenarterie sind an ihren Ursprungsstellen verengt.

7) Präp. A. VII. O. 3. Nr. 25 der Münch. Sammlung.

Dasselbe ist über wallnussgross, unregelmässig oval. Die Wandung ist elastisch, mässig verdickt (3^{mm}), sehr zellenarm, die Media bindegewebig entartet. In der Intima kleine kalkige Herde, die Grenzen der einzelnen Häute verwischt. Ohne Thrombus im Innern [1]).

8) Vide Aneurysmen Nr. 59.

9) „ „ Nr. 60.

d) Grössen- und Formverhältnisse der Aneurysmen.

Die Grösse der Aneurysmen des Pferdes bewegt sich in weiten Grenzen. Die kleinsten der beschriebenen Formen sind von der Grösse einer Haselnuss oder Kirsche (Nr. 4 u. 23), die grössten vom Umfang eines Kindskopfes (Nr. 18). Bruckmüller und Greve erwähnen erbsengrosse, Hering ein solches von der Grösse eines Menschenkopfes, welches sammt Gekröswurzel 18 Pfd. wog und einen Inhalt von 5 Pfd. Gewicht besass.

Analog den Aneurysmen des Menschen kann man die Wurmaneurysmen nach der äusseren Form eintheilen in diffuse und circumscripte, in cylindrische, spindelförmige, varicöse und sackförmige. Die vielfachen und zahlreichen Uebergangsformen dieser Formen in einander erschweren die Aufgabe einer exacten Eintheilung nach diesen Charakteren ungemein.

Wenn man zu den circumscripten Aneurysmen nur die sackförmigen rechnet, bei denen nur eine Seite der Arterienwand ausgebuchtet ist, im Gegensatze zu den Arteriectasien oder diffusen Aneurysmen (spindelförmigen und cylindrischen), bei denen die

---

[1]) Als Beweis für die Resistenz der von mir (Virchow's Archiv B. 47. p. 89) beschriebenen eigenthümlichen Körperchen in den feinen Arterien des Pferdes führe ich an, dass sich an diesem vielleicht Jahrzehnte alten Präparate in einer feinen Arterie zahlreiche Körperchen von derselben Beschaffenheit wie in frischen Präparaten fanden.

Erweiterung gleichmässig alle Theile der Wandung betrifft, so gehört die grosse Mehrzahl der Wurmaneurysmen des Pferdes zu den letzteren. Nach dieser Definition ist eine grosse Ausdehnung des Aneurysma in der Längsaxe der Arterie für die Benennung von untergeordneter Bedeutung; man muss nach diesem Princip eine mehrere Ctm. lange Erweiterung, sobald sie gleichmässig alle Seiten der Arterienwand betrifft, schon zu den diffusen rechnen. Ohne an dieser Stelle den späteren Erörterungen über die Ursachen des Aneurysma equinum vorgreifen zu wollen, müssen wir den Grund zu erforschen suchen, warum die Erweiterung der Arterie in der Regel eine gleichmässige ist, während wir doch von den Aneurysmen des Menschen wissen, dass sie in der Mehrzahl zu den circumscripten, sackförmigen gehören. Anknüpfend an die Verschiedenheit der Ursachen der Aneurysmen könnte man in ihnen den Grund der Formverschiedenheiten suchen und demgemäss die Würmer für diese Verhältnisse verantwortlich machen. Dass dem nicht so ist, glaube ich mit Sicherheit nachweisen zu können. Mustert man die beschriebenen Fälle durch, so wird man fast ausnahmslos zu dem Resultate gelangen, dass die sackförmigen Formen an solchen Arterien vorkommen, die wie z. B. die Nierenarterien nach einer Seite eine feste Unterlage haben und mehr oder weniger gut befestigt sind; die diffusen und gleichmässig ausgedehnten Aneurysmen dagegen betreffen solche Arterien, die frei und beweglich gelagert sind, wie die Bauchschlagader, die vordere und hintere Gekrösarterie. Einzelne Aeste der vorderen Gekrösarterie, wie z. B. die obere Grimmdarmarterie, die unmittelbar nach ihrem Ursprung sehr häufig ein taubeneigrosses Aneurysma bildet, können durch den von dem grösseren Aneurysma des Stammes ausgehenden Druck in ein ähnliches Verhältniss wie die Nierenarterien kommen und demgemäss öfters sackförmige Ausbuchtungen zeigen. Ich möchte also die Ursache der Formverhältnisse lediglich in anatomischen, durch die Lage der Arterien bedingten Verhältnissen suchen.

Was die Ausdehnung der Aneurysmen in die Länge betrifft, so ist dieselbe ausserordentlich wechselnd. Während die kleineren Formen von 1 bis mehrere Centimeter lang sind, finden sich hie und da Erweiterungen von 20—35 Ctm. Länge (Nr. 50 Fig. 16 u. Nr. 56.); der Querdurchmesser beträgt in solchen Fällen meist das 3—4fache des normalen Lumens — 2—3 Ctm. Solche ausgedehnte Formen haben in der Regel eine cylindrische oder spindelförmige Gestalt und betreffen vorzugsweise die Grimmdarmarterien in ihrem Verlaufe im Mesocolon. — Die kleineren Aneurysmen mit geringerem Längsdurchmesser und meist grösserem Querdurchmesser bieten in der äusseren Form zahlreiche Variationen. Die grosse Mehrzahl ist derart flaschen- oder gurkenförmig und längsoval gestaltet, dass im Beginn eine mehr bauchige, gegen die Peripherie zu sich verschmälernde Erweiterung besteht (Fig. 15). Die mehr ovalen Formen sind entweder mehr rundlich- oder längsoval und besitzen manchmal kleinere Ausbuchtungen. Nicht so selten trifft man 8förmige Aneurysmen, die an beiden Enden bauchig erweitert, in der Mitte eine leichte Einschnürung oder Verengerung zeigen (Fig. 11 a.). Weniger häufig sind diese kleineren Formen rundlich oder spindelförmig. Circumscripte Aneurysmen von sackförmiger Gestalt sind, wie schon oben erwähnt, überaus selten. Zur Ergänzung des Angeführten gebe ich eine übersichtliche Zusammenstellung der beschriebenen Aneurysmen nach ihrer Form.

Unter 56 Aneurysmen (Nr. 1—56) der Arterien des Verdauungsschlauches waren 16 mehr länglich [1]) oval, 15 flaschen- oder gurkenförmig [2]), 7 mehr rundlich [3]), 7 spindelförmig [4]), 6 8förmig [5]), 4 cylindrisch [6]), 1 sackförmig [7]). Die 2 beschriebenen Aneurysmen der Bauchaorta (Nr. 57 und 58) sind annähernd spindelförmig, die 5 Aneurysmen der Nierenarterien (v. Aneurysmen der Nierenarterien Nr. 5—9) sackförmig und rundlich oval.

---

[1]) 3. 4. 5. 6. 7. 11. 12. 13. 18. 20. 35. 37. 39. 42. 43. 45.

[2]) 16. 17. 24. 29. 31. 33. 34. 36. 38. 40. 44. 46. 47. 48. 49.

[3]) 1. 9. 15. 21. 26. 28. 32.

[4]) 25. 27. 30. 51. 52. 54. 55.

[5]) 2. 8. 10. 14. 22. 41.

[6]) 19. 50. 53. 56.

[7]) 23.

Ein rosenkranzförmiges Aussehen entsteht hie und da, wenn mehrere Aneurysmen derselben Arterie unmittelbar auf einander folgen. (Nr. 3. 4 und 5).

Bruckmüller theilt seine 59 Fälle ein in 19 einfache Verdickungen der Arterienwände, 8 kleine ungefähr erbsen- bis haselnussgrosse, 29 wallnuss- bis hühnereigrosse und 3 mit theilweiser Sclerosirung und Vereiterung des umgebenden Bindegewebes.

Die Form der Aneurysmen ist demnach in der grossen Mehrzahl der Fälle eine konisch zulaufende oder mehr längsovale; dieselben sind am Stamm der vorderen Gekrösarterie vorzugsweise flaschen-, daumen- oder gurkenförmig und meist 8—12 Ctm. lang und 2—6 Ctm. breit. Die Aneurysmen der oberen Grimmdarmarterie, die meist ein Anhängsel des grösseren Aneurysma des Gekrösarterienstammes darstellen, sind in der Regel oval, seltener sackförmig; ihre Grösse kommt der einer Haselnuss oder eines Taubeneis gleich. Die aneurysmatischen Erweiterungen der Blind- und Grimmdarmarterien in ihrem Verlaufe im Gekröse dieser Darmtheile sind meist cylindrisch und manchmal von grosser Längenausdehnung.

e) Die Wandungen des Aneurysma.

Nachdem wir uns bei den äusseren Formverhältnissen vielleicht über Gebühr aufgehalten, kommen wir zur Schilderung der gröberen und feineren anatomischen Veränderungen der Aneurysmawandungen, die in vielfacher Beziehung eine besondere Aufmerksamkeit beanspruchen und verdienen.

α) Indem wir von aussen nach innen vorschreiten, beginnen wir mit dem mesenterialen Bindegewebe, welches als Verstärkung der Adventitia umsomehr als äusserste Schichte der Arterienwandung betrachtet werden kann, als dasselbe in zahlreichen Fällen durch seine enorme Verdickung den Hauptbestandtheil der Aneurysmawandung bildet. Dasselbe ist ausnahmslos verdickt und in verschiedenem Grade sclerosirt; es schneidet sich dann derb und speckig, und während seine normale Dicke kaum 1—2mm beträgt, erreicht es häufig eine Dicke von 1,5—2—3 Ctm., nimmt also um das 20- bis 30fache des normalen Durchmessers zu. Seine histologische Beschaffenheit lässt sich dann am besten mit dem Zustande des Unterhautbindegewebes vergleichen, den man als Elephantiasis bezeichnet: es besteht eine förmliche Elephantiasis mesenterii (Nr. 3. 24. 43. 53. 54). In den höheren Graden der Verdickung, die ungefähr in $^1/_4$ der Fälle stattfindet ist nicht allein das Bindegewebe des Gekröses an der Massenzunahme betheiligt, sondern auch die übrigen Theile der Gekröswurzel: in erster Linie sind diess die Lymphdrüsen und die kleinen Arterien und Venen des Mesenterium, die häufig collateral erweiterte Blutbahnen darstellen. Ausserdem verlaufen in dem sclerosirten Gewebe zahlreiche Lymph- und Chylusgefässe, das Sonnengeflecht und seine Nervenstämme und die Pfortaderäste. In dem Bindegewebe sieht man häufig graue, schmutzigbraune oder schieferige Pigmentstreifen.

Eiterherde in dem verdickten Gewebe, die von Bruckmüller unter 59 Fällen 3mal beobachtet wurden, scheinen selten zu sein. Rayer stellt ihr Vorkommen überhaupt in Abrede; in unseren Fällen waren sie einmal (Nr. 43) vorhanden. Aehnlich wie man im Mesocolon der Pferde nicht so selten Eiterherde in verschiedener Grösse und Zahl antrifft, die nach meinen Beobachtungen zunächst eiterig zerfallenen Lymphdrüsen ihren Ursprung verdanken, so scheinen auch diese Eiterdepots zum grossen Theil auf eiterigem Zerfall von Lymphdrüsen zu beruhen; oder es entsteht in Folge eiteriger Schmelzung der äussersten Thrombusschichten secundär eine purulente Infiltration der Arterienhäute und des adnexen Bindegewebes.

Acute entzündliche Vorgänge in dem mesenterialen Bindegewebe sind selten (Nr. 40) und wohl meistens durch die Gegenwart von Pallisadenwürmern in den Aneurysmawandungen bedingt.

Fragt man nach der Ursache dieser mächtigen Bindegewebsentwicklung, so wird man ohne Zweifel wie beim Aneurysma des Menschen dem continuirlichen Reizungszustand, in welchem sich das Bindegewebe gegenüber dem wachsenden Aneurysma befindet, einen grossen Antheil zugestehen müssen. Ein weiteres nicht minder wichtiges Moment für die Entstehung der Bindegewebssclerose bilden sicher die Thrombosen der kleinen Arterien und Venen, die man in der grossen Mehrzahl der Fälle ohne Schwierigkeit nachweisen kann. Dieselben sind entweder einfache Fortsetzungen des Thrombus in dem Aneurysma oder auch embolischer Natur und sind schon mit blossem Auge bemerkbar oder mikroskopischer Natur, indem sie die kleinsten Arterien betreffen. Unter einer grossen Zahl von Schnitten der Aneurysmawandungen habe ich nur wenige gefunden, in denen sich nicht in den Gefässen des mesenterialen Bindegewebes Thromben befanden. Dieselben sind meist organisirt, manchmal zugleich canalisirt, in den Venen häufiger verkalkt oder in den verschiedenen Stufen der regressiven Metamorphose. Dass diese zahlreichen arteriellen und venösen Verstopfungen der kleinen Gefässe, deren feinere Verzweigungen hauptsächlich als vasa vasorum fungiren, auf die Ernährungsstörungen der Aneurysmawandungen einen Einfluss ausüben, kann kaum in Abrede gestellt werden. Der gehemmte Blutzufluss zu den vasa vasorum befördert sicher die fettige und kalkige Umwandlung der Entzündungsprodukte der Intima und Media.

β) Die Adventitia selbst ist meist um das Doppelte und darüber verdickt, ihre bindegewebigen und elastischen Elemente vermehrt mit reichlicher Gefässentwicklung. Die bedeutend entwickelten meist welligen elastischen Längsfasern sind bei starker Verdickung gewöhnlich unregelmässig verzogen und von einem reichlichen, derben Bindegewebe durchwuchert, welches ohne scharfe Abgrenzung sowohl in das mesenteriale sclerotische Bindegewebe als auch in die äussersten mehr oder weniger veränderten Schichten der Media übergeht. Häufig findet man einzelne Pigmentstreifen in der Adventitia, die als letzte Ausläufer der später zu beschreibenden, zwischen Adventitia und Media gelagerten, meist rostfarbenen Pigmentstreifen figuriren. Solche Streifen begleiten nicht selten die bindegewebigen unregelmässigen Quer- und Schiefstreifen, die die Media durchsetzen.

Die Muscularis Adventitiae (vergleiche die Schilderung der histologischen Verhältnisse der Eingeweidearterien) ist manchmal bis auf 2^{mm} verdickt (Nr. 30 u. 31) und schon mit blossem

Auge sichtbar; ihre unter normalen Verhältnissen ziemlich entwickelte bindegewebige Zwischensubstanz ist in solchen Fällen ebenfalls entsprechend vermehrt. Diese äussere Längsmuskelfaserschicht kann unter Umständen den $\frac{1}{3}$—$\frac{1}{4}$ Theil der Wandung überhaupt bilden.

γ) Die Media, deren Verdickung von den früheren Beobachtern (Hering und Rayer) schon betont und von letzterem als charakteristisch für das Aneurysma der Eingeweidearterien erklärt wurde, ist fast ausnahmslos hypertrophisch. Während ihre normale Dicke 0,75—1,0^{mm} beträgt, ist dieselbe sehr häufig auf 3—4^{mm} verdickt, also um das 3—4fache ihres normalen Durchmessers. In seltenen Fällen steigt der Dickendurchmesser sogar auf 7^{mm} (Nr. 8); in solchen Fällen ist jedoch immer eine Bindegewebswucherung damit verbunden und es erscheint die compacte Muskelschicht in einzelne Bündel auseinandergezerrt. Die Verdickung selbst ist in vielen Fällen an den verschiedenen Stellen der Wandung sehr ungleichmässig: an Stelle der grössten sackigen Ausbuchtung ist die Media entweder wenig verdickt oder theilweise bindegewebig und kalkig umgewandelt, an den weniger erweiterten Stellen dagegen ist sie regelmässig hypertrophisch. Ein eigenthümliches Verhalten zeigt die Media nicht selten, indem sie — den Zerstörungen der Intima folgend — zahlreiche Einkerbungen, ringförmige Vertiefungen und Erhebungen zeigt, wodurch leisten- und firstenähnliche Vorsprünge in das Arterienlumen abwechselnd mit gürtelförmigen Vertiefungen zu Stande kommen, die in frischeren Fällen der Media ein förmlich zerfressenes Aussehen geben (Fig. 16 u. 17). Bei einer grossen Anzahl von Aneurysmen hat man Gelegenheit, diese Veränderung, die bisher übersehen wurde, in den verschiedensten Stadien zu studieren. An Aneurysmen jüngeren Datums sind diese gürtelförmigen Vertiefungen, in denen die Intima meist theilweise oder vollkommen fehlt, durch fibrinöse wandständige Thromben gleichsam ausgegossen. In weiter vorgeschrittenen Stadien bilden sich durch partielle Verkalkung der Media und Intima förmliche Kalkringe und Kalkleisten (Fig. 14 a.), die in das Lumen der Arterie prominiren und durch Einschnürung der Aneurysmawandung die ganze Formation des Aneurysma bedingen (Fig. 14). Diese Veränderungen machen häufig den Eindruck, als ob die Media, ursprünglich gleichmässig hypertrophisch, später durch eine ulcerirende Endo- und Meso-arteriitis in Mitleidenschaft gezogen die gürtelförmigen Defecte durch Einschmelzung erlitten habe.

Bei frischeren ulcerativen Vorgängen in der Intima ist die Media in ihren innersten Schichten meist auch ergriffen und zeigt einen entsprechenden durch reichliche Infiltration von jungen Rundzellen (Nr. 31) gekennzeichneten acuten entzündlichen Zustand, verbunden mit Schwellung und Lockerung ihres Gewebes.

Ganz dieselben acuten entzündlichen Veränderungen mit theilweiser Einschmelzung finden sich bei der Gegenwart von Pallisadenwürmern in der Media (Nr. 40 u. 46) selbst oder in den zunächst liegenden äussersten Lagen der Intima.

Die Bindegewebsentwicklung in der Media ist entweder mit gleichzeitiger Hypertrophie ihrer Muskelelemente verbunden oder seltener mit Atrophie derselben. Einen weiteren Ausgang der entzündlichen Processe in der Media bildet die kalkige Umwandlung, die meist mit gleichzeitiger Verkalkung der äussersten Schichten der Intima einhergeht und nur in den innersten Lagen der Media stattfindet. Kleine kalkige Herde, die manchmal nur mit bewaffnetem Auge wahrgenommen werden, vermisst man selten. Eine ausgebreitete Verkalkung, wobei die Aneurysmawandung ganz oder theilweise in eine starre unbewegliche Röhre umgewandelt ist, wurde unter 60 Fällen 5mal beschrieben (Nr. 7. 19. 21. 39. 58), eine weniger bedeutende 7mal (Nr. 12. 17. 18. 36. 40. 41. 44).

Sehr häufig trifft man bindegewebige Septen, die quer die Media durchsetzen. Sie zeigen gewöhnlich körnige, braunrothe oder rostfarbene Pigmenteinlagerungen oder sind ungewöhnlich reich an jungen Rundzellen. Sie setzen sich nicht selten in atheromatöse Herde oder in Wurmgänge fort, die in der Media oder Intima verlaufen. Diese queren meist rostfarbenen Pigmentablagerungen, die der Media manchmal ein marmorirtes Aussehen verleihen, begleiten auch häufig die queren thrombotischen

Ausläufer, welche die oben erwähnten gürtelförmigen Einkerbungen der Media ausfüllen.

Ueber die Natur und Entstehungsweise dieser Pigmentirungen, die übrigens von Rayer direct geleugnet und ausserdem nicht erwähnt werden, sind verschiedene Erklärungen zulässig. Wo dieselben einzelne narbenähnliche Bindegewebsstränge begleiten und überdies noch direct mit Gängen von in der Wandung befindlichen Pallisadenwürmern in Verbindung stehen, lassen sie sich vielleicht als Spuren der durch den wandernden Wurm gesetzten Verwundung der betreffenden Theile deuten. In der Mehrzahl der Fälle dagegen, besonders wenn die Pigmentstreifen ziemlich regelmässig die Media durchsetzen und schliesslich sich noch zwischen Media und Adventitia ausbreiten oder wenn sie die queren verschieden umgewandelten Ausläufer des wandständigen Thrombus begleiten, muss man sie als die Reste von geheilten oder in Heilung begriffenen multipen dissecirenden Aneurysmen betrachten. Die Entstehung dieser interessanten Veränderung kann man sich in der Art denken, dass nach ulcerativer Zerstörung der Intima und der innersten Mediaschichten das Blut zwischen die gelockerten und entzündlich afficirten Schichten der Media hindurchgebrochen und sich zwischen Media und Adventitia ausgebreitet hat. Derartige Veränderungen finden sich in 8 Fällen besonders ausgeprägt (Nr. 2. 24. 29. 30. 40. 46. 50. 53.) Dissecirende gleichsam secundäre Aneurysmen in den grösseren Aneurysmen, die mehr den gewöhnlichen beim Menschen beobachteten Formen entsprechen, fanden sich 2mal (Nr. 22 u. 23).

Es wurde schon oben erwähnt, dass die Grenze der Media gegen die Adventitia häufig vollkommen verwischt und durch Bindegewebsentwicklung an dieser Stelle ersetzt sei. Ganz ähnlich verhält sich häufig die Media gegen die Intima zu; an Stelle der elastischen Lamelle, die mit ihren welligen Contouren unter normalen Verhältnissen die charakteristische Grenzlinie beider Häute bildet, findet man unregelmässig eingelagertes Bindegewebe, besonders wenn ein Theil der Intima verloren gegangen ist. In solchen Fällen, nämlich bei ulcerirenden Gürtelgeschwüren der Intima liegt die Media vollkommen bloss und ist ihre theilweise erodirte und entzündlich veränderte innere Oberfläche unmittelbar von dem nie fehlenden wandständigen Thrombus bedeckt.

δ) Die Intima. Weitaus die bedeutendsten und folgenschwersten Veränderungen erleidet die Intima der Wurmaneurysmen. Sie bietet uns häufig nebeneinander alle Stadien der acuten und chronischen Entzündung, der pro- und regressiven Metamorphosen, wie wir sie als Ulceration, als Hypertrophie und Atrophie, als fettige, atheromatöse und kalkige Entartung, als bindegewebige narbige Umwandlung und Sclerosirung kennen.

Eine genaue Angabe der normalen Dicke der Intima zu geben, ist sehr schwierig; je nach der Dicke der normalen Längsmuskelfaserschicht — Muscularis Intimae —, die wir früher beschrieben, dürfte dieselbe zwischen 0,15—0,30—0,5 schwanken. Ihre Verdickung ist in einem Theile der Wurmaneurysmen in der Regel eine bedeutende, sie steigt nicht selten bis auf 2—3^{mm}.

Bei der Gegenwart von Pallisadenwürmern in den Aneurysmen ist die Intima meist in einem umschriebenen Theile nur theilweise oder gar nicht vorhanden. Schon bei Schilderung der Media haben wir der Defecte der Intima Erwähnung gethan; sie wurden von Hering und Bruckmüller schon beobachtet; ersterer sah sie unter 108 Aneurysmen 19mal. Rayer und Davaine (p. 330) bezeichnen sie dagegen als sehr selten und wollen daraus sogar eine Aehnlichkeit der Wurmaneurysmen mit denjenigen des Menschen folgern; offenbar mit Unrecht. Durch die ulcerative Zerstörung der Intima präsentirt sich nach Entfernung des Thrombus häufig ein Bild, welches mit dem tuberkulösen Gürtelgeschwür im Darm des Menschen einige Aehnlichkeit besitzt, indem man auch hier neben der seichten Tiefe des Geschwürs die blossliegenden queren Muskelfaserschichten der Media bemerkt. An solchen Stellen ist auch die Media nicht selten am wenigsten hypertrophisch oder bindegewebig umgewandelt und in Folge der verminderten Resistenz die Ausbuchtung der Wandung am bedeutendsten. In den übrigen weniger ausgedehnten Theilen ist die Intima in der Regel nicht nur erhalten, sondern bedeutend verdickt und meist entweder in flachen Längsfalten verdickt oder von höckeriger unebener Beschaffenheit mit narbigen Vertiefungen und constant von milchig weisser oder schwach gelblicher Farbe.

Bei der mikroskopischen Untersuchung solcher Stellen erhält man einen sehr verschiedenen Befund. Das Endothel lässt sich nur selten noch nachweisen. Häufig sieht man an Stelle der normalen zellenreichen Intima eine bedeutende Verdickung der Längsfaserhaut mit Verlust der sternförmigen Bindegewebszellen; nur hie und da finden sich spärliche Rundzellen abwechselnd mit fettig atheromatösen und kalkigen Herden in verschiedener Grösse. In den äussersten Schichten der sclerotischen Intima, die in solchen Fällen den knorpelähnlichen Platten bei der Atheromatose des Menschen am meisten ähnlich ist, findet sich an Stelle der Muskelfaserschicht besonders bei gleichzeitiger bindegewebiger Umwandlung der Media häufig ein vascularisirtes und zellenreiches Bindegewebe oder man kann in einer Reihe von Fällen eine erhebliche Zunahme der zelligen Elemente constatiren, der glatten Muskelfasern, wie der sternförmigen Bindegewebszellen, die ausserdem besonders in den innersten Schichten von jugendlichen rundzelligen Elementen begleitet sind. Abwechselnd mit atheromatösen Herden finden sich auch schieferig gefärbte und braunrothe Pigmentstreifen, die meist mit den in der Media geschilderten in Verbindung stehen und häufig schon durch die innersten Schichten der Intima hindurchschimmern. Ihre Entstehung fällt wohl mit den in der Media beschriebenen Pigmentablagerungen zusammen.

Die acutesten Formen der Endoarteriitis findet man bei der Gegenwart von Pallisadenwürmern in der Intima; neben einer bedeutenden Schwellung, Trübung und Lockerung der Intima bemerkt man in der nächsten Nähe des Wurmganges eine massenhafte Anhäufung von Rundzellen, die sich allmählig verlierend durch die Media und Adventitia bis in's umliegende Bindegewebe erstrecken kann.

In weiter vorgeschrittenen Fällen ist die Intima theils in ein jugendliches oder consolidirtes Bindegewebe mit oder ohne Vascularisation umgewandelt oder ihre normale Structur ist noch erhalten und nur mit zahlreichen Rundzellen versehen.

Die Muscularis Intima ist entweder einfach verdickt oder

gleichzeitig von bindegewebigen Elementen durchsetzt oder von letzteren vollkommen verdrängt; in einzelnen Fällen erreicht sie eine Dicke von 1^{mm} (Nr. 25. 30. 41.)

Endlich findet man die Intima meist gleichzeitig mit den innersten Schichten der Media kalkig umgewandelt; durch die Bildung förmlicher Kalkplatten wird die ganze Wandung des Aneurysma starr und unbeweglich. Solche Fälle sind bei Schilderung der Veränderungen der Media aufgezählt worden. Abwechselnd mit eigentlich atheromatösen, fettig entarteten Stellen liegen diese Platten in der verschiedensten Grösse bloss und geben durch die Rauhigkeit ihrer Innenfläche Anlass zur Ablagerung von Fibringerinnseln; sie sind meist von dickeren wandständigen Thromben bedeckt oder nur von einem dünnen, durchsichtigen Fibrinhäutchen überzogen.

Wirkliche Verknöcherung ist selten. Nur in 2 Fällen konnte sie mit Sicherheit nachgewiesen werden. Nachdem ich schon eine grosse Zahl von mehr oder minder verkalkten Wandungen in dieser Richtung mit vollkommen negativem Resultat untersucht hatte, stiess ich endlich auf Knochenkörperchen von ziemlich ausgeprägter Form in kleinen kalkigen Herden eines Aneurysmas der Bauchaorta (Nr. 58); in diesem Falle fehlten jedoch Havers'sche Kanälchen und eine lamellöse Schichtung vollkommen. Eine solche Art der Verknöcherung wurde auch von denen, die eine wirkliche Verknöcherung bei der Atheromatose des Menschen annehmen, niemals beobachtet oder behauptet. Um so mehr überraschte mich der Befund (Nr. 7 Abb. Fig. 7) einer wahren Knochenbildung mit Havers'schen Kanälchen, auf welche ich später noch einmal zurückkommen werde.

Die eigenthümlichen in das Lumen des Aneurysma prominirenden Kalkleisten, an deren Bildung auch die Media betheiligt ist, wurden schon erwähnt. Sie geben hie und da dem Aneurysma ein eingekerbtes Aussehen und wandeln die Höhle des Aneurysma in eine multiloculäre um (Fig. 14).

Erwähnenswerth dürfte noch die Spangenbildung in der Intima sein, die in einem Falle (Nr. 10) gefunden wurde. Diese Spangen durchkreuzten ähnlich den Trabekeln des Herzens das Lumen der

Arterie, bestanden aus feinfaserigem Bindegewebe und verdanken ohne Zweifel einer abgelaufenen Endoarteriitis ihren Ursprung. Einen ausgezeichneten Fall von Spangenbildung in der Intima habe ich nach Abschluss dieser Untersuchung beobachtet, den ich kurz erwähnen will: am Rande der Ursprungsmündung der vorderen Gekrösarterie, die wie gewöhnlich aneurysmatisch erweitert und von Pallisadenwürmern bewohnt war, fand sich ein förmliches Netzwerk von trabekulären Spangen. Dieselben durchkreuzen das Lumen der Arterie nach verschiedenen Richtungen, sind verschieden dick: von den feinsten Fäden bis zu 1,5—2^{mm} dicken Spangen und bestehen mikroskopisch aus fibrillärem Bindegewebe und glatten Muskelfasern in grosser Menge. Die Entstehung dieser Bildungen lässt sich kaum anders denken, als dass in Folge einer Endoarteriitis verminosa die Intima und besonders die Muscularis Intimae unterminirt waren und bei der Heilung diese Spangenbildungen zurückgelassen haben. Der Mangel jeder frischen Veränderung an dieser Stelle lässt das Ganze als einen abgelaufenen und geheilten Process erscheinen. Frische Thromben hatten sich an diesen allerdings glatten und drehrunden Spangen nicht angesetzt.

Obliteration von Arterien durch Wucherung und Verkalkung der Intima wurde mehrfach beobachtet; inwiefern bei einem solchen Verschluss, der in 2 Fällen zugleich mit Obliteration (und Heilung) von Aneurysmen (Nr. 28 und 60) verbunden war, obturirende Thromben betheiligt waren, liess sich nicht mehr feststellen.

Die Grenze der Intima gegen die Media, die unter normalen Verhältnissen durch die elastische wellige Innenhaut so prägnant hervortritt, ist, wie schon oben erwähnt, sehr häufig vollkommen verwischt und man findet an ihrer Stelle neben fettigen und kalkigen Herden Bindegewebe, welches verschieden locker oder derb, manchmal vascularisirt nach beiden Richtungen, in die Media und Intima, unregelmässige Ausläufer entsendet.

Ueberblicken wir noch einmal die geschilderten anatomischen Verhältnisse der Aneurysmawandungen, so finden wir dieselben immer verdickt, meist elastisch, seltener durch kalkige Einlagerung in starre Röhren umgewandelt. An der Verdickung der Wandung betheiligen sich ausser dem mesenterialen Bindegewebe in erster Linie die Media, weniger die Adventitia und häufig die Intima. Die Veränderungen der letzteren sind am wenigsten constant: man findet sie in entzündlicher Schwellung, in ulcerativer Zerstörung mit vollkommener oder theilweiser Einschmelzung ihres Gewebes, in Fettdegeneration, Verkalkung und Verknöcherung, in Hyperplasie, Sclerosirung oder bindegewebiger Umwandlung. Meist finden sich mehrere der genannten Zustände gleichzeitig in demselben Aneurysma nebeneinander.

f) Inhalt der Aneurysmen.

α) Thrombus. Wenn man ein Wurmaneurysma frisch untersucht, so findet man in demselben regelmässig ein lockeres dunkelrothes oder schwarzes Blutgerinnsel, welches peripherisch einen schmutzig weisslichen Fibrinstreifen einschliesst, der sich meist in einige abgehende Aeste verästelt; dasselbe enthält nicht selten einige Pallisadenwürmer und lässt sich mit der Pinçette oder durch Aufgiessen eines schwachen Wasserstrahles leicht und vollständig entfernen. Diese Gerinnsel sind offenbar während des Todeskampfes entstanden. Da man die übrigen Arterien im Cadaver in der Regel leer antrifft, so ist ein solcher Befund nur insofern bemerkenswerth, als er die mangelhafte Contraction der erkrankten Arterie an der aneurysmatischen Stelle beweist. Man nennt solche Gerinnsel Agoniegerinnsel und es haben dieselben mit dem nun näher zu beschreibenden Thrombus, der während des Lebens entsteht, nichts zu thun und dürfen nicht mit demselben verwechselt werden.

Die Gegenwart eines Thrombus [1]) (caillot der Franzosen) in dem Wurmaneurysma des Pferdes wurde auch von den früheren Beobachtern selten vermisst. Rayer bezeichnete ihn geradezu als charakteristisch für das Aneurysma der Pferde. Unter den untersuchten Spirituspräparaten fehlten nur in wenigen die Thromben; bedenkt man dazu, dass diese Objecte zum grössten Theile früher eröffnet und im Laufe der Jahre gewiss verschiedenen Ma-

[1]) Thrombus von ὁ θρόμβος die geronnene Blutmasse.

nipulationen ausgesetzt waren, so erscheint es selbstverständlich, dass diese Präparate für die Beurtheilung der Häufigkeit des Thrombus keinen sicheren Massstab abgeben können. Dagegen habe ich unter 21 frisch untersuchten Aneurysmen den Thrombus nie fehlen gesehen.

Ebenso mannigfaltig wie die Intima der Aneurysmen ist die Beschaffenheit des Thrombus nach Form, Alter und innerer Zusammensetzung. Der Thrombus ist meist wandständig, der Innenwand mehr oder weniger innig adhärirend. Er kleidet entweder das ganze Aneurysma aus oder ist nur circumscript. Er füllt entweder einen kleinen Theil der Aneurysmahöhle aus oder lässt nur einen Kanal für den Blutstrom frei oder ist vollkommen obstruirend[1]), er ist geschichtet oder ungeschichtet, in fettiger Entartung und Erweichung, in puriformer und purulenter Schmelzung oder in Organisation.

Die Bildung des Thrombus, seine Grösse und Beschaffenheit wird vorzüglich bedingt durch den Grad der krankhaften Ausbuchtung des Arterienrohres, durch die Beschaffenheit der Intima und durch die Gegenwart von Pallisadenwürmern in dem Aneurysma. Andere Factoren wie die Beschaffenheit des Blutes, die Höhe des im arteriellen Systems herrschenden Blutdrucks sind sicher von grosser Bedeutung; es fehlt uns aber bis jetzt an Thatsachen, die einen Massstab für die Beurtheilung ihres Einflusses abgeben könnten. Je nach der Einwirkung dieser Factoren ist die Entwicklung, Gestaltung und Rückbildung des Thrombus eine verschiedene.

Die Farbe und Consistenz des Thrombus richtet sich hauptsächlich nach dem Alter; jüngere Thromben sind meist locker, dunkelroth oder blass röthlich; ältere sind häufig derb oder wiederum auch breiartig weich, entfärbt, grauröthlich, roth- oder gelbbraun, rostfarben etc.

In den sackigen Ausbuchtungen finden sich regelmässig dünnere oder dickere wandständige Thromben. Ist die Intima an diesen Stellen, wie es häufig der Fall ist, ulcerirt, vollkommen

---

[1]) Von oblino, verstreichen.

oder theilweise fehlend, oder durch kalkige und atheromatöse Einlagerungen rauh und uneben, so darf man mit Sicherheit auf die Anwesenheit eines Thrombus an solchen Stellen rechnen. Ist die Intima im grössten Theile des Aneurysma wie bei ausgedehnten cylindrischen Erweiterungen und bei Gegenwart zahlreicher Würmer arrodirt oder fehlend, so ist die ganze Innenwand des Aneurysma gleichsam austapeziert von dem Thrombus. Derselbe gleicht so die zahlreichen Vertiefungen und Unebenheiten aus und seine häufig abgeglättete Innenfläche lässt einen Kanal für den Blutstrom frei (vide Fig. 11. u. Fig. 18.).

Die Art der Verbindung des Thrombus mit der Innenfläche des Aneurysma ist nach Beschaffenheit der letzteren eine verschiedene. Bei ulcerativen und acuten entzündlichen Affectionen der Intima sind die äussersten Schichten des Thrombus häufig in Organisation und innig mit der entzündeten Intima verbunden. In solchen Fällen lässt sich der Thrombus nicht ohne Continuitätstrennung von der Innenwand ablösen. Ueberhaupt ist bei unebener und höckeriger Beschaffenheit der Innenfläche der auskleidende Thrombus meist innig adhärent und in die öfters beschriebenen gürtelförmigen Einkerbungen, die durch den Defect der Intima und Media zu Stande kommen, förmlich eingefilzt. Dass sich quere Ausläufer des Thrombus durch die Media bis zur Adventitia erstrecken können und eine eigenthümliche Form von in Rückbildung begriffenen dissecirenden secundären Aneurysmen darstellen, wurde schon näher beschrieben. Bei der Gegenwart von Kalkplatten und atheromatösen Herden in der Intima sind dieselben meist mit locker aufsitzenden Thromben bedeckt.

In nahezu der Hälfte der Fälle (23mal unter 56 Fällen) ist der Thrombus canalisirt[1]), sei es indem er die Innenfläche des Aneurysma in ihrer ganzen Ausdehnung auskleidet, sei es dass er nur gürtelförmig einen umschriebenen Theil bedeckt (diffus

---

[1]) Hier ist jedoch die Canalisation nicht in dem Sinne zu verstehen, als ob eine früher bestandene Obstruction nachträglich canalisirt worden sei, sondern der wandständige circuläre Thrombus lässt in seiner Mitte einen Kanal für die Blutcirculation frei.

wandständig). Oder der Thrombus bedeckt in Form von strangartigen, verschieden dicken oder unregelmässig bröckligen Auflagerungen nur eine Seite der Aneurysmawandung (partiell wandständig), (18mal unter obiger Anzahl). Vollkommen obstruirende Thromben (in 8 Fällen) sind nicht so selten. Ob die totale Verstopfung in solchen Fällen langsam und allmählig oder schnell zu Stande gekommen sei, erkennt man an der Beschaffenheit des Thrombus, an seiner Farbe, Consistenz und histologischen Zusammensetzung. Manchmal findet man den Thrombus im Anfang des Aneurysma nahe dem Ursprung aus der Aorta canalisirt und es ist dann der Blutzufluss zu den ersten Aesten der Gekrösarterie relativ unbehindert, während weiter nach aussen der canalisirte Thrombus sich in einen obstruirenden umwandelt, der sich überdiess noch in die grösseren und kleineren Verzweigungen der Arterie fortsetzt.

Solche fortgesetzte Thromben sind sehr häufig und verdienen in mehrfacher Beziehung eine besondere Berücksichtigung. Die verschieden gestalteten und zusammengesetzten Thromben setzen sich gegen die Peripherie zu in grössere und kleinere Arterienäste fort und verengern entweder dieselben oder verschliessen sie vollkommen; oder es werden durch den Thrombus im Aneurysma nur die Mündungen der abgehenden Aeste verlegt. So kann z. B. an der Abgangsstelle der Dünndarmarterien, die kaum über 2 □Ctm. gross ist, ein verhältnissmässig sehr kleiner Thrombus — von Linsen- bis Bohnengrösse — die Ursprungsmündung mehrerer Dünndarmarterien verschliessen und so die arterielle Blutzufuhr für eine mehrere Meter lange Darmpartie vollkommen abschneiden. Ein weiterer nicht minder wichtiger Befund ergibt sich durch die Verlängerung des Thrombus in centraler Richtung, ein Vorkommniss, welches für arterielle Thromben überhaupt von Mehreren geleugnet wird. Es ist dies die Fortsetzung des Thrombus über das Ostium der Gekrösarterie in das Lumen der Aorta hinein. Einen sehr prägnanten derartigen Fall gibt die Abbildung Fig. 10 (Nr. 14) wieder. Ein ähnliches Verhalten ist im Fall Nr. 2 beschrieben. Unter 35 Pferden habe ich solche Ausläufer in verschiedener Grösse 10mal constatiren können (Nr. 2. 9. 10. 14. 17. 27. 38. 39. 43. u. 46), also in 28% der Fälle. Dabei muss man berücksichtigen, dass nur in der Minderzahl der Fälle die Aorta an den Aneurysmen der Gekrösarterie vorhanden war, dass also das angegebene Procentverhältniss eher zu niedrig als zu hoch ist. In vielen Fällen ist ausserdem der Befund mitgetheilt worden, dass der Thrombus oder dessen centrale Endigung sich bis nahe oder unmittelbar an die Ursprungsöffnung aus der Aorta fortgesetzt hatte. Bei Erörterung der Symptomatologie der Aneurysmen werden wir Gelegenheit haben, uns dieses Verhältnisses und seiner wichtigen Consequenzen zu erinnern.

Was den Bau und die Structur des Thrombus anbelangt, so wurde schon oben angedeutet, wie verschiedenartig sich dieselben verhalten können. Meist ist der Thrombus mehr oder weniger deutlich geschichtet; die einzelnen Schichten sind von verschiedener Dicke und manchmal ausserordentlich dünn (Nr. 6); sehr häufig besonders bei Pferden, die an sogenannter „Kolik" umgestanden sind, fand ich den Thrombus überaus locker und brüchig, besonders in seinen innersten Lagen. Geronnener Faserstoff in verschiedenen Graden der fettigen Entartung und des körnigen Zerfalls und farblose Blutkörperchen bilden die hauptsächlichsten Elemente des Thrombus. Je nach dem Grade des Zerfalls findet man mikroskopisch kleine Fettkörnchen und Fetttröpfchen, moleculären und fettigen Detritus, meist mit zahlreichen Körnerzellen und Körnerhaufen vermischt, seltener Cholestearin, Myelin (letztere vielleicht auch Producte der Spirituswirkung?) und kalkige Trümmer. Sehr derbe und geschichtete Thromben bestehen häufig fast ausschliesslich aus Fibringerinnsel mit sehr wenigen farblosen Blutkörperchen. In manchen Fällen erweichen die Thromben in den der Wandung nächsten Schichten und nehmen eine eiterige Beschaffenheit an (analog der cyste purulente bei der Endocarditis des Menschen). Unter den oben genannten Elementen bilden dann die Körnerzellen und Körnerhaufen einen Hauptbestandtheil.

Eine eiterähnliche (puriforme Virchow) Erweichung des Thrombus ist verhältnissmässig nicht so häufig (Nr. 16. 43. 54 u. 56).

Der gelblichweisse oder blassröthliche Brei ist verschieden zusammengesetzt. Er besteht meist aus farblosen Blutkörperchen, Körnerzellen und Körnerhaufen und fettig körnigem Detritus. In einem Falle (Nr. 43) bestand das Product der Erweichung aus einer eiterigen Flüssigkeit, die sich von wirklichem Eiter in keiner Beziehung unterschied, so dass hier die Bezeichnung „purulente Erweichung" vollkommen berechtigt erschien.

Bei entzündlichen Processen der Aneurysmainnenwand findet man die äussersten Schichten des Thrombus entweder organisirt oder in Organisation begriffen (Nr. 9. 24. 29. 31. 40. 44. 46). Der so umgewandelte Thrombus geht dann ohne scharfe Grenze in die bindegewebige und entzündlich afficirte Intima oder Media über. Vollkommen organisirte und manchmal canalisirte Thromben findet man sehr häufig in den feineren Arterien des Mesocolon und -coecum neben anderen Resten früherer embolischer Processe sowie in den feineren Arterien des mesenterialen Bindegewebes.

Die innerste Schicht des Thrombus, besonders der canalisirten Formen bildet meist ein in grösseren Partieen abziehbares, milchig weissliches Häutchen, welches aus einem feinen fibrinösen Netzwerk und farblosen Blutkörperchen zusammengesetzt ist.

Ueber die Entstehung der Thromben sei noch bemerkt, dass die Beschaffenheit der Intima, ihre entzündlichen, ulcerativen und regressiven Affectionen neben der Gegenwart von Pallisadenwürmern vorzugsweise das Zustandekommen derselben begünstigen. Begreiflicher Weise spielt auch die Erweiterung des Arterienrohrs dabei eine Rolle, obgleich die circulären gleichförmigen Erweiterungen an und für sich wenig zur Gerinnselbildung prädisponiren, viel weniger als die sackförmigen. — Als weiteren Inhalt des Aneurysma finden wir

β) Den Strongylus armatus. Dieselben liegen theils frei im Lumen der Aneurysmen, theils eingebettet in die Schichten des Thrombus. Da es ganz undenkbar ist, dass die Würmer bei dem starken Blutstrom in der Arterie sich frei im Innern derselben aufhalten können, so ist man berechtigt, das freie Vorkommen der Würmer in dem Lumen der Aneurysmen als eine Leichenerscheinung aufzufassen. Unter allen Umständen müssen die Würmer irgendwie in dem Aneurysma befestigt sein. Man findet dem entsprechend neben den freiliegenden Würmern leere Wurmgänge in den innersten Schichten des Thrombus. Meist sind die Pallisadenwürmer mit dem grössten Theil ihres Körpers in die innersten Schichten des Thrombus derart eingebettet, dass ein Endtheil derselben, Kopf oder Schwanz, frei in das Lumen der Arterie hineinragt (Fig. 18). Die Ansicht Rayer's, wornach die Grösse des Thrombus von der Zahl der Würmer abhängt, scheint für viele Fälle nicht unbegründet zu sein.

Um sich über die Zahl der in den Aneurysmen vorhandenen Würmer ein Urtheil bilden zu können, ist es unerlässlich, die untersuchten Spirituspräparate gesondert zu betrachten. Die an diesen gewonnenen Resultate können durchaus nicht massgebend sein, einmal weil bei ihnen im Laufe der Zeit gewiss viele Würmer auf die verschiedenste Art abhanden kommen können und dann, weil die den Sammlungspräparaten schuldige Schonung eine genaue Untersuchung in dieser Richtung nicht erlaubt.

a) Die Zahl der untersuchten Spirituspräparate beträgt 37, die 18 Pferden angehörten. In 18 Aneurysmen fand sich kein Strongylus; bei 9 fanden sich jedoch gleichzeitig in einem oder dem anderen Aneurysma desselben Pferdes ein oder mehrere Pallisadenwürmer, so dass sich nur in 9 Aneurysmen, die 6 Pferden angehörten, überhaupt kein Strongylus fand. Diese Zahl reducirt sich noch weiter, indem in 3 Aneurysmen (2 Pf.) in den Aneurysmawandungen Reste von Pallisadenwürmern in Form abgeworfener Larvenhäute sich fanden, so dass im Ganzen nur 6 Aneurysmen (4 Pf.) überhaupt ohne Strongylus waren. Larvenhäute in der Intima fanden sich überdiess 2mal gleichzeitig mit Pallisadenwürmern im Innern des Aneurysma.

b) Unter 21 frisch untersuchten Aneurysmen, die 15 Pferden angehörten, wurden nur 2mal (1 Pf.) die Strongyli vermisst. In letzterem Falle jedoch (Nr. 34 u. 35) fand sich ein unzweifelhafter Beweis früher vorhandener Pallisadenwürmer in Form einer Larvenhaut in einem kleinen wandständigen Thrombus.

Diese Thatsache im Zusammenhalt mit den an den älteren Präparaten gewonnenen beweist, dass man aus dem momentanen Fehlen der Würmer durchaus keine Schlüsse ziehen kann, als ob dieselben niemals zugegen gewesen seien; die Abwesenheit der Würmer ist mehr ein zufälliges, vorübergehendes Ereigniss, welches in dem Entwicklungsgang des Pallisadenwurmes, seiner fortwährenden Ein- und Auswanderung seinen Grund hat.

Die Zahl sämmtlicher in 21 frischen Aneurysmen (15 Pf.) gefundenen Würmer beträgt 282 — ohne Einrechnung der Larvenhäute. Von diesen waren 275 ganz oder theilweise in den Thrombus eingebettet oder lagen frei im Lumen der Aneurysmen, während 7 Exemplare (und eine Larvenhaut) in den Arterienhäuten ihren Sitz hatten. Es kommen demnach auf 1 Aneurysma 13,5 und auf 1 Pferd 19 Würmer. Setzt man die Fälle Nr. 54—56 mit der abnorm hohen Zahl von 121 Würmern ausser Anrechnung, so bleiben für 18 Aneurysmen (14 Pf.) noch 161 Würmer, d. h. auf ein Aneurysma kommen durchschnittlich 9 und auf ein Pferd 11 Pallisadenwürmer.

Was den Aufenthalt von Würmern in den Wandungen betrifft, so fanden sich in einem Falle 2 Strongyli in der Intima, in 4 Fällen je 1 Strongylus zwischen Intima und Media und in einem Falle 1 Strongylus in der Media. An den Spirituspräparaten fanden sich Larvenhäute und Würmer in Intima oder Media zugleich mit solchen im Innern 2mal, ohne solche im Innern 3mal. Im Ganzen waren demnach in 11 Aneurysmen Würmer oder ihre Reste in den Aneurysmawandungen nachzuweisen.

Diese Angaben geben selbstverständlich nur Minimalzahlen und machen durchaus keinen Anspruch auf absolute Genauigkeit, da es häufig nur durch Zerstörung des Präparates oder erst bei der mikroskopischen Untersuchung gelingt, Würmer oder Larvenhäute in den Wandungen nachzuweisen.

Rayer befindet sich also im Irrthum, wenn er die Anwesenheit von Würmern in den Arterienhäuten mit Bestimmtheit in Abrede stellt; Hering hatte auf dieses Vorkommen aufmerksam gemacht; er sagt p. 439: „dans cette lymphe enfin naissent les strongles, qui quelque fois perçent la tunique sereuse et restent entre celle-ci et la tunique moyenne".

Die Vertheilung der Würmer auf die einzelnen Aneurysmen und Pferde gestaltet sich bei den frischen Fällen folgendermassen:

a) Aneurysmen. Kein Strongylus 1mal, 1 Larvenhaut 1mal, 1 Strongylus 2mal, 2 Strong. 2mal, 3 Strong. 2mal, 5 Strong. 2mal, — 6, 9, 10, 15, 17, 18, 26, 38, 121 Strongyli je einmal. (Es sind hier die Fälle Nr. 54—56 als ein Fall angenommen).

b) Pferde. 1 Larvenhaut bei einem Pferde, 3 Strongyli 3mal, 5 Strong. 2mal, 8 Strong. 2mal, — 10, 14, 18, 19, 26, 37 und 121 Strongyli bei je einem Pferde.

Diesen Daten möchte ich noch die Bemerkung hinzufügen, dass man mit Angaben über das Fehlen der Würmer in den Aneurysmen unter allen Umständen sehr vorsichtig sein muss. Es bedarf immer einer sehr sorgfältigen Untersuchung der Aneurysmahöhle, um einen sicheren Ausspruch über das Fehlen der Würmer machen zu können. Ich habe öfters Gelegenheit gehabt, an mir die Erfahrung zu machen, wie leicht man die Würmer bei ihrer geringen Grösse und gleichartigen Farbe übersehen kann, besonders wenn sie in grossen Thrombusmassen in den verschiedensten Schlupfwinkeln gelagert sind. Nach dem Auswaschen des Präparates findet man bei wiederholter Untersuchung noch Würmer an Stellen, wo man sicher keine mehr vermuthete.

III.

1) Pathologisch-anatomische Verhältnisse der abgehenden Arterienäste und der Aorta.

Es sind hier zunächst die secundären Veränderungen zu erwähnen, denen die Arterien des Stromgebietes der vorderen Gekrösarterie sowie die Bauchaorta unterliegen.

Auf das häufige Vorkommen von fortgesetzten Thromben in diesen Aesten wurde oben aufmerksam gemacht. Sie bedingen eine vollkommene oder theilweise Unwegsamkeit der betroffenen Arterien. Verschleppte Theile des Aneurysmenthrombus (Emboli)[1] die an Theilungsstellen der abgehenden Arterien stecken geblieben, fanden sich in 2 Fällen (Nr. 30 und 33); aus der gröberen und feineren Zusammensetzung dieser Emboli, die mit derjenigen des Aneurysmenthrombus vollkommen übereinstimmt, kann man mit Sicherheit schliessen, dass sie abgerissene und verschleppte Partikel des Thrombus in dem Aneurysma darstellen.

Unter den Veränderungen der Arterienwandungen der abgehenden Aeste steht obenan die V e r d i c k u n g der I n t i m a, die man nahezu regelmässig in denselben nahe ihrem Ursprung aus dem Aneurysma antrifft. Dieselbe ist meist in Längsfalten verdickt und verengert das Lumen der Arterie erheblich. Diese Hypertrophie der Intima trifft man gelegentlich auch ohne aneurysmatische Erweiterung in anderen Eingeweidearterien wie z. B. in der Art. coeliaca (Fig. 13). Die öfters erwähnte Muscularis Intimae nimmt in den grossen Arterien des Dickdarms regel-

[1]) Embolie von ἐμβολή ἡ das Hineinfügen von ἐμβάλλειν.

mässig Antheil an dieser Hyperplasie. Die Runzelung der Intima, die Verengerung und Compression der von dem Aneurysma abgehenden Aeste wurde auch von Bruckmüller (p. 63) besonders erwähnt. In einzelnen Fällen nimmt auch die Media an der Verdickung Theil. Die Ursprungsöffnungen der Arterien sind nicht nur durch die fortgesetzten Thromben, sondern auch durch die entzündlichen und atheromatösen Veränderungen der Wandung häufig verengt, spaltförmig verzogen und manchmal von einem ringförmigen Wall umgeben (wie die Aeste der Aorta des Menschen bei Atheromatose derselben). Hie und da trifft man auch vollkommene Obliteration einzelner Arterien (Nr. 7. 20. 28 und 60), die als zuführende Stämme weiterer Aneurysmen zugleich Obliteration und damit eine Heilung des Aneurysma mit sich führen (Nr. 28 und 60).

Als weitere nicht unwichtige Veränderung im Strombezirk der vorderen Gekrösarterie sind die vielfach zur Beobachtung gekommenen alten Thrombosen in den feineren peripherischen Verzweigungen zu nennen, die meist im Mesocolon und -coecum, seltener am Gekrösansatz des Mesenterium vorkommen. Nachdem ich anfing, darauf meine Aufmerksamkeit zu richten, vermisste ich diese älteren Veränderungen fast niemals. Sie sind regelmässig begleitet von verkalkten Venenthrombosen, Sclerosirung und seltener von schieferiger Pigmentirung des nächstliegenden Bindegewebes des Gekröses oder der Subserosa des Peritoneum. Eine förmliche Vereiterung im Mesocolon neben einer sclerotischen Induration fand sich nur einmal. Die erwähnten kalkigen Thromben der feineren Pfortaderäste ragten in einem Falle (Nr. 47) mit ihrem peripherischen Ende frei in das Lumen des Grimmdarms hinein, indem die Schleimhaut an dieser Stelle einen entsprechenden konischen Defect zeigte. Auf die Ursache dieser eigenthümlichen Veränderungen in der Peripherie des Stromgebietes werden wir später zurückkommen.

Nicht selten findet man zwischen den einzelnen Aesten der Gekrösarterie, oder zwischen ihnen und den angrenzenden Aesten der Bauchaorta (Nieren-Zwerchfellsarterien) starke Verbindungsäste, besonders bei älteren ausgebreiteten Thromben im Innern der Aneurysmen, die offenbar collateral erweiterte Blutbahnen darstellen.

Die Bauchaorta zeigt in der grossen Mehrzahl der Fälle keine Veränderungen, ebensowenig die grossen Aeste derselben; von den unbedeutenden Veränderungen, die durch die Fortsetzung des Aneurysmenthrombus über das Ostium der Gekrösarterie entstehen, sehe ich hier vollständig ab. Ausser den 2 Fällen von aneurysmatischer Erweiterung der Bauchaorta (Nr. 57 und 58), fand ich nur 3mal in der Nähe des Ursprungs der vorderen Gekrösarterie eine leichte Atheromatose der Bauchaorta (Nr. 2. 5. 34 und 35), im Ganzen also 5mal.

Bei abnormer Erweiterung des Ostium der aneurysmatischen Arterie (Nr. 1 und 2) sowie bei Uebergreifen des Thrombus über den Rand des Ostium gewinnen die Aneurysmen der Aeste der Bauchaorta in gewisser Beziehung die Bedeutung von Aneurysmen der Bauchaorta selbst.

Die übrigen Aeste der Bauchaorta — Bauchschlagader, Nierenarterien und hintere Gekrösarterie — zeigen ausser den aneurysmatischen Erweiterungen, die man hie und da antrifft, niemals die Veränderungen, die man unter dem Namen „Atheromatose" zusammenfasst. Dagegen zeigt die Bauchschlagader nicht selten eine enorme Hypertrophie der Intima (Fig. 13), die aber niemals regressive Veränderungen wie Verfettung, Verkalkung etc. erkennen lässt. Dieselbe beruht auf einer reinen Hyperplasie ihrer normalen Elemente und ist der obenerwähnten Hypertrophie der von dem Aneurysma der vorderen Gekrösarterie entspringenden Darmarterien vollkommen gleichzustellen. Man kann diese Veränderung als Endoarteriitis chronica bezeichnen, die sich insofern von der Endoarteriitis chronica s. deformans des Menschen unterscheidet, als sie niemals regressive Veränderungen, wie fettige Entartung etc. zeigt. Dagegen scheinen in den grossen Aesten der Becken- und Cruralarterien gleichzeitig mit umschriebenen Erweiterungen manchmal Veränderungen vorzukommen, die den atheromatösen vollkommen ähnlich sind. Nach einer mündlichen Mittheilung des Herrn Professor Franck trifft man diese Abweichung nicht so selten bei älteren Pferden. In einem Falle (Nr. 27) war zu gleicher Zeit

Thrombose der Cruralarterien zugegen, die in centraler Richtung bis in das Endstück der Bauchaorta sich erstreckte. In diesem Falle erstreckten sich auch die Ausläufer des Thrombus der aneurysmatischen vorderen Gekrösarterie über das Ostium derselben in die Bauchaorta hinein.

Sonstige Veränderungen im Circulationsapparat wie z. B. excentrische Hypertrophie des linken Herzventrikels, die man bei Aneurysmen der Aorta des Menschen häufig findet, scheinen bei Pferden nicht vorzukommen. Eine Analogie dieser Herzerweiterung beim Menschen dürften die Erweiterungen der Bauchaorta vor dem Ursprung der aneurysmatischen Gekrösarterien darstellen.

2) Wanderung der Pallisadenwürmer.

Bevor wir in die Diskussion der dem Aneurysma des Pferdes zu Grunde liegenden Verhältnisse eingehen, wollen wir diejenigen anatomischen Thatsachen kurz berühren, die uns über die Wege, die der wandernde Pallisadenwurm einschlägt und die nichts weniger als klar zu Tage liegen, einige Anhaltspunkte zu geben vermögen. Nach den Untersuchungen Leuckart's kann es keinem Zweifel unterliegen, dass die jugendlichen Individuen des Strongylus armatus vom Darm in die Gekrösarterien gelangen und nachdem sie daselbst einen gewissen Grad der Reife erlangt, wieder in den Darm, ihren eigentlichen Wohnort, zurückkehren. Ueber die Art und die Wege dieser Wanderungen haben wir nur Vermuthungen und leider fehlt es mir auch an positiven Beobachtungen die geeignet wären, uns über diese interessanten Wanderungen sichere Aufschlüsse zu verschaffen. Rufen wir uns noch einmal die von Leuckart aufgestellten Sätze ins Gedächtniss zurück, so wissen wir, dass die Eier des im Dickdarm des Pferdes wohnenden Pallisadenwurmes mit den Fäcalmassen nach aussen gelangen. Aus ihnen entwickeln sich in kurzer Zeit die rhabditisähnlichen Embryonen, die wahrscheinlich mit dem Trinkwasser wieder in den Darmkanal des Pferdes gelangen. Auf unbekannten Wegen gelangen diese Larven aus dem Darm in die Gekrösarterien, wo sie sich zu geschlechtsreifen Individuen entwickeln. Ist diese

Entwicklung beendigt, so wandern die Würmer — wahrscheinlich durch die peripherischen Verästelungen der Gekrösarterien (Leuckart) — in den Darmkanal, was ihnen bei ihrer vortrefflichen Bewaffnung trotz ihrer Grösse keine Schwierigkeiten macht. Für die Wahrscheinlichkeit des letzteren Weges macht Leuckart besonders geltend, dass gerade die Darmtheile der Wohnort des Strongylus seien, deren zuführende Blutgefässe — die Arterien des Colon — den Aufenthaltsort der unentwickelten Formen des Wurmes bilden. Wenn auch die Larven des Pallisadenwurmes bei ihrer Wanderung vom Darm in die Arterien noch der ausgezeichneten Bewaffnung entbehren, die sie später als reife Individuen in den Aneurysmen bekommen, so hat diese Wanderung durchaus nichts Auffallendes und findet in den Wanderungen anderer Parasiten vielfache Analogien. Zur Durchbohrung der Gewebe und Organe bedarf es keines besonderen Bohrapparates, diess ist eine unbestrittene Thatsache. Ebensowenig darf man sich wundern, dass die vielfachen Durchbohrungen der Darmwandungen, die bei der Ein- und Auswanderung stattfinden, keine Spuren hinterlassen, da selbst grössere künstliche Verwundungen der Darmwandungen in der Regel spurlos heilen.

Ausserhalb der vorderen Gekrösarterie hat man den Pallisadenwurm in Aneurysmen der Bauchschlagader, der hinteren Gekrösarterie, der Nierenarterien und der Bauchaorta selbst gefunden und ausserdem 2mal in der Scheidenhaut des Hodens und einmal in der Pfortader. Das Vorkommen in der Bauchaorta, in den Nierenarterien und in der hinteren Gekrösarterie liesse sich so erklären, dass sich dieselben aus der vorderen Gekrösarterie — ihrem gewöhnlichen Aufenthalt — in die Aorta verirrt und von hier aus — ob freiwillig oder nicht — mit dem Blutstrom in die Nierenarterien und hintere Gekrösarterie gelangt seien. Zum mindesten ist es sehr unwahrscheinlich, dass so kleine Körper durch Eigenbewegungen diese Wanderungen in dem mächtigen Blutstrom der Aorta vornehmen und besonders gegen die Richtung des Stromes aus der vorderen Gekrösarterie in die Bauchschlagader gelangen können. Man darf daher wohl annehmen, dass die Einwanderung vom Darm in die Arterien auch so vor sich gehen kann, dass der Wurm zuerst in die Peritonealhöhle und von hier aus in die verschiedenen Arterienstämme des Hinterleibs gelangen kann; es scheint diess jedoch nicht die Regel zu sein. Vorausgesetzt, dass die Larven und Embryonen des Strongylus vom Dickdarm aus in die Arterien einwandern, so weist das constante Vorkommen der Würmer in den Dickdarmarterien darauf hin, dass dieselben innerhalb der arteriellen Blutbahn von der Peripherie aus gegen das Centrum wandern und sich erst die Anfangstheile der Arterienstämme als bleibenden Wohnplatz wählen. Dafür spricht auch das Vorkommen von Wurmaneurysmen im Verlaufe der Arterien im Mesocolon und Mesocoecum, die ebenfalls nicht bloss ausgewachsene Individuen sondern auch jüngere Entwicklungsstufen beherbergen. Dass die Würmer zugleich mit Thrombuspartikelchen mit dem Blutstrom als Theile von Emboli verschleppt werden können, dafür sprechen einige Beobachtungen (Nr. 23 u. 33). Solche verschleppte oder auf der Auswanderung begriffene Würmer können hinwiederum Ursache secundärer Thrombosen und Aneurysmen werden (Nr. 23). — Ob die von Anderen in der Scheidenhaut des Hodens und in der Pfortader gefundenen Strongyli sich auf der Ein- oder Auswanderung dorthin verirrt haben, vermag ich nicht zu entscheiden; das letzere scheint das Wahrscheinlichere zu sein.

Inwiefern man die von mir nicht selten in den Wandungen der Aneurysmen gefundenen Würmer oder ihrer abgeworfenen Larvenhäute für die Ein- oder Auswanderung verwerthen kann, ist schwierig zu sagen. Leider war es mir mit einer Ausnahme nicht möglich, genau die Entwicklungstufe dieser Würmer zu bestimmen, meist schienen sie nach der Grösse zu urtheilen in der Entwicklung begriffene Larven zu sein. Wenn man noch die nicht selten gefundenen bindegewebigen und pigmentirten narbenähnlichen Streifen in der Media herbeizieht, die in einigen Fällen direct mit Wurmgängen in Verbindung standen, so könnte man an eine directe Einwanderung der Larven aus der Peritonealhöhle oder aus dem subserösen Gewebe des Mesenterium in das Aneurysma denken. Auf der anderen Seite sprechen die in den Wandungen gefundenen abgeworfenen Larvenhäute für eine directe

Auswanderung der reifen Individuen durch die Aneurysmawandung; ein Weg, der bei bedeutender Verkalkung der Wandung sicher nur mit Auswahl eingeschlagen werden könnte.

Am meisten wahrscheinlich scheint mir die Annahme, dass die in den Aneurysmawandungen gefundenen Strongyli mehr oder weniger sich dahin verirrt haben und dass man aus ihrem Vorkommen daselbst für die Art der Ein- oder Auswanderung der Würmer keine weitgehenden Schlüsse ziehen darf. Wenn man bedenkt, dass der Thrombus in dem Aneurysma als das eigentliche Nest der Pallisadenwürmer sehr häufig mit der ulcerirten, gelockerten und verdickten Intima und Media ohne Grenze besonders bei theilweiser Organisation verbunden ist, so darf man sich nicht wundern, wenn der bewegungslustige und unstäte Strongylus manchmal statt in dem Thrombus in den genannten Häuten seinen Wohnsitz aufschlägt. Einen sehr seltenen Fall, der sich für die von Leuckart angenommene Auswanderung der reifen Individuen durch die peripherischen Verästelungen verwerthen lässt, bietet das unter Nr. 34 mitgetheilte Aneurysma. Es fand sich dort zwar kein Strongylus in dem Aneurysma, wohl aber in einem kleinen wandständigen Thrombus eine abgeworfene Larvenhaut, die theils in dem Thrombus befestigt war, theils frei in das Lumen des Aneurysma hinein flottirte. Da sich weder an der betreffenden mit dem Thrombus bedeckten Stelle trotz der genauesten mikroskopischen Untersuchung eine Spur einer Durchbohrung der Wandung nachweisen liess und ausserdem die wenig complicirten Verhältnisse der übrigen Aneurysmawandung ein zweifelloses negatives Resultat in dieser Richtung ergaben, so lässt sich mit Sicherheit annehmen, dass in diesem Falle die Auswanderung nach Abstreifung der Larvenhaut innerhalb des peripherischen Stromgebietes der Arterie stattgefunden habe.

Dies die wenig ergiebigen Resultate meiner Beobachtungen. Das scheint mir festzustehen, dass die Wege der Ein- und Auswanderung nicht immer die nämlichen sind, dass hier verschiedene Abweichungen stattfinden können.

Sollte der von Leuckart angenommene Weg der Auswanderung der regelmässige sein, so dürften gleichzeitig thrombotische Processe in den betreffenden peripherischen Arterienzweigen immer damit verbunden sein, da der Wurm nun durch seine Grösse an sich schon feine Arterien verstopfen kann und ausserdem als Fremdkörper Gerinnung des Faserstoffes und damit Bildung eines wenn auch kleinen Thrombus veranlassen wird. Das nahezu regelmässige Vorkommen alter Embolien und Thrombosen in den peripherischen Verzweigungen der vorderen Gekrösarterie kann theilweise so gedeutet werden.

3) Ursachen und Entwicklung des Aneurysma.

Schon in früher Zeit hat man sich mit den Ursachen der Aneurysmen der Eingeweidearterien des Pferdes beschäftigt. Wir haben in der geschichtlichen Einleitung Gelegenheit gehabt, der verschiedenen im Laufe der Zeit aufgetauchten Meinungen der Autoren über diesen Punkt Erwähnung zu thun und dort zum Schlusse darauf hingewiesen, dass in neuerer Zeit die Ansicht, welche dem Parasitismus der Pallisadenwürmer einen besonderen Antheil zuschreibt, wieder mehr Anhänger gewinne. Obgleich der streng wissenschaftliche, auf pathologisch-anatomische oder experimentelle Untersuchungen gestützte Nachweis für den genetischen Zusammenhang der Würmer mit der Entwicklung der Aneurysmen bis jetzt noch fehlte, so war man doch, wie es scheint, mehr auf dem Wege der Analogieschlüsse und der Exclusion zu diesem Resultate gekommen. Die täglich wachsende Einsicht von der wichtigen Bedeutung und Stellung der Parasiten im Allgemeinen hat sicher dazu nicht wenig beigetragen. Während man über die Bedeutung anderer Parasiten als localer Krankheitserreger keinen Augenblick in Zweifel war, sträubte man sich auffallender Weise hartnäckig gegen die Bedeutung des Pallisadenwurmes als Ursache der Aneurysmen des Pferdes. So wissen wir von anderen Arten der Gattung Strongylus (Strong. micrurus beim Rinde, Strong. filaria beim Schafe), die in den Bronchien des Hornviehes ihren Wohnsitz haben, dass sie eine Bronchitis erzeugen, deren Verlauf und Ausgang sich nach der Zahl der Parasiten richtet. Beim Hunde entsteht durch das Pentastomum tänioides eine Entzündung der Nasenschleimhaut. Durch das Distomum hepaticum wird bei verschiedenen Thieren eine katarrhalische Entzündung der Schleimhaut der Gallengänge mit Verdickung des umgebenden Bindegewebes hervorgerufen. Die schwersten Störungen haben die Trichina spiralis, der Coenurus cerebralis u. A. zur Folge. Dem Pallisadenwurm am nächsten in seiner Wirkung steht das Distomum hämatobium, welches in den Pfortadergefässen wohnt und eine Endophlebitis verursacht; an ihm leidet die Hälfte der erwachsenen Aegyptier oder hat daran gelitten.

Dass dem Aneurysma equinum eine ganz local beschränkte Ursache zu Grunde liegen müsse, erkannte man schon früher, da dasselbe von anderen Arterien des Pferdes als an den Eingeweidearterien die grösste Seltenheit ist.

Als man die anatomischen Verhältnisse der Gekrösarterien, ihre eigenthümliche Befestigung und die durch die Gedärme bewirkte Zerrung derselben für die Entstehung der Aneurysmen verantwortlich machte, konnte man a priori einen solchen Versuch nicht zurückweisen. Wissen wir doch, dass auch die Aneurysmen des Menschen ihre Praedilectionsstellen haben, wie die Aorta thoracica, die Aorta abdominalis oder die Arteria poplitea. Ausserdem gibt es sicher Organe bei Menschen und Thieren, die vermöge ihrer anatomischen oder physiologischen Eigenthümlichkeiten zu gewissen Krankheiten disponirt sind. Es sind dies Alles jedoch nur praedisponirende Momente, zu denen als weiteres eine Gelegenheitsursache hinzukommen muss, um die Krankheit zu erregen. So wenig man die Länge des Netzes als Ursache der Netzbrüche beschuldigen kann, so wenig kann die anatomische Beschaffenheit der Gekrösarterien Ursache der Aneurysmen sein. Es würde zu weit führen, auf eine erschöpfende Controverse über die Ursachen des Aneurysma equinum einzugehen; ich begnüge mich mit Erörterung der Hauptpunkte.

Nachdem Hering zuerst die Meinung ausgesprochen, dass die Zerrungen, die die Gekrösarterien bei lebhaften Bewegungen der Pferde im Galopp, Sprung etc. durch die schweren an den Gekrösarterien aufgehängten Gedärme zu erleiden haben, Ursache der Aneurysmen seien, indem ihre Häute aufgelockert und verdickt würden, wurde dieselbe lange Zeit hindurch die herrschende. Nun findet man aber auch bei Pferden, von denen solche heftige Bewegungen selten oder gar nicht verlangt werden, ebenso Aneurysmen wie bei Anderen; auch das Vorkommen von Aneurysmen bei Fohlen, die dieser Schädlichkeit durchaus nicht ausgesetzt sind, lässt sich, wie Hering[1]) später selbst anerkennt, mit dieser Theorie durchaus nicht in Einklang bringen. Ausserdem ist man bei der Annahme einer Zerrung der Gefässe theilweise von unrichtigen Voraussetzungen ausgegangen. Man darf nämlich nicht vergessen, dass die Bauchhöhle ein vollkommen geschlossener Raum ist, in welcher eine Bewegung oder Zerrung einzelner Theile — abgesehen von der durch andere Factoren beeinflussten Darmbewegung — einen sehr geringen Spielraum hat; die Last der Gedärme wird zum mindesten ebensosehr von der Bauchwandung als von dem Gekröse getragen. Es müssten nach der erwähnten Theorie Circulationsstörungen in den arteriellen Aesten immer mit solchen Zerrungen verbunden sein, worüber bis jetzt alle Anhaltspunkte fehlen. Auch die übrigen Arterien der Baucheingeweide mit freier Befestigung — die Bauchschlagader und die hintere Gekrösarterie müssten viel häufiger, als dies in Wirklichkeit der Fall ist, aneurysmatisch sein. Auch das Fehlen von ähnlichen Aneurysmen bei anderen Hausthieren wurde von Einigen in diesem Sinne gegen die bis jetzt geläufige Erklärung durch Zerrung zu verwerthen gesucht.

Wie wir später erörtern werden, ist im Gegentheil die Art der Befestigung der Gekrösarterien und ihre Verbindung mit den schweren Gedärmen ein sehr gewichtiges Moment, welches der Entwicklung des Aneurysma, seiner Vergrösserung durchaus im Wege steht. Sie kann uns theilweise die auffallende Thatsache erklären, dass das Aneurysma equinum trotz jahrelanger und lebenslänglicher Dauer in der grossen Mehrzahl der Fälle eine so geringe Grösse erreicht, im Gegensatz zu den Aneurysmen des Menschen, die durch ihr continuirliches Wachsthum in relativ kurzer Zeit einen lethalen Ausgang bedingen.

---

[1]) Repertorium der Thierheilk. B. 28. p. 130.

Vollends hinfällig wird endlich die Zerrungstheorie, wenn man an anderen Arterien des Hinterleibs, die vermöge ihrer Lage und Befestigung sich durchaus von den Gekrösarterien unterscheiden, ebenfalls Wurmaneurysmen findet. Ich nenne hier besonders die zwei eclatanten Fälle von wurmhaltigen Aneurysmen der Nierenarterien (v. Aneur. d. Nierenarterien), die Leisering[1]) beschrieben hat. Ferner hat Mather[2]) Pallisadenwürmer in den Nierenarterien gefunden, womit sicher aneurysmatische Erweiterung verbunden war; in den beiden Fällen von Aneurysmen der Nierenarterien (Nr. 59 u. 60) (Fig. 8.) waren in der gleichzeitig aneurysmatischen Bauchaorta (Nr. 58) Pallisadenwürmer vorhanden. Dass die übrigen beschriebenen Aneurysmen der Nierenarterien, in denen man keine Würmer gefunden, den Pallisadenwürmern ihren Ursprung verdanken, unterliegt keinem Zweifel, da man für ihre Entstehung kein anderes Moment wie z. B. atheromatöse Entartung der Wandungen nachweisen kann; die zu- und abführenden Aeste der Nierenarterie zeigen niemals eine Andeutung einer atheromatösen Entartung. Für die Entstehung der Aneurysmen der Bauchaorta kann man mit Recht auch andere Ursachen als die Parasiten verantwortlich machen. Die Gegenwart von Pallisadenwürmern in denselben, die unter 25 Fällen (v. oben) 10mal beobachtet wurde, trägt jedoch sicher in vielen Fällen zum Zustandekommen einer Erweiterung bei. Die von Greve[3]) erwähnten kleineren aneurysmatischen Ausbuchtungen der Bauchaorta mit Würmern und localer Entzündung an dieser Stelle sprechen ebenfalls für unsere Erklärungsweise.

Als weiteren Einwand gegen die Erklärung der Enstehung der Aneurysmen durch die Pallisadenwürmer hat man angeführt, dass der Aneurysmabewohner nur die kleinere nicht zur Geschlechtsreife gekommene Varietät des Strongylus darstelle, dessen Dimensionen zu unbedeutend seien und ferner, dass man manchmal nur einen oder einige dieser Würmer in dem Aneurysma finde, ja dass er öfters gar nicht vorhanden sei. Was den ersteren

[1]) Bericht über das Veterinärwesen im Königr. Sachsen. 1865. p. 25.

[2]) The Veterinarian. Vol. XXX. 1857.

[3]) l. c. p. 171.

Grund betrifft, so fällt auf den ersten Blick schon auf, dass die Grösse des Parasiten für den Effect, den wir als Endoarteriitis kennen lernen werden, eine durchaus genügende ist; dass übrigens abgesehen von ihrer Bewaffnung Körper, die wie unsere Würmer bis zu 22^{mm} lang und 1^{mm} dick werden können, im Stande sind, eine Endoarteriitis hervorzurufen, bedarf keiner weitläufigen Erörterung. Genügt doch schon ein dünner Baumwollfaden, den man durch die Arterienwandung hindurchzieht, um eine Entzündung derselben und Ablagerung von Fibringerinnseln zu veranlassen.

Wenn man die geringe Zahl der Würmer oder das vollständige Fehlen derselben in obigem Sinne zu verwerthen sucht, darf man sich nur an den Entwicklungsgang des Pallisadenwurmes erinnern, um seine Abwesenheit sehr erklärlich zu finden. Es wäre interessant, genau zu wissen, wie lange der Wurm braucht, um sich im Aneurysma von der 6—10^{mm} langen Larve bis zum geschlechtsreifen Thiere von 22^{mm} Länge zu entwickeln. Man könnte sich dann ungefähr eine Vorstellung machen, wie viele Würmer im Laufe der Jahre ein Aneurysma schon beherbergt hat; dass sich diese Zahl in vielen Fällen auf Tausende von Würmern belaufen würde, kann mit grosser Wahrscheinlichkeit angenommen werden. Der Aufenthalt des jungen Strongylus im Aneurysma ist immer nur ein temporärer und wenn man nur 1 Exemplar oder auch keines derselben in einem jahrelang bestehenden Aneurysma findet, so ist damit nicht im entferntesten bewiesen, dass nicht früher schon Hunderte von Würmern darin ihren Wohnsitz aufgeschlagen und ihre verderblichen Wirkungen auf die Arterienwandung ausgeübt hatten. Es wurde schon früher darauf hingewiesen, wie leicht man verleitet wird, ein Fehlen der Würmer anzunehmen und dass nur die sorgfältigste Untersuchung zu einem sicheren Ausspruche in dieser Richtung berechtigt. Selbst das Mikroskop muss in manchen Fällen zu Hülfe genommen werden, um die Spuren der Pallisadenwürmer in Form abgeworfener Larvenhäute in den Wandungen nachzuweisen. Unter 21 frisch untersuchten Fällen ist es mir immer gelungen, die Würmer oder ihre unverkennbaren Reste nachzuweisen. Nicht selten findet man auch bei gleichzeitigem Vorhandensein mehrerer Aneurysmen

(Fig. 8.) nur in einem derselben Pallisadenwürmer; so fanden sich in jenem ausgezeichneten Fall unter 6 gleichzeitig vorhandenen Aneurysmen (Nr. 9. 10. 11. 58. 59. 60) nur in dem Aneurysma der Bauchaorta Pallisadenwürmer, in den 5 übrigen Aneurysmen keine. Man darf in solchen Fällen gewiss annehmen, dass in den wurmfreien Aneurysmen die Würmer früher ebenfalls vorhanden waren und ihre Entstehung verursacht haben.

Um zu einem klaren Verständniss der durch unsern Parasiten bedingten Störungen zu gelangen, muss man immer festhalten, dass die Parasiten überhaupt nur als fremde Körper im thierischen Organismus anzusehen sind. Es ist nun allerdings eine alte Erfahrung, dass fremde Körper im thierischen Organismus häufig lange ohne Gefahr verweilen können, dass z. B. Bleikugeln jahrelang ohne Schaden in inneren Organen abgekapselt herumgetragen werden. Auf der andern Seite lehrt uns die nicht seltne traumatische Peri- und Myocarditis des Rindes, die durch von der Haube aus eindringende Körper veranlasst wird, wie gefährlich ein in Bewegung gesetzter Fremdkörper werden kann. Ein analoges Verhalten zeigen unsere Würmer; sie sind nicht einfach todte Körper, sondern lebendige, wachsende und bewegliche Organismen, deren deletärer Einfluss mit diesen Eigenschaften zunehmen muss. Ein weiterer Punkt, der unsere volle Beachtung verdient, ist die physiologische Bedeutung des Organs, welches die Parasiten bewohnen. In dieser Beziehung nimmt der Circulationsapparat an und für sich eine hervorragende Stellung ein. Bedenkt man weiter, dass die vordere Gekrösarterie, der regelmässige Sitz der Aneurysmen, die nutritive und functionelle Blutquelle für eine 26—27 Meter lange Darmstrecke darstellt, deren Function eine für den ganzen Organismus so wichtige ist, so kann man sich ungefähr eine Vorstellung von den consecutiven Störungen machen, welche durch die krankhaften Affectionen dieser Arterie verursacht werden können.

Suchen wir nun die Frage nach der Ursache und Entwicklung des Aneurysma equinum möglichst correct zu beantworten, so könnte man auf 2 Wegen am sichersten Aufschluss erhalten: erstens durch Untersuchung junger Thiere, bei denen man die ersten Anfänge des Wurmaneurysma gewiss häufig beobachten kann oder zweitens durch das Experiment. Leider hatte ich nicht Gelegenheit, mir in dieser Weise Aufklärung zu verschaffen. Der Versuch, die Frage auf experimentellem Wege zu lösen, würde ohne Schwierigkeit zu machen sein. Da der Pallisadenwurm nach seiner Entfernung aus dem Blute durchaus nicht alsbald abstirbt, sondern nur in einen Zustand der Erstarrung verfällt, so müsste man zu diesem Zwecke die möglichst frisch dem Aneurysma eines getödteten oder umgestandenen Pferdes entnommenen, noch lebenden Würmer in grösserer Zahl in ein arterielles Blutgefäss (oder auch in die Vena jugularis) eines Versuchspferdes einbringen. Das betreffende Gefässgebiet des nach einer gewissen Zeit getödteten Thieres müsste einer genauen Untersuchung unterworfen werden, um zu sehen, ob und welche Veränderungen durch die Würmer hervorgebracht würden. Nach den bisherigen Erfahrungen, nach welchen Wurmaneurysmen der Nierenarterien und der Bauchaorta gefunden wurden, ist kein Grund anzunehmen, dass die durch die Würmer verursachten Veränderungen in anderen Arterien — der Lunge, des Kopfes oder der Extremitäten — sich wesentlich von denjenigen in den Gekrösarterien unterscheiden würden. Freilich darf man bei solchen Experimenten nicht in den Fehler verfallen, der nicht selten gemacht wird, dass man nämlich frühere und lange bestehende Veränderungen für frische, durch das Experiment hervorgebrachte hält und so zu den grössten Fehlschlüssen geführt wird. Die Mittheilung eines lehrreichen Beispiels in dieser Richtung, welches die Berechtigung obiger Forderung an ein exactes Experiment sehr deutlich beweist, kann ich mir nicht versagen Ein englischer Forscher [1]) wollte die Ansicht prüfen, ob eine Ausscheidung von Faserstoff auf den Herzklappen sich später wieder auflösen und mit dem Blute ohne Nachtheil vermischt werden könne. Zu diesem Zwecke brachte er einem Esel kleine einem Aneurysma entnommene Faserstoffpartikel in die Carotis und schob dieselben

[1]) Med. Times and Gazette, Febr. 24. 1866., und Virchow's Jahresbericht über die Fortschritte etc. für das Jahr 1866. I. p. 145.

möglichst weit gegen das Herz zu. Das Thier zeigte verschiedene krankhafte Symptome und wurde nach 21 Tagen getödtet. In dem arteriellen Gebiete fand sich nichts Abnormes, nur in einem Ast der vorderen Gekrösarterie fand sich ein Aneurysma, in welchem 2 Pallisadenwürmer aufgerollt lagen. Aus diesem Befunde glaubte der Experimentator den Schluss ziehen zu dürfen, dass zwischen den in's Blut gebrachten Faserstoffmassen und dem Aneurysma der vorderen Gekrösarterie ein direkter Zusammenhang bestehe und dass derselbe zu der Annahme berechtige, dass auch beim Menschen die Entstehung der Aneurysmen in den kleineren Arterien nicht selten durch eine locale Thrombose oder durch eine Embolie veranlasst sei. Mit der einfachen Thatsache, dass die Esel überhaupt ebenso wie die Pferde fast ausnahmslos mit solchen Aneurysmen behaftet sind, fällt natürlich das ganze Experiment und die darauf basirten Schlussfolgerungen.

Zu Versuchen in der oben angegebenen Richtung scheinen sich kleinere Thiere wie z. B. Kaninchen wegen der Enge ihrer Blutgefässe nicht zu eignen, wie mich ein Versuch belehrte [1].

Unter solchen Umständen blieb mir nichts übrig als an den günstigsten Objecten Anhaltspunkte für die Entwicklung der Aneurysmen zu gewinnen. Solche Fälle sind besonders die unter Nr. 4, 5 und 23 beschriebenen. Die direkte Einwirkung des Wurmes auf die Arterienwandung tritt besonders im Falle Nr. 23 (v. Fig. 12.) hervor; wir sehen dort eine durch den Wurm bewirkte diffuse Arteriitis mit Schwellung und Lockerung der ganzen Wandung und dadurch eine bedeutende Verengerung des Arterienlumens, Momente genug, um eine aneurysmatische Erweiterung zu Stande kommen zu lassen, die in diesem Falle gerade im Entstehen war.

[1] Ich brachte einem Kaninchen 4 Pallisadenwürmer, die frisch dem Aneurysma eines getödteten Pferdes entnommen wurden, in die linke Vena jugularis in der Richtung gegen das Herz. Schon nach einer Stunde trat der Tod des Thieres ein. Bei der Section fand sich im rechten Herzventrikel ein Pallisadenwurm in einer geronnenen Blutmasse, während die 3 übrigen noch an der ursprünglichen Stelle sich befanden.

Weiter nach innen, in centraler Richtung, findet sich derselbe Zustand, nur in einem weiter vorgeschrittenen Stadium. Wir finden am peripherischen Ende des kleinen und nach der Art der Wandbeschaffenheit ganz frisch entstandenen Aneurysma (Fig. 11 c.) einen förmlichen Knäuel von Pallisadenwürmern, die aus dem grösseren centralgelegenen Aneurysma (Fig. 11. a) desselben Arterienstammes freiwillig oder unfreiwillig hieher gelangt waren. Durch die Parasiten wurde eine acute Endoarteriitis veranlasst, die bald auch die Media ergriff; in Folge der verminderten Widerstandskraft der Arterienwandung entwickelte sich die aneurysmatische Erweiterung an dieser Stelle. Ein analoges Verhältniss war in den Fällen Nr. 4 und 5 zu constatiren: die beiden unmittelbar aufeinander folgenden Aneurysmen zeigen eine acute ulcerative Endoarteriitis, die nur durch die Einwirkung der Pallisadenwürmer entstanden war; ob die Parasiten freiwillig aus dem „Mutteraneurysma" hieher gewandert oder nach Art der Emboli verschleppt wurden, lässt sich schwer entscheiden. Beiden Möglichkeiten steht kein Hinderniss im Wege.

Zugleich mit der entzündlichen Affection der Arterienwandung, die von innen nach aussen vorschreitet, entstehen Unebenheiten, Defecte oder auch Verdickungen der Intima, die mit Hilfe des constant sich bildenden wandständigen Thrombus eine Verengerung des Arterienlumens bedingen; alles Momente, welche sowohl die ursprüngliche Entstehung als auch die weitere Entwicklung des Aneurysma begünstigen.

Ferner ist die bedeutende Reaction, welche durch die in der Arterienwandung befindlichen Pallisadenwürmer entsteht, selbstverständlich immer mit einer Schwächung ihrer Widerstandskraft verbunden und befördert die aneurysmatische Ausdehnung derselben. Ein solches Verhältniss ist durchaus nicht selten zu constatiren, besonders wenn man die Spuren der Würmer berücksichtigt, die man in Form abgeworfener Larvenhäute oder narbiger und körnig pigmentirter Streifen in der Media findet. Sehen wir von der Anwesenheit der Würmer in den Wandungen — mögen dieselben nun sich dorthin verirrt haben oder auf der Wanderung begriffen sein — vollständig ab, so ist schon der blosse Aufenthalt der bewaffneten Würmer innerhalb des Aneurysma vollkommen genügend, eine Endoarteriitis oder diffuse Arteriitis zu erzeugen, welche zur Entstehung der aneurysmatischen Erweiterung führen. Die Einwirkung des Pallisadenwurmes tritt besonders bei jüngeren Pferden deutlich hervor, bei denen man ohne die secundären Veränderungen — Atheromatose und Verkalkung — das reine Bild einer ulcerativen Endoarteriitis, meist in Form eines gürtelförmigen Geschwüres zu sehen bekömmt. — Solche Fälle sprechen entschieden dafür, dass die entzündliche Affection der Intima direct durch den Pallisadenwurm hervorgerufen wird und nicht erst secundär durch die Thrombosenbildung entsteht. Letzteres ist übrigens gewiss nicht selten der Fall und es trägt die Bildung eines Thrombus sicher dazu bei, die Endoarteriitis zu unterhalten und zu steigern.

Die Frage, wie viel bei der Entstehung der Aneurysmen auf die directe Einwirkung der Pallisadenwürmer und wieviel auf die durch den Thrombus verursachte und unterhaltene Endoarteriitis komme, liesse sich am sichersten auf dem oben angegebenen experimentellen Wege entscheiden.

Es ist eine besondere Eigenthümlichkeit des Aneurysma equinum, dass die ursächliche Schädlichkeit nicht einmal einwirkt, sondern sich in der ununterbrochenen Einwanderung und in der steten Gegenwart der Würmer fortwährend wiederholt. Es wurde oben schon erwähnt, dass die Schwellung und Lockerung der Intima verbunden mit der Ablagerung eines wandständigen Thrombus, indem sie eine locale Verengerung des Arterienlumen bedingen, die Entwicklung des Aneurysma begünstigen. Diese Momente wiederholen sich bei längerem Bestande gewissermassen in den Fortsetzungen des Thrombus in die abgehenden Arterienäste, in den chronisch entzündlichen Processen der Intima an den Gefässostien und den Anfangstheilen der Arterien: es entsteht so in dem central gelegenen Theile — hier in dem Stamm der Gekrösarterie eine locale Drucksteigerung, die die weitere Zunahme des Aneurysma nur befördern kann.

Wenn man die Qualität und Quantität der Factoren, welche die Entstehung und das Wachsthum des Aneurysma begünstigen, immer im Auge hat, so wird man es begreiflich finden, dass Aneurysmen von der Grösse eines Menschenkopfes entstehen können, ja man muss im Gegentheil den Umstand auffallend finden, dass die Grösse der Aneurysmen in der Mehrzahl der Fälle trotz jahrelangen Bestehens verhältnissmässig eine so geringe ist, wie die früher angegebenen Maasse beweisen.

Suchen wir die Verhältnisse näher zu erforschen, die der Vergrösserung der Aneurysmen entgegenwirken, so müssen wir vor Allem auf die anatomischen und histologischen Besonderheiten der Gekrösarterie unser Augenmerk richten. Die vordere Gekrösarterie ist wie kaum eine andere Arterie von einem dichten Bindegewebe umgeben, welches überdies zahlreiche Nerven, Lymphdrüsen und kleinere Gefässe einschliesst. Die Verdichtung und Induration des mesenterialen Bindegewebs, die sich in manchen Fällen bis zur speckigen Sclerosirung steigern kann, erzeugt eine Art Kapsel um das Aneurysma, die wohl geeignet ist, dem excessiven Wachsthum desselben Schranken zu setzen. In noch höherem Grade geschieht letzteres jedoch durch die selten fehlende Hypertrophie der Tunica muscularis, die man mit Recht als charakteristisch für das Aneurysma verminosum bezeichnen kann. Die Entstehungsweise dieser Hypertrophie der Media, die in anderen Arterienerkrankungen des Menschen oder der Thiere kein Analogon besitzt, dürfte ähnlich zu erklären sein wie die Hypertrophie der Herzmusculatur bei Klappenfehlern. Das locale Circulationshinderniss, welches durch die Erweiterung des Arterienrohrs und durch die öfters erwähnten Momente bedingt ist, verlangt eine höhere physiologische Leistung von der Arterienwandung, die nur durch Hypertrophie derjenigen Wandtheile bewerkstelligt werden kann, denen die Aufgabe der Contraction zugefallen ist — und dies ist die Muskelfaserschicht. Die langsame und allmählige Entwicklung der Aneurysmen begünstigt wohl ebenfalls das Zustandekommen einer Hypertrophie der Media. Die häufige partielle Umwandlung der Media in Bindegewebe sowie die Verkalkung derselben sind in der Regel secundäre Processe. Die im Stamm und den ersten Aesten der Gekrösarterie vorhandenen Muskelfaserschichten der Intima und der

Adventitia, die sie vor anderen Arterien auszeichnen, sind ebenfalls nicht gering anzuschlagen. Sie verstärken normal die Resistenz der Wandungen und können durch Hypertrophie im Verein mit der verdickten Media wesentlich dazu beitragen, die veranlassten Störungen compensatorisch auszugleichen. Endlich glaube ich noch auf ein Moment aufmerksam machen zu müssen, welches der Grössenzunahme der Aneurysmen hemmend im Wege steht. Es ist dies die Befestigung der schweren Gedärme an den Aesten der vorderen Gekrösarterie, welche die am meisten widerstandsfähigen Theile und gleichsam das Gerippe des fächerförmigen Gekröses bilden. Die Arterien sind physikalisch betrachtet elastische Röhren, die sich bei einer Zerrung verengern. Sollten also überhaupt die schweren Gedärme einen Zug auf den Ursprung der Gekröswurzel ausüben, so können die Arterien derselben nur verengert werden; eine Erweiterung derselben, wie wir sie in Form von Aneurysmen antreffen, muss naturgemäss mit einer Verkürzung der elastischen Arterienäste verbunden sein, und da eine solche wegen der am Darme befestigten Gedärme nicht möglich ist, so liegt darin, wie ich glaube, ein Hauptgrund, wesshalb die Aneurysmen der vorderen Gekrösarterie neben den oben besprochenen Verhältnissen so selten die bedeutende Grösse erreichen, die man nach der Natur der einwirkenden Ursachen und bei der jahrelangen Dauer des Processes erwarten sollte. —

Ueber die Entstehung des Aneurysma der Bauchaorta gilt für diejenigen Fälle, in denen Würmer in demselben nachgewiesen werden, zum Theil dasselbe, was wir über die Aneurysmen der übrigen Arterien angeführt haben. Sind Würmer nicht vorhanden, so kann man annehmen, dieselben seien ausgewandert. In der Mehrzahl der Fälle halte ich jedoch eine andere Erklärungsweise ihrer Entstehung für mehr plausibel. Durch die aneurysmatische Beschaffenheit der vorderen Gekrösarterie und die consecutiven Thrombosen entsteht in der Bauchaorta eine locale Drucksteigerung, die in Verbindung mit der verschiedengradigen Atheromatose, die man manchmal in der Bauchaorta findet, leicht zur Entstehung eines Aneurysma führen kann.

Werfen wir schliesslich einen Rückblick auf die geschilderten Ursachen und den Entwicklungsgang des Wurmaneurysma, so sehen wir auf Grund einer Arteriitis, die man zunächst eine recidivirend traumatische nennen könnte, die aneurysmatische Erweiterung zu Stande kommen. Es bestätigen sich hier wieder die Worte Leuckart's, dass die Parasitenkrankheiten in der Regel derart sind, dass sie ebensogut auch durch anderweitige Momente bedingt sein könnten. Wie wir sehen werden, gilt dies nicht bloss speciell für die Entstehung des Aneurysma, sondern auch für anderweitige consecutive Störungen, die Atheromatose, die thrombotischen und embolischen Vorgänge in den Gekrösarterien.

4) Das Aneurysma und die Atheromatose der Pferde in vergleichend pathologisch-anatomischer Beziehung.

Ehe wir in eine nähere Betrachtung dieser Verhältnisse eingehen, sei ein kurzer Ueberblick über die Lehre von der Atheromatose und dem Aneurysma des Menschen gestattet.

Während die acute Endoarteriitis eine sehr seltene Krankheit des Menschen ist, ist die chronische oder deformirende Entzündung der Innenhaut (Endoarteriitis deformans sive nodosa Virchow) um so häufiger; man nennt sie auch die atheromatöse Entartung, Arteriosclerose (Lobstein). Die einfache Fettmetamorphose der Intima und die Verkreidung (Petrification) der Media werden nicht selten zum atheromatösen Process gezählt, stehen jedoch in keiner Beziehung zu demselben, indem sie nur passive Metamorphosen einzelner Arterienhäute darstellen. Die deformirende Arterienentzündung, die Atheromatose, die uns hier beschäftigt, beruht auf einem activen entzündlichen Process, dessen Hauptcharaktere die Hypertrophie und die Degeneration bilden.

Durch Wucherung der bindegewebigen Elemente entsteht eine Vermehrung und Verdichtung des Gewebes der Intima, welches sich als ein halbschleimiges oder halbknorpeliges Bindegewebe in Form buckelförmiger Verdickungen der Intima darstellt. Diese hypertrophischen Vorgänge sind meist herd- und fleckweise, in grösseren oder kleineren Zeichnungen über die Intima verbreitet und können durch Zusammenfliessen grössere Strecken der Arterie einnehmen. In Folge der mangelhaften Ernährung der neugebildeten Elemente entsteht bald in der Tiefe der Intima fettige Entartung der neugebildeten Zellen mit Auflösung der Grundsubstanz und Ablagerungen von Kalksalzen, die beide für sich oder zusammen die sogenannten atheromatösen Herde bilden. Durch geschwürige Zerstörung der innersten Schichten der Intima kann das atheromatöse Geschwür entstehen. Ob neben der einfachen Verkalkung auch Knochenbildung vorkömmt, darüber sind die Autoren nicht einig.

Der Lieblingssitz dieser Veränderung ist die Aorta. Die Aetiologie der Atheromatose ist ein dunkles Gebiet und man hat sich darauf beschränkt, dass man sie mit der Gicht und der Fettleibigkeit in Verbindung bringt und dass sie meist erst im höheren Lebensalter, zwischen 30—50 Jahren, beobachtet wird. Ausserdem nimmt man eine gewisse Praedisposition, eine angeborne Schwäche und verminderte Wiederstandsfähigkeit der Arterienwände an. Solche Stellen im Arteriensystem, die einem höheren Druck ausgesetzt sind, wo die Reibung des Blutes eine erhöhte ist, wie z. B. Theilungsstellen der Arterien oder Stellen mit geschlängeltem Verlauf der Arterie sind dem atheromatösen Process am meisten ausgesetzt.

Unter den verschiedenen Folgen der Atheromatose, die einen Symptomencomplex mannigfacher Störungen verursachen kann, stehen obenan die aneurysmatischen Erweiterungen der Arterien: durch die krankhafte verminderte Widerstandsfähigkeit der Arterienwandung und eine locale Steigerung des Blutdruckes entwickelt sich das Aneurysma.

Nach der äusseren Form unterscheidet man gleichmässig cylindrische und spindelförmige Aneurysmen und sackförmige bei einseitiger Ausbuchtung. Die gewöhnlichsten Formen sind die wahren Aneurysmen, durch Erweiterung einer oder mehrer Arterienhäute bedingt: das Aneurysma verum diffusum mit Ausdehnung sämmtlicher Häute über eine grössere Strecke; das Aneur. sacciforme verum mit sackförmiger Erweiterung sämmtlicher Häute (sehr selten) und schliesslich als die häufigste Form das Aneurysma sacciforme mixtum mit Ausdehnung der äusseren Haut und theilweiser Zerstörung der beiden inneren; endlich das Aneurysma dissecans mit Lostrennung der inneren Haut auf eine Strecke hin — meist in der Aorta und den grösseren Arterienstämmen.

Was das Verhalten der einzelnen Theile des Aneurysma, wie man es in der Mehrzahl der Fälle findet, betrifft, so ist die Intima meist verdickt oder fettig und kalkig umgewandelt und stellenweise vollkommen fehlend, die Media atrophisch und bei grösseren Aneurysmen spurlos verschwunden, die Adventitia durch chronische Entzündung hypertrophisch. Findet sich ein Thrombus in dem Aneurysma, so ist derselbe immer geschichtet und zeigt sehr selten Spuren von bindegewebiger Organisation (O. Weber[1]), nach anderen (Rindfleisch[2]) niemals Andeutungen von Organisation.

Arterien, welche häufig einem Wechsel der Extension und Flexion ausgesetzt sind, findet man sehr häufig aneurysmatisch, wahrscheinlich durch locale Arteriitis; ferner trifft man die Aneurysmen bei Menschen der arbeitenden Classen häufiger an. Die gewöhnliche prädisponirende Ursache der Aneurysmen bleibt immer die deformirende Arterienentzündung. Letztere kann übrigens auch erst secundär entstehen oder gleichzeitig mit der aneurysmatischen Erweiterung, indem dieselbe Ursache (wie z. B. Thrombose der Arterien) beides hervorbringt und die Ausbuchtung der atheromatösen Entartung vorausgeht.

Die Symptome der Aneurysmen sind vorzugsweise physikalische: Schwirrende Geräusche und die fühlbare Pulsation. Durch die Circulationsstörungen, die Compression und Obliteration kleinerer Arterien entsteht eine Reihe von Störungen, die hauptsächlich auf Blutarmuth der betreffenden Theile beruhen: paralytische Erscheinungen, Neuralgien, Spasmen; ferner verschiedene Erscheinungen durch Druck auf die benachbarten Nerven und

---

[1]) Pitha und Billroth, Handbuch der Chirurgie. Bd. II. 2. Abth. p. 183.

[2]) Lehrbuch der path. Histologie p. 173.

Venen. Durch das langsame Wachsthum entsteht eine chronische Entzündung der nächsten Umgebung, Atrophie der Haut, der Muskeln, Usur der Knochen und in der Mehrzahl der Fälle schliesslich Ruptur des Aneurysma. Durch Thrombosenbildung kann spontane Heilung erfolgen oder auch Gangrän des betreffenden Theils.

Im Innern des Aneurysma lässt der Thrombus meist einen Kanal frei; bei vollkommener Verstopfung desselben hängt die Möglichkeit der Heilung immer von der Entwicklung eines ausreichenden Collateralkreislaufes ab.

Wenn wir analog der Eintheilung der Aneurysmen des Menschen das Wurmaneurysma des Pferdes in eine Kategorie einreihen wollen, so werden wir es in der Regel mit einem Aneurysma verum mixtum mit theilweiser Zerstörung der Intima und Media zu thun haben. Seiner äusseren Form nach ist das Aneurysma equinum charakterisirt durch die meist gleichmässige Ausdehnung des Arterienrohrs nach allen Seiten; es steht dem spindelförmigen Aneurysma des Menschen am nächsten und ist nicht selten diffus über grössere Strecken verbreitet.

Vergleichen wir nun der Reihe nach die Charaktere des Aneurysma equinum mit denjenigen der Aneurysmen beim Menschen und schliessen einige Bemerkungen über die Atheromatose bei beiden an, so befinden wir uns zunächst in Bezug auf die Actiologie der Aneurysmen und der Atheromatose des Pferdes in einer ungleich günstigeren Lage als bei diesen Erkrankungen des Menschen.

Was vor Allem die Häufigkeit der Aneurysmen anbelangt, so ist das Vorkommen derselben beim Menschen und noch mehr bei den übrigen Hausthieren ein verhältnissmässig seltenes. Einen ungefähren Begriff von der Häufigkeit der spontanen Aneurysmen des Menschen erhält man, wenn man die statistischen Mittheilungen von Crisp[1]) berücksichtigt, nach welchen in 62 Jahren — von 1785 – 1847 — in England 581 Aneurysmen beobachtet wurden.

---

[1]) Treatise on the structure of the bloodvessels. London 1847 und O. Weber, Handbuch der Chirurgie von Pitha und Bilbroth. l. c. p. 177.

Die wirkliche Zahl der vorgekommenen Aneurysmen ist selbstverständlich eine höhere. Bei Pferden dagegen kommen Aneurysmen an den Eingeweidearterien bei 90—94% sämmtlicher erwachsener Thiere vor.

Während die Aneurysmen des Menschen sich erst im höheren Lebensalter entwickeln, findet man sie bei Pferden schon vom 6. Lebensmonate an. Nach einigen Jahren ist schon die Mehrzahl der Pferde behaftet und mit dem zunehmenden Lebensalter wird die Zahl der nicht mit Aneurysmen behafteten Thiere auf ein Minimum reducirt.

Bei den übrigen Hausthieren kommt das Aneurysma so gut wie gar nicht vor; man kennt nur ganz vereinzelte Fälle: an der Brustaorta des Hundes (Förster), an der Halswirbelarterie des Rindes (Colin) und von traumatischen Anreurysmen: ein Aneurysma varicosum[1]) an der Arteria spermatica eines Ochsen nach der Castration und ein Aneurysma an einer Schweifarterie des Rindes von der Grösse eines Taubeneis[2]).

Ein charakteristischer Unterschied zwischen den Aneurysmen des Menschen und denen der Pferde ist begründet durch den Sitz derselben. Bei den Pferden sind regelmässig die vordere Gekrösarterie oder ihre Aeste aneurysmatisch, weit seltener und wohl nur gleichzeitig mit den ersteren die Bauchaorta, noch seltener die Bauchschlagader, die hintere Gekrösarterie und die Nierenarterien.

Die in der Literatur bekannt gewordenen Fälle von Aneurysmen der Bauchaorta und Nierenarterien habe ich schon früher mitgetheilt; ich lasse nun noch eine Zusammenstellung von Aneurysmen des Pferdes an anderen als an den genannten Arterien folgen:

---

[1]) Th. Adam, Wochenschrift für Thierheilkunde und Viehzucht. Bd. 2. p. 33.

[2]) Beobachtet von H. Prof. Franck nach einer gütigen Mittheilung desselben.

a) Aneurysmen der Pferde an anderen Arterien:

1) Ollivier, Journal prat. 1829 und Bouley et Reynal, Nouveau Diction. prat. I. p. 559.

Faustgrosses Aneurysma der vorderen Aorta.

2) Gurlt, Lehrbuch der pathol. Anatomie. I. p. 306. Aneurysma der Gaumenarterie; Ruptur.

3) Peters, Magazin für die gesammte Thierheilkunde. B. 7. p. 41.

Aneurysma der hinteren Nackenarterie (a. cervicalis post.) von Hühnereigrösse; Ruptur; Heilung durch Unterbindung.

4) Bouley et Reynal, Nouveau Diction. pratiq. de méd. vét. B. I. p. 562.

Aneurysma der Gesässarterie (arter. glutaea, art. fessière), melonengross; wurde geöffnet, Tod durch Verblutung.

5) Leisering, Bericht über das Veterinärwesen im Königreich Sachsen. 1862 p. 11.

Aneurysma der Bronchialarterie, doppeltwallnussgross; im weiteren Verlaufe der Arterie noch mehrfache aneurysmatische Erweiterungen.

6) Chauveau, Journ. de méd vét. 1863. und Repert. der Thierheilkunde. B. 24. p. 254. 1863.

Aneurysma varicosum der Kaumuskelarterie (arter. masseterica).

7) Raymond, Récueil de méd. vét. 1867. p. 506.

Aneurysma am Stamm der Bronchial- und Schlundarterie nussgross. Bei demselben Pferde aneurysmatische Erweiterungen der Intercostalarterien, der Zweige der Lungenarterie und eines Zweiges der Magenarterie.

8) Wulf, Mittheilungen aus der thierärztlichen Praxis im preussischen Staate 1867/68. p. 147.

Aneurysma der vorderen Schenkelarterie neben der Kniescheibe bei einem 2jährigen Pferde; faustgross.

9) Injectionspräparat der Münch. normalen anat. Sammlung.

Aneurysma der rechten Beckenarterie, unmittelbar

hinter dem Ursprung aus der Aorta; spindelförmig, 5 Ctm. lang, 2,5 Ctm. breit.

Aneurysmen in den grossen Stämmen der Becken- und Schenkelarterien scheinen durchaus nicht so selten zu sein; ihre Entstehung beruht meist auf Thrombosen von weiter peripherisch gelegenen Arterien in Folge des local gesteigerten Blutdrucks. Ausserdem erwähnt Rigot, Récueil de méd. vét. 1827, aneurysmatische Erweiterung der Pulmonalarterien und der Carotiden gleichzeitig neben einem Aneurysma der Bauchaorta.

Ich glaube hier noch die Beschreibung zweier Präparate der Münchener Sammlung mittheilen zu sollen, die wegen ihrer grossen Seltenheit ein gewisses Interesse bieten.

Erst eine genauere Untersuchung derselben, die auf den ersten Blick Aneurysmen vollkommen ähnlich sahen, verschaffte mir die Ueberzeugung, dass man es hier mit parasitären Erzeugnissen zu thun habe. Ueberdiess sind die beiden Fälle in der Literatur irrthümlich erwähnt, wie ich nachträglich ersehen habe.

b) Echinococcus in der Arterienwandung.

1) Echinococcus in der Wandung der Brustaorta des Pferdes. Präp. A. VII. O. 3 Nr. 20 der Münchener Sammlung.

Am Uebergang des Aortabogens in die Brustaorta 2 Ctm. entfernt von dem obliterirten Botalli'schen Gange, findet sich eine hühnereigrosse ziemlich ovale Geschwulst, die 5 Ctm. lang und 4 breit und hoch unmittelbar in der Wandung der Aorta sitzt und einem sackförmigen Aneurysma desselben entsprechen würde. Die Geschwulst ist wenig beweglich und bei äusserer Besichtigung in der Grösse eines Halbguldenstücks mit der Aortawand verbunden. Dieselbe ist durch einen Längsschnitt geöffnet und die etwa in ihr vorhanden gewesene Flüssigkeit ausgeflossen. Die Wandung des Sackes, der wie man sich nun überzeugt, mit der Aorta nicht communicirt, wird gebildet von einer derben, wenig elastischen, gelblichen Haut, die circa 1^{mm} dick an mehreren Stellen kalkige Einlagerungen besitzt. Auf der Innenwand findet sich lose angeheftet eine zusammengefaltete feine Membran, die fast durchsichtig bei genauer Betrachtung mit zahlreichen feinen weisslichen Punkten besetzt ist. Zwischen dieser Membran und der Wand des Sackes findet sich eine weitere hyaline Haut von milchig trübem Aussehen, die sich von der eigentlichen Wandung leicht ablösen lässt. Bei der mikroskopischen Untersuchung ergibt sich, dass die eigentliche Wandung des Sackes aus der atheromatös entarteten und ausgedehnten Adventitia und Resten der Media der Aortawandung besteht. Die Media ist zum grössten Theile verkalkt und atropisch. Die dickere hyaline Auskleidungsmembran ist structurlos und zeigt mikroskopisch die bekannte lamellöse Schichtung einer Echinococcus-Cuticula. Das zu innerst liegende, faltige Häutchen, welches mit den beschriebenen feinen Punkten besetzt ist, stellt die mit zahlreichen jungen Echinococcusköpfen besetzte Parenchymschicht dar. An der Basis des Aneurysma- ähnlichen Sackes zeigt die entsprechende Stelle der Aorta, wo man eine Communicationsöffnung zu finden glaubt, von innen eine groschengrosse seichte Vertiefung von transparentem Aussehen. Diese Scheidewand ist 1—1,5^{mm} dick und besteht aus der mässig verdickten Intima und einer dünnen Schichte der Media. Die übrige normale Aortawandung ist hier 7—8^{mm} dick.

Diese Geschwulst hat die Trachea an ihrer unteren rechten Seite unmittelbar vor ihrer Theilung bedeutend comprimirt. In Folge des seitlichen Druckes erscheint das Lumen der Trachea an dieser Stelle von längsovaler Form und ist nicht unbedeutend verengt.

2) Echinococcus in der Wandung der Bauchaorta (Fig. 19.) Präp. A. VII. O. 3. Nr. 19 der Münch. Sammlung.

Derselbe hat seinen Sitz an der rechten Seite der Bauchaorta (Fig. 19. a.) zwischen dem Abgang der hinteren Gekrösarterie und der Verzweigung der Aorta in die Becken- und Schenkelarterien. Die Geschwulst (Fig. 19. b.) ist 7 Ctm. lang und 5 Ctm. breit und hoch, von rundlicher Form und communicirt ebenfalls nicht mit dem Lumen der Aorta. Die 0,75 — 1,5^{mm} dicke und derbe Wandung wird ganz wie im vorigen Fall von der Adventitia und der zum grössten Theile verkalkten Media gebildet. Als innerste auskleidende Membran findet sich eine durchsichtige

Parenchymschicht mit zahlreichen gelblichen Punkten besät, die sich mikroskopisch als junge Echinococcusköpfchen mit dem charakteritischen Huckenkranz erweisen. Eine lamellöse Cuticula fehlt hier vollkommen.

Die Basis der Geschwulst ist von länglich runder Form —

Fig. 19.

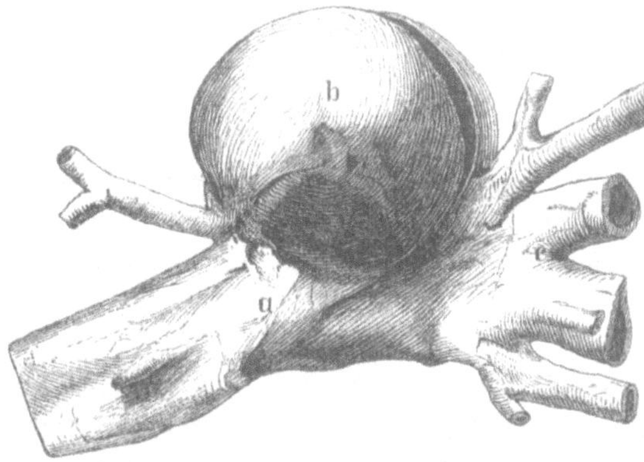

Echinococcus in der Wandung der Bauchaorta des Pferdes unmittelbar vor ihrer Theilung in die Becken- und Cruralarterien. a) Endstück der Bauchaorta. b) Cyste mit einer Echinococcusblase als Inhalt. c) Becken- und Cruraläste der Bauchaorta $1/2$ der natürlichen Grösse.

5 Ctm. lang und 3 Ctm. breit. An dieser Stelle findet sich als Scheidewand zwischen dem Lumen der Aorta und dem Echinococcusack eine durchscheinende, über 1^{mm} dicke Membran, die vom Innern der Aorta aus gesehen eine flache dellenförmige Vertiefung bildet. Mikroskopisch erweist sich die Scheidewand wie im vorigen Falle als die verdickte zellenarme Intima mit einer dünnen Schichte der Media.

Sind schon Echinococcen bei dem Pferde überhaupt ziemlich selten, so zeichnen sich die beiden Fälle noch durch ihren Sitz in der Aortawandung besonders aus. Ohne Zweifel sind die beschriebenen Präparate die nämlichen, die Otto[1]) in der Münchener Thierarzneischule gesehen hatte und die von ihm als Balg-

[1]) Lehrbuch der path. Anat. des Menschen und der Thiere B. I. p 343. 1830.

geschwülste an der Aorta erwähnt wurden; auch Förster (Handbuch der pathol. Anatomie) erwähnt nach Otto, wenn ich nicht irre, die nämlichen Fälle als Balggeschwülste in der Arterienwandung. Diese beiden Fälle sind ein trefflicher Beleg für die experimentell (Hunter und Home) festgestellte Thatsache, dass die Gefässintima nach Hinwegnahme der äusseren Häute sich nicht bruchsackartig hervorstülpt, dass es ein sogenanntes Aneurysma mixtum internum sive herniosum nicht gibt.

a) Das Aneurysma.

Kehren wir nach dieser Excursion zu unseren vergleichenden Betrachtungen zurück, so finden wir im Gegensatz zu den Aneurysmen des Pferdes, die nur in den Darmarterien und höchst selten an anderen Arterien des Hinterleibs oder des übrigen Körpers beobachtet werden, die Aneurysmen beim Menschen über den ganzen Körper verbreitet. Wiewohl bei letzterem gewisse Arterien: die Brust- und Bauchaorta, die Kniekehle-Arterie bevorzugt sind, so gibt es kaum eine Arterie von Bedeutung, an welcher nicht schon Aneurysmen beobachtet wurden.

Was speciell das Vorkommen von Aneurysmen an der Bauchaorta und ihren Aesten beim Menschen betrifft, so sind die Zahlenverhältnisse der bis zum Jahre 1865 beobachteten Aneurysmen der Bauchaorta und ihrer Aeste, die Lebert[1]) zum Gegenstande einer Monographie gemacht hat, nach diesem Autor folgende: 103 Aneurysmen der Bauchaorta, 24 der Bauchschlagader und ihrer Zweige, 10 der oberen Gekrösarterie, 3 der unteren Gekrösarterie und 2 der Nierenarterie. Im Vergleich mit den 90—94% sämmtlicher Pferde, die mit Aneurysmen dieser Arterien behaftet sind, sind dies sicher nur winzige Zahlen.

Nach Grösse und Form unterscheidet sich das Aneurysma equinum durchaus nicht wesentlich von den Aneurysmen des Menschen. Während ersteres in seiner Grösse von dem Umfang

---

[1]) Ueber das Aneurysma der Bauchaorta und ihrer Zweige. Berlin 1865. Gratulationsschrift zum 500jährigen Jubiläum der Universität Wien.

einer Erbse bis zu dem eines Menschenkopfes variirt, sind die letzteren ebenso wechselnd in ihrer Grösse. In der Mehrzahl der Fälle sind beide circumscript, seltener diffus; beim Menschen sind die Aneurysmen meist sackförmig und es betrifft die Ausbuchtung häufiger nur eine Seite der Arterienwandung. Bei Pferden dagegen ist die Erweiterung meist eine nach allen Seiten hin gleichförmige. Die längsovale und mehr spindelförmige Form des Aneurysma der Pferde ist eine Eigenschaft desselben, die in der Monotonie der Ursache und der Beschaffenheit der immer wieder betroffenen Arterien ihren Grund haben mag.

Die Beschaffenheit der Wandungen wechselt beim Aneurysma des Menschen ebenso häufig als bei dem Pferde. In diesem Punkte finden sich jedoch ganz charakteristische Unterschiede, die wie schon oben angedeutet, theils auf den anatomischen Eigenschaften der vorderen Gekrösarterie, theils auf der eigenthümlichen Ursache und dem Entwicklungsgang des Aneurysma equinum beruhen. Während die Wandungen des Aneurysma der Menschen in der Regel verdünnt sind, begegnen wir bei Pferden einer auffallenden Verdickung, die ganz enorme Dimensionen erreichen kann. In diesem Unterschied ist zugleich die Ursache der Verschiedenheit der Ausgänge begründet: während beim Menschen die Rupturen den tödtlichen Ausgang herbeiführen, sind dieselben bei Pferden überaus selten.

Es würde zu weit führen, wenn ich alle Eigenthümlichkeiten, welche die Wandungen des Aneurysma der Pferde in anatomischer und histologischer Beziehung bieten, ausführlich recapituliren wollte und muss in dieser Richtung auf die specielle Schilderung derselben verweisen.

Die Sclerosirung des umgebenden Bindegewebs und der Adventitia, die theils durch den continuirlichen Reiz des wachsenden Aneurysma, theils, wie ich für das Wurmaneurysma nachgewiesen habe, in den höheren Graden durch thrombotische Processe in den feineren mesenterialen Gefässen hervorgerufen und befördert wird, ist auch bei den Aneurysmen des Menschen eine constante Erscheinung, erreicht bei letzteren jedoch nie den hohen Grad wie bei dem Aneurysma equinum.

Einen ganz besonderen Charakter erhält das Aneurysma der Pferde durch die fast niemals fehlende Hypertrophie der Muskelfaserschichten der Media. Schon früher wurde hervorgehoben, dass eine solche Hyperplasie der Muskelfasern in der Lehre von den Krankheiten der Arterien einzig dasteht und analog der Herzhypertrophie bei Klappenfehlern als eine compensatorische Reaction aufgefasst werden muss. Der Grund dieser eigenthümlichen Erscheinung liegt wohl hauptsächlich in der langsamen Entwicklung des Aneurysma, welches bei jahrelanger und lebenslänglicher Dauer in der Mehrzahl der Fälle sich wenig vergrössert; dass die Lage und Befestigung der Gekrösarterie zu diesem geringen Wachsthum nicht wenig beiträgt, wurde ebenfalls schon erwähnt. Ausserdem bedingt die specifische Ursache des Wurmaneurysma in erster Linie nur eine ulcerative Endoarteriitis mit Thrombosenbildung, während das Aneurysma des Menschen sich erst auf dem Boden einer lange bestehenden Endoarteriitis entwickelt. Bei der Entwicklung des Aneurysma der Menschen legt man gewöhnlich das Hauptgewicht auf die Erkrankung der Intima. Ich glaube aus der Entwicklungsgeschichte des Aneurysma der Pferde den Schluss ziehen zu dürfen, dass bei der Entstehung der Aneurysmen der Menschen die Ernährungsstörung der Media den Hauptfactor bildet, den man bisher nicht genügend gewürdigt hat. Analog den Vorgängen bei der Entwicklung des Aneurysma equinum müsste man bei intacter Beschaffenheit der Tunica media erwarten, dass auch bei dem Aneurysma des Menschen eine Hypertrophie derselben zu Stande kommen müsse; da dieses jedoch nie beobachtet wird, so ist die Annahme berechtigt, dass die Media beim Zustandekommen der Aneurysmen des Menschen immer irgendwie entartet und verändert sei und so eine compensatorische Leistung von ihrer Seite unmöglich geworden ist. Man kann hier allerdings den Einwurf machen, dass die muskelarme Beschaffenheit der Aorta als des häufigsten Sitzes des Aneurysma im Vergleich mit der muskelreichen der Gekrösarterien des Pferdes einen solchen Analogieschluss nicht erlaube. Man hat jedoch auch bei Aneurysmen solcher Arterien, deren Media sehr muskelreich ist wie z. B. der art. poplitea, noch niemals eine Hypertrophie der Media beobachtet. Es ist also nicht bloss die Endoarteriitis, die bei der Entwicklung der Aneurysmen des Menschen eine Rolle spielt, sondern auch die Mesarteriitis chronica. Die Atrophie und bindegewebige Umwandlung der Media, die bei den Aneurysmen des Menschen eine constante Erscheinung ist, ist bei dem Aneurysma equinum sehr selten und meist nur eine partielle, oder sie erfolgt erst secundär in der ursprünglich hypertrophischen Media. Eine besondere Abweichung bietet das Wurmaneurysma ferner noch in den eigenthümlichen ringförmigen Defecten, die hie und da zur Bildung von multiplen, secundären dissecirenden Aneurysmen Anlass geben.

Die Veränderungen der Intima, die bei dem Aneurysma des Menschen eine so grosse Bedeutung haben, bieten bei dem Aneurysma der Pferde ebenfalls ganz specielle Eigenthümlichkeiten. Während bei dem ersteren die atheromatöse Entartung, die in Form mannigfacher degenerativer Vorgänge den Ausgang der chronischen Entzündung darstellt, am meisten in die Augen fällt, ist die Intima des Wurmaneurysma in allen möglichen Stadien der pro- und regressiven Metamorphose, von der einfachen Wucherung und der ulcerativen Zerstörung bis zur ausgebreiteten Verkalkung, wie dies ausführlich erörtert wurde.

Ein weiterer wesentlicher Unterschied liegt in der Gegenwart von Pallisadenwürmern in dem Aneurysma equinum, ihrer Larvenhäute oder der Spuren der ersteren in den Wandungen des Aneurysma der Pferde [1]).

Von französischen Forschern (Rayer und Davaine) wurde in dem Fehlen einer Läsion der Intima und Media bei dem Wurmaneurysma des Pferdes eine Aehnlichkeit mit dem Aneurysma des Menschen gefunden. Wie wenig berechtigt eine derartige Anschauung ist, geht daraus hervor, dass die Läsion (déchirure) der Intima in dem Wurmaneurysma selten vermisst wird, während

[1]) Eine Mittheilung über Aneurysma verminosum beim Menschen (Deutsches Archiv für klin. Medicin B. I.) beruhte, wie eine genauere Untersuchung des Falles ergab, auf einem Irrthum.

die Aneurysmen des Menschen meist Defecte der Intima durch atheromatöse Geschwürsbildung zeigen. Weiter haben die genannten Autoren in der Gegenwart eines adhärenten Pfropfes in dem Aneurysma des Pferdes einen Unterschied von dem des Menschen zu finden geglaubt. Da in dem letzteren Thromben nicht nur keine Seltenheit sind, sondern sogar in der Regel gefunden werden, so ist auch dieses Unterscheidungsmerkmal kaum zutreffend.

Das Vorkommen eines meist wandständigen Thrombus in dem Wurmaneurysma ist allerdings nahezu constant und ist neben der Gegenwart der Pallisadenwürmer charakteristisch für dasselbe. Das histologische Verhalten des Thrombus ist insofern abweichend von dem des Thrombus des Aneurysma der Menschen, als letzterer in der Regel geschichtet und nur höchst selten oder gar nicht organisirt ist, während ersterer in seinen äussersten Schichten sehr häufig Organisation zeigt. Die Verhältnisse sind insofern einander ähnlich, als die Thromben in der Regel wandständig sind und unter einem hohen Blutdrucke stehen. Wenn man die Betheiligung der Intima an der Organisation des Thrombus für einen nicht unwichtigen Factor hält, so spricht obiges Verhältniss sehr zu Gunsten einer solchen Anschauung: die degenerirte und zellenarme Intima des Aneurysma der Menschen wird kaum im Stande sein, eine organisatorische Thätigkeit zu entwickeln, während die zellenreiche, saftige und geschwellte Innenhaut des Wurmaneurysma zu einer derartigen Leistung sehr geeignet erscheint.

Die Symptomatologie des Wurmaneurysma der Pferde ist wegen seines Sitzes in dem Hinterleibe, was physikalische Erscheinungen betrifft, ebenso und in noch höherem Grade dunkel, als diejenige der Aneurysmen des Unterleibs beim Menschen. Die sonstigen Folgen, wie Circulationsstörungen, Neuralgien etc., die wir bei den Aneurysmen des Menschen kennen, lassen sich beim Pferde sehr schwer abschätzen. Die eigentliche Gefahr der Wurmaneurysmen des Pferdes liegt in einer ganz anderen Richtung, als bei den Aneurysmen des Menschen. Während bei letzteren in $^2/_3$ bis $^3/_5$ der Fälle die schliessliche Ruptur die Hauptgefahr bildet, ist dieser Ausgang bei Pferden in Folge der anatomischen Beschaffenheit des Aneurysma ein höchst seltener.

b. Die Atheromatose der Arterien.

Die Atheromatose, welche beim Menschen die prädisponirende Ursache eines grossen Theils der Aneurysmen bildet, ist bekanntlich in ihrer Aetiologie noch sehr unklar. Wie bei vielen ähnlichen Processen hat man auch hier eine Menge von Ursachen beschuldigt, wie Syphilis, Quecksilbermissbrauch, übermässigen Genuss von Spirituosen etc. Weit gesicherter als ätiologisches Moment scheint eine gewisse Prädisposition zu dieser Erkrankung zu sein, die mit Fettleibigkeit und Gicht in Zusammenhang steht und unter Concurrenz fortwährender mechanischer Reize durch erhöhten Blutdruck an gewissen Stellen des Arteriensystems der Entstehung des atheromatösen Processes zu Grunde liegt.

Um die zuerst genannten Ursachen der Atheromatose, wie Syphilis etc. als unhaltbar hinzustellen, hat man sich auf das Vorkommen der Atheromatose bei Thieren berufen, die solchen Schädlichkeiten doch nicht ausgesetzt seien. Dass ein solcher Hinweis durchaus nicht gerechtfertigt ist, werden wir hier nachzuweisen versuchen.

Beginnen wir mit den atheromatösen Veränderungen, welche man beim Pferde findet, so finden wir dieselbe vor Allem in den grossen Arterien des Hintertheils und hier am häufigsten wiederum in den aneurysmatischen Erweiterungen der vorderen Gekrösarterie. Nach den vorausgegangenen Schilderungen der Aneurysmen bedarf es keiner weiteren Erörterung, dass die Atheromatose hier nur einen Ausgang eines localen entzündlichen Processes und localer nutritiver Störungen bildet, deren Ursache eine specifische — der Strongylus armatus — ist. — Wie gering die Prädisposition der Pferde zur Atheromatose ist, beweisen jene bedeutenden Verdichtungen der Intima, die man fast regelmässig in den abgehenden Aesten des Wurmaneurysma findet oder auch in der Bauchschlagader ohne aneurysmatische Erweiterung (Fig. 13) und die niemals Producte einer regressiven Metamorphose nachweisen lassen, obwohl sie eine Endoarteriitis chronica in der prägnantesten Form darstellen. — Die geringe Prädisposition der Pferde ist übrigens ausserdem individuell noch sehr verschieden: obgleich die Gelegenheitsursache, die Endoarteriitis verminosa immer vorhanden ist, findet man häufig trotz jahrelanger Dauer des Processes keine atheromatösen Heerde in den Aneurysmawandungen.

Ueber die Entstehung und Bedeutung der atheromatösen Veränderungen, die man nicht selten in der Bauchaorta des Pferdes findet, sind wie über die Entstehung der Aneurysmen an diesem Orte verschiedene Deutungen zulässig. Sie können erstens eine directe Folge der Endoarteriitis verminosa sein, indem Pallisadenwürmer die Bauchaorta bewohnen (vergl. Aneur. Nr. 58. und Fig. 8. a.) oder sie sind eine (passive) Folge des abnorm erhöhten Druckes, der in der Bauchaorta vor dem Abgang der aneurysmatisch erweiterten Gekrösarterie herrscht und sind gleichzeitig mit einer Erweiterung des Arterienrohrs verbunden. Wahrscheinlich ist in solchen Fällen die Erweiterung das Primäre und die atheromatöse Entartung der Arterienwand das Secundäre. Endlich kann die Atheromatose der Bauchaorta auch durch eine Art localer Infection von der atheromatös entarteten vorderen Gekrösarterie zu Stande kommen. Wir haben also Bedingungen genug, die die Entwicklung dieses Processes in der Bauchaorta begünstigen und verursachen. — Da man die übrigen Theile der Bauchaorta, sowie die Hinterleibsarterien und überhaupt das ganze Arteriensystem gleichzeitig vollkommen normal findet, so kann man wohl mit Sicherheit aussprechen, dass hier ganz locale Ursachen vorliegen, dass es eine spontane Atheromatose der Bauchaorta beim Pferde nicht gibt.

In den übrigen Arterien des Hinterleibs; Bauchschlagader, Nierenarterien, hintere Gekrösarterie kommt die atheromatöse Entartung nur als eine secundäre, gleichzeitig mit aneurysmatischer Erweiterung vor und ist letztere ausschliesslich durch die Einwanderung von Pallisadenwürmern bedingt.

Ueber die Atheromatose der Brustaorta bei Pferden sind meine eigenen allerdings nicht zahlreichen Beobachtungen mehr negativer Natur; nur in einem Falle sah ich an der vorderen

Aorta knorpelähnliche, theilweise verkalkte und warzenförmige Wucherungen, die an dieser Stelle nach Bruckmüller (l. c. p. 176) hie und da neben trüben knorpelähnlichen Flecken vorkommen.

Die atheromatöse Entartung in den Becken- und Schenkelarterien der Pferde ist in der Regel mit Erweiterung einzelner Aeste verbunden und ist wohl ausnahmslos eine secundäre, durch thrombotische und embolische Processe bedingt.

Es ist demnach die Atheromatose der Pferde im Ganzen immer eine secundäre Erscheinung und niemals wie die Atheromatose des Menschen eine spontane.

Auch bei den übrigen Hausthieren wiederholt sich dies Verhältniss. — Bei perlsüchtigen Rindern kommt eine Verkreidung (Petrification) der grossen Arterien durchaus nicht selten vor, die jedoch mit der atheromatösen Entartung nichts zu thun hat. Man findet bei der erwähnten Krankheit des Rindes häufig grosse Abschnitte der Arterien plattenförmig verkalkt; Röll (II. p. 203) gibt ausdrücklich an, dass diese Verkalkung nicht im Gefolge einer Entzündung der Intima entstehe. — Sonstige vereinzelte Beobachtungen über Atheromatose, wie an der Halswirbelarterie des Rindes (Colin) und an der Brustaorta des Hundes (Förster) betreffen ebenfalls mit grosser Wahrscheinlichkeit nur secundäre atheromatöse Entartung und sind zu vereinzelt und ungenügend, um ein spontanes Vorkommen der Atheromatose bei unseren Hausthieren in dem Sinne, wie sie bei Menschen beobachtet wird, anzunehmen.

Ein besonderes Interesse gewinnt dieses Verhältniss insofern, als man beim Menschen[1]) den Genuss von Amylaceen, des Zuckers und Alcohols im Gegensatz zur reinen Fleischkost als ein die fettige Degeneration der Arterien begünstigendes Moment aufgefasst hat und darauf hin auch therapeutische Vorschläge gemacht hat. Da fettige Entartung und Verkalkung entzündlicher Produkte bei den Pflanzenfressern insbesondere beim Rinde viel häufiger statt-

[1]) O. Weber, Pitha und Billroth, Handb. der Chirurgie. Bd. II. Abth. 2. p. 167.

finden als bei den Fleischfressern, so sollte man meinen, dass gerade die Pflanzenfresser, denen überdiess unter gewissen Verhältnissen (Mästung) sehr grosse Mengen solcher Nahrungsmittel zugeführt und so eine abnorme Fettleibigkeit derselben künstlich herbeigeführt wird, zur Atheromatose besonders disponirt sein müssten. Dies ist nun, wie wir gesehen haben, durchaus nicht der Fall. Freilich muss man auch in Betracht ziehen, dass viele Thiere ihr natürliches Lebensende nicht erreichen.

Was die histologischen Details der atheromatösen Entartung betrifft, so zeigt die Atheromatose der Pferde im Ganzen dieselben Bilder, wie wir sie bei der Atheromatose des Menschen kennen.

Unter den Producten der regressiven Metamorphose der acuten, subacuten und chronischen Endarteriitis verminosa findet man bei jüngeren Pferden sehr häufig atheromatöse Herde aus fettig-körnigem Detritus von verschiedener Grösse, bei älteren Pferden häufiger Verkalkungen, die von den kleinsten mikroskopischen Herden bis zu den ausgedehntesten ringförmigen Platten vorkommen.

Ueber die Beschaffenheit der knochenähnlichen Platten bei der Atheromatose des Menschen sind die Autoren sehr verschiedener Ansicht. Während man in früherer Zeit diese Veränderungen einfach als Verknöcherung bezeichnete, führten genauere Untersuchungen bald zu dem Resultate, dass diese Platten und kleineren Herde bloss aus Kalk bestehen, während eine Bildung von Knochenkörperchen selten, oder wie von manchen behauptet wird, gar nicht vorkomme. Ein Ueberblick über die Ansichten der neueren Autoren wird beweisen, wie wenig Uebereinstimmung über diesen Punkt herrscht.

Nach Virchow[1]) zeigen die Kalkplatten bei der Atheromatose eine Ossification im engeren Sinn, eine den Knochen analoge Bildung, indem dieselben verästelte zackige Körperchen enthalten, die meist etwas kleiner, weniger stark verästelt und weniger dicht gelegen sind als Knochenkörperchen.

[1]) Cellularpathologie. 3. Aufl. p. 322 u. ff.

O. Weber[1]) nimmt eine wahre Knochenbildung an, nicht bloss einfache Verkalkung; sie kommt nach ihm oft in der Umgebung erweichter Herde oder ganz unabhängig von denselben in den hyperplastisch gewucherten Stellen vor.

Herr Prof. Buhl, mein verehrter ehemaliger Chef, nimmt nach seinen Beobachtungen ebenfalls Knochenbildung an; er fand die Knochenkörperchen meist mehr in die Länge gezogen und mit wenigen Ausläufern versehen.

Dagegen leugnet Förster[2]) entschieden eine wirkliche Verknöcherung und will nur die gewöhnlichen Elemente der Verkalkung gesehen haben. Ebenso wird eine wirkliche Knochenbildung von Langhans[3]) und Rindfleisch[4]) mit Bestimmtheit in Abrede gestellt.

Wie ich nachgewiesen habe (Aneur. Nr. 7 u. Nr. 58, und Fig. 7) kommt eine wahre Knochenbildung bei der Atheromatose der Pferde vor. Während in dem einen Falle (Nr. 58) die Knochenkörperchen mehr denjenigen Formen entsprachen, wie sie von Buhl beim Menschen gefunden wurden, zeichnete sich die Verknöcherung in dem anderen Falle (Nr. 7 Fig. 7) neben der ausgesprochenen und sehr deutlichen Bildung von Knochenkörperchen durch die Gegenwart von Havers'schen Kanälen aus; weniger deutlich war die lamellöse Schichtung. Ich habe mich übrigens überzeugt, dass man lange vergebens suchen und eine grosse Reihe von Präparaten durchmustern muss, bis man eine solche Veränderung antrifft.

Unter den regressiven Metamorphosen der entzündlichen Producte der Endoarteriitis, die man als Atheromatose zusammenfasst, ist also die einfache Verkalkung das gewöhnliche Ereigniss; dieselbe ist selten mit Ablagerung von unvollkommen ausgebildeten Knochenkörperchen verbunden und noch seltener lässt sich wahre Knochenbildung mit Havers'schen Kanälen beobachten. Neben dieser kalkigen Umwandlung entzündlicher Producte kann

[1]) l. c. p. 160.

[2]) Handbuch der path. Anat. 2. Aufl. II. p. 746.

[3]) Virchow's Archiv B. 36. p. 217.

[4]) Lehrb. der path. Gewebelehre. 1867. p. 166.

auch eine einfache kalkige Incrustation normaler Elemente stattfinden, die jedoch bei Pferden selten zu sein scheint.

Bei der Uebereinstimmuug der atheromatösen Veränderungen des Menschen und der Pferde und mit Rücksicht auf die Angaben der Autoren ist es wohl gestattet anzunehmen, dass auch die Verhältnisse in Bezug auf Knochenbildung ganz analoge sind.

5) Symptomatologie der Wurmaneurysmen. Dauer, Verlauf, Ausgänge, Diagnose.

In der geschichtlichen Einleitung haben wir schon Veranlassung gehabt, der verschiedenen Versuche zu erwähnen, die gemacht wurden, um über die Erscheinungen unseres Aneurysma in's Klare zu kommen und ein schulgerechtes Krankheitsbild desselben zu fixiren.

Abgesehen von den Rupturen, die Greve zuerst in grösserer Zahl beobachtet hatte, beziehen sich die Symptome, die ältere Beobachter (Chouard, Hering) dem Aneurysma verminosum zuschrieben, meist auf Pferde, die mit grossen Aneurysmen behaftet waren. Man bemerkte an solchen: Schwäche, Blutabgang durch den After oder leichte intermittirende Kolikanfälle, Hinken mit Anschwellung der hinteren Extremitäten, manchmal einen beschwerlichen schwankenden Gang, heftiges Herzklopfen, zurückgehaltene Kothentleerung, schmerzhaftes Uriniren; in einzelnen Fällen Geschwüre an den hinteren Extremitäten mit Auströpfeln von Blut und Serum, Lähmung des Hintertheils etc.

Ausgehend von der Symptomatologie der Aneurysmen des Menschen hat man eine ähnliche für die Eingeweideaneurysmen der Pferde aufzustellen versucht. So hat Röhling[1]) 4 Fälle mit tödtlichem Ausgang mitgetheilt, in welchen er aus dem fühlbaren Pulsiren gegen die Rückenwandung im Leben die Diagnose auf ein Aneurysma der Gekrösarterie gestellt haben wollte. Die ausserdem von ihm beobachteten Symptome waren: Unruhe, Pulsbeschleunigung, Abgang breiartiger — seltener ganz trockener Excremente, Kolikerscheinungen, Dyspnoë. Es kann nun aller-

[1]) Magazin für die ges. Thierheilk. B. 15. p. 441. 1849.

dings nicht geleugnet werden, dass man im Leben ein Aneurysma der Gekrösarterien diagnosticiren kann; dies beruht jedoch weniger auf charakteristischen physikalischen Symptomen, wie z. B. einem angeblichen fühlbaren Pulsiren am Rücken, als auf dem Umstand dass fast jedes Pferd mit einem Aneurysma behaftet ist, eine falsche Diagnose also nicht leicht möglich ist.

In seiner öfter citirten Arbeit (p. 439) nennt Hering das Aneurysma der Pferde nicht gefährlich; er konnte niemals einen Zusammenhang zwischen den gewöhnlichen Krankheiten des Pferdes und den Aneurysmen finden. Nur in einem Falle war Blutabgang durch den After zu bemerken, dessen Ursache eine Ruptur des Aneurysma in den Darm war.

Nachdem Bruckmüller (1851) darauf aufmerksam gemacht hatte, dass ein Zusammenhang des Aneurysma mit der Kolik nicht unmöglich, aber wissenschaftlich schwierig zu deuten sei, um so mehr als eine genaue Untersuchung wohl immer andere Veränderungen in dem Darmkanale als Ursache der Koliksymptome ergebe, entwarf Bouley (1856) ein Krankheitsbild des Aneurysma, dessen Symptomatologie er übrigens als einen sehr dunklen Punkt bezeichnet. Ohne auf eine physiologische Erklärung der einzelnen Symptome einzugehen, führt Bouley hauptsächlich an: eine gewisse Schwäche, behinderte Beweglichkeit, intermittirendes Hinken, Infiltration der hinteren Extremitäten, Krämpfe und Lähmungserscheinungen; ferner blutige Excremente und intermittirende Koliken, die besondere Anhaltspunkte für die Diagnose bilden.

Nach Davaine (p. 333) ist das Aneurysma der Pferde ohne Gefahr; ausser den seltenen Rupturen, deren Zustandekommen durch die dicken Wandungen verhindert werde, entstehe kein bemerkbares Symptom. Nur bei sehr bedeutendem Volumen bemerke man Verdauungsstörungen oder Schwäche in den hinteren Extremitäten.

Das Aneurysma der von der Bauchaorta entspringenden Arterien bringt nach Röll (II. p. 205) keine bemerkbaren Erscheinungen hervor, ebensowenig das Aneurysma der Bauchaorta. Bei Thieren, die mit letzterem behaftet waren, war öfters Kränkeln, ein lahmer, schwankender oder wenigstens beschwerlicher und gespannter Gang mit dem Hintertheil oder ausgesprochene Lähmung, in manchen Fällen der zeitweilige Eintritt von Kolik beobachtet worden.

Bruckmüller[1]) ist geneigt, als Ausgang der Aneurysmen nur die allmählige vollständige Ausfüllung der Erweiterung mit faserstoffigen Ausscheidungen zu betrachten, indem sich gleichzeitig ein Collateralkreislauf in einer benachbarten Arterie entwickle. Bei Aneurysmen der Bauchaorta kann nach B. der Wirbelkörper zum Schwunde gebracht werden und der Knochen eine rauhe wie angenagte Oberfläche bieten.

Uebersieht man die Angaben der verschiedenen Autoren, so kann man nicht leugnen, dass das Gesammtergebniss in Bezug auf die klinischen Erscheinungen des Aneurysma verminosum ein wenig befriedigendes ist. Bekanntlich ist man häufig im Stande, das Aneurysma des Menschen aus gewissen Erscheinungen mit grosser Sicherheit zu diagnosticiren. Am zuverlässigsten in dieser Beziehung sind die physikalischen Symptome: die fühlbare Pulsation und die schwirrenden Geräusche. An manchen von aussen schwer zugänglichen Stellen lassen diese Erscheinungen jedoch im Stiche und man ist darauf angewiesen, in anderen weniger scharf charakterisirten Symptomengruppen diagnostische Anhaltspunkte zu finden. Solche Erscheinungen beruhen mehr oder minder auf Circulationsstörungen und variiren nach dem Sitze der Aneurysmen ausserordentlich. Bei den Aneurysmen der Bauchaorta des Menschen ist die Zahl und Combination der möglichen Erscheinungen nach Lebert (l. c.) eine so grosse und mannigfaltige, dass man Irrthümern sehr leicht ausgesetzt ist. Besonders hervorzuheben sind ausser den physicalischen Erscheinungen Schmerzen unbestimmter Art, kolikartige Anfälle und Verdauungsstörungen verschiedener Art. Noch ungünstiger sind die Verhältnisse bei den Aneurysmen der Eingeweidearterien gelagert. Ihre Symptomatologie bietet — wohl im Zusammenhang mit ihrem meist geringen Umfang — nichts Charakteristisches mit Ausnahme der Rupturen. Während $^{3}/_{5}$ der Aneurysmen der Bauchaorta des

---

[1]) Lehrb. der path. Zootomie p. 178. 1869.

Menschen durch Ruptur lethal endigen, ist dieselbe bei den Aneurysmen der Eingeweidearterien (bei 39 Fällen bis zum Jahre 1865) in ²/₃ der Fälle beobachtet worden.

Vergleicht man die anatomischen Verhältnisse des Hinterleibs der Pferde mit denjenigen des menschlichen Unterleibs, so wird auf den ersten Blick klar, dass bei ersteren von einer Diagnose der Aneurysmen durch Palpation oder Auskultation kaum die Rede sein kann; eine nähere Erörterung der hier in Betracht kommenden Factoren wird man mir wohl erlassen. Aus den Symptomen eines anderen Ausganges, der Ruptur des Aneurysma, eine Diagnose zu stellen, ist man bei Pferden nicht häufig in der Lage, da im Gegensatz zu dem Aneurysma des Menschen Rupturen überaus seltene Ereignisse sind. Es dürfte hier der Ort sein, eine Zusammenstellung der mir zugänglich gewesenen Fälle von Rupturen der Aneurysmen der Pferde zu geben, welche die Berechtigung meines obigen Satzes am besten veranschaulicht und zugleich die Grundlosigkeit der Befürchtung Morgagni's[1]) darlegt, welcher das Wurmaneurysma in Bezug auf Rupturen für viel gefährlicher hielt, als die Aneurysmen des Menschen, indem er sagt: „Aneurysma, cui vermes inhäreant, ob id magis metuenda, quod discruptionis periculum in ejusmodi aneurysmate cum a sanguinis impetu, ut in caeteris imminet, tum praeterea ab ipsa vermium erosione."

a) Rupturen von Aneurysmen.

α) Der Bauchaorta.

1) Greve, Erfahrungen und Beobachtungen über die Krankheiten der Hausthiere. p. 172. 1818.

Aneurysma verminosum der grossen Rückenpulsader (Bauchaorta). Ruptur, Tod durch Verblutung.

2) Greve, ibid. p. 173.

Aneurysma der grossen Rückenpulsader (Bauchaorta). Ruptur, Tod durch Verblutung nach einer heftigen Anstrengung.

---

[1]) l. c. Epistol. I. §. 46. p. 89.

3) Greve, ibid. p. 173.

Aneurysma der grossen Rückenpulsader (Bauchaorta). Ruptur wie im vorigen Fall.

4) Greve, ibid. p. 173.

Hühnereigrosses Aneurysma der Rückenarterie (Bauchaorta). Ruptur, Tod durch Verblutung.

5) Mercer, The Veterinarian 1846 und Repertor. der Thierheilkunde. B. 7. p. 160.

Aneurysma verminosum der hinteren Aorta. Ruptur am Ursprung der Bauchschlagader. Verblutung in die Bauchhöhle. Plötzlicher Tod.

6) Portal, Journ. de méd. vét. 1847 und Repert. d. Thierheilkunde. B. 8. p. 324.

Ruptur der hinteren Aorta am Ursprung der vorderen Gekrösarterie, wo sich ein faustgrosses Aneurysma fand, das mit der Aorta in Verbindung stand. Verblutung in die Bauchhöhle (bei einem Maulthier).

7) Varnell, The Veterinarian 1865 und Repert. der Thierheilkunde. B. 26. p. 343.

Aneurysma verminosum der Bauchaorta am Ursprung der vorderen Gekrösarterie. Ruptur und Tod durch Verblutung.

8) Weber, Bulletin de la soc. imp. de méd. vét. 1867 und Repert. der Thierheilkunde. B. 28. p. 274.

Aneurysma der Bauchaorta (25 Ctm. lang, 15 breit). Perforation in den Grimmdarm. Tod nach wiederholtem Blutabgang durch den After.

9) Thierry, Récueil de méd. vét. 1868 October.

Aneurysma der hinteren Aorta vor dem Abgang der vorderen Gekrösarterie, von der Grösse eines Gänseei's mit verkalkten Wandungen. Ruptur, Tod durch Verblutung in die Bauchhöhle.

β) Der vorderen Gekrösarterie.

1) Greve, l. c. p. 172.

Aneurysma verminosum am Stamm der vorderen Gekrösarterie. Plötzlicher Tod durch Ruptur.

2) Schutt, Magazin für die ges. Thierheilkunde. B. 1. p. 40. 1834.

Aneurysma der vorderen Gekrösarterie von der Grösse eines Mannskopfes, dessen Lumen faustgross war. Ruptur und Perforation durch 2 Oeffnungen in den Blind- und Hüftdarm. Im Leben Kolikerscheinungen und Blutabgang durch den After.

3) Seer, Magazin für die ges. Theilheilkunde. B. 13. 1847.

Aneurysma einer Grimmdarmarterie, 7 Zoll lang und 3 Zoll dick. Ruptur und plötzlicher Tod durch Verblutung.

4) Bernaud, Journ. de méd. vét. 1855 und Repert. der Thierheilkunde. B. 16. p. 236.

Faustgrosses Aneurysma der vorderen Gekrösarterie. 3—4 Ctm. lange Rupturstelle. Plötzlicher Tod durch Verblutung.

5) Cornelius, The Veterinarian 1860 und Repert. der Thierheilkunde. B. 22. p. 158.

Aneurysma verminosum der vorderen Gekrösarterie. Ruptur und Bluterguss in die Bauchhöhle.

6) Hahn, Thierärztliche Mittheilungen. H. 9. p. 79.

Aneurysma einer Gekrösarterie. Perforation in den Darm. Tod nach Abgang einer grossen Blutmenge aus dem Mastdarm.

7) Wirtz, Tijdsschrift for Veeartsenijkunde 1864 und Repert. der Thierheilkunde. B. 25. p. 351. 1864.

Aneurysma eines Astes der vorderen Gekrösarterie von 4" Länge. Ruptur und Verblutung zwischen die Gekrösplatten und in die Bauchhöhle.

8) Wirtz, Annal. de méd. vét. 1867. p. 38 und Vierteljahrsschrift für wiss. Veterinärmedizin. B. 28. p. 200.

Aneurysma der vorderen Gekrösarterie, 4 Ctm. lang, 2 breit. Plötzlicher Tod durch Ruptur und Verblutung.

γ) Der Nierenarterie.

1) Hackbarth, Magazin für die ges. Thierheilkunde. B. 35. p. 243.

Verblutung aus einem (aneurysmatischen?) Aste der rechten Nierenarterie. Zu gleicher Zeit Wurmaneurysmen der Aorta und vorderen Gekrösarterie; 7monatliches Fohlen.

Wie verschwindend klein die Zahl von 18 Rupturen gegenüber der Häufigkeit der Aneurysmen beim Pferde ist, bedarf keines weiteren Commentars. Unter diesen 18 Fällen erfolgte die Verblutung 15mal in die Bauchhöhle und 3mal in das Darmrohr. Die Aneurysmen der Bauchaorta scheinen weit mehr zu Rupturen disponirt zu sein, als die der vorderen Gekrösarterie; es ist diess darin begründet, dass bei ersteren die Wandung immer verdünnt, bei letzteren dagegen meist verdickt ist.

Da der Tod bei Rupturen in der Regel ganz plötzlich eintritt, so wird man selten in die Lage kommen, eine Ruptur im Leben diagnosticiren zu müssen. Bei plötzlichen Todesfällen, die überdiess mit den gewöhnlichen Erscheinungen einer inneren Blutung: plötzlicher Collaps, kleiner fadenförmiger Puls, Kälte der Extremitäten, Blässe der sichtbaren Schleimhäute etc. eintreten, muss man immerhin an die Möglichkeit einer Berstung des Wurmaneurysma denken. Bei Perforation in den Darm wurde gewöhnlich ein mehr oder minder reichlicher Blutabgang durch den After beobachtet. Da Blutverluste durch den After auch durch anderweitige Momente bedingt sein können, auf die wir später näher zu sprechen kommen, so müssen die begleitenden Umstände bei der Stellung einer Diagnose immer sorgfältig berücksichtigt werden.

Fragt man nach der Ursache, warum Rupturen des Aneurysma equinum so selten erfolgen, so genügt einfach der Hinweis auf die anatomischen Verhältnisse der Aneurysmawandung, deren Hypertrophie im Gegensatz zu den Aneurysmen des Menschen diese Gefahr fast vollkommen ferne hält.

Und so sind wir auf dem Standpunkt angelangt, den die bisherigen Autoren eingenommen haben und den Davaine treffend formulirt, indem er sagt (p. 333): „Généralement l'anévrysme vermineux n'est point grave; la grande épaisseur de ses parois s'oppose à sa rupture. — Cet anévrysme ne donne lieu à aucun phénomène appréciable, à moins que, par exception, il n'ait acquis un grand volume“; oder mit anderen Worten und kürzer: „Das Wurmaneurysma des Pferdes hat nur in jenen höchst seltenen

Fällen eine Bedeutung, in denen es einreisst oder einen sehr grossen Umfang erreicht."

Ist also das Aneurysma, welches bei 90—94% sämmtlicher Pferde vorkömmt, welches den Stamm einer Arterie einnimmt, die nahezu die ausschliessliche functionelle und nutritive Blutquelle für den 27 Meter langen Darmkanal bildet, welches endlich in seinem Innern constant einen wandständigen Thrombus und Fremdkörper (die Pallisadenwürmer) einschliesst, vollkommen bedeutungslos?

Wenn wir diese Frage mit: Ja beantworten müssten, so wäre damit ein Verhältniss constatirt, welches in der Lehre von den Arterienkrankheiten, wie wir sie heute durch die grossartigen und klassischen Arbeiten Virchow's unser Eigenthum nennen, einzig dastünde, welches geradezu als ein Anachronismus bezeichnet werden müsste.

Wem jene Untersuchungen weniger genau bekannt sind, wer nicht wüsste, dass die Resultate Virchow's und seiner Nachfolger (Panum, O. Weber) hauptsächlich auf experimentellem Wege an Thieren gewonnen wurden, der könnte vielleicht auf den Gedanken verfallen, dass dieselben bei dem Pferde und anderen Hausthieren keine Bestätigung finden, dass sie nur für den Menschen gültig seien. Dass dem nicht so sei, bezeugen so zahlreiche Thatsachen, dass man sich die Mühe ersparen kann, über diesen Punkt ernstliche Betrachtungen anzustellen. Der Grund, warum man dem Aneurysma verminosum die gebührende Stellung in der Pathologie der Pferdekrankheiten bisher nicht eingeräumt hat, liegt anderswo und ich kann nur die Worte Förster's[1]) wiederholen, die nach 10 Jahren noch ihre volle Berechtigung haben. Nachdem er darauf hingewiesen, dass die Untersuchungen Virchow's im Gebiete der Thrombenbildungen auch bei den Thieren ihre volle Bestätigung gefunden, fährt er fort: „Freilich haben die neuen aus denselben hervorgehenden Anschauungen noch lange nicht die Verbreitung gefunden, die ihnen gebühren und die alte

[1]) Studien zur vergleichenden Pathologie. Würzburger med. Zeitschrift B. I. p. 293.

Phlebitis und Arteriitis spielen in der Veterinärmedicin wie in der Menschenheilkunde noch eine viel zu grosse Rolle.“ Von diesem Standpunkte aus, von dem der Lehre von der Thrombose und Embolie hoffe ich den Nachweis bringen zu können, dass die klinische Bedeutung des Aneurysma verminosum keine geringe, dass die Symptomatologie desselben eine ungemein mannigfaltige ist. Indem wir zunächst auf die frühere Schilderung der morphologischen Verhältnisse des Thrombus in dem Aneurysma der Pferde verweisen, werden wir die wichtigeren Eigenschaften desselben nochmals einer eingehenden Würdigung unterziehen.

b) Thrombose und Embolie.

Beginnen wir mit der Entstehung des Thrombus in dem Aneurysma equinum, so haben wir zuerst diejenigen Momente in Betracht zu ziehen, die seine Entwicklung und sein Wachsthum begünstigen. Bei jeder Erweiterung des Arterienrohrs entsteht eine Verlangsamung des Blutstroms; circuläre Ausbuchtungen, wie dies bei dem Aneurysma der Pferde häufig der Fall ist, haben in dieser Richtung einen geringeren Effekt, als einseitige und sackige. Dazu kommen die zahlreichen Veränderungen der Innenwand und die Anwesenheit von Fremdkörpern in Gestalt von Würmern, die durch direkte Verletzungen und ihre Bewegungen einen continuirlichen entzündlichen Process in der Intima unterhalten und durch ihre fortwährende Gegenwart keine Heilung zu Stande kommen lassen. Die Bildung eines Thrombus wird ausserdem noch begünstigt durch die mangelhafte Contraction der Arterie, die bei höheren Graden der kalkigen Entartung auf ein Minimum reducirt wird. Wir finden also eine Menge von Faktoren vereinigt, von denen ein jeder für sich zur Entstehung eines Thrombus genügen würde und die vereint gewiss geeignet sind, das constante Vorkommen eines Thrombus zu erklären: es sind dies: 1) die Erweiterung des Arterienrohrs, 2) die entzündliche und atheromatöse Affection der Intima; 3) die mangelhafte Contraction der Wandung; 4) die Gegenwart eines Fremdkörpers.

Eine scheinbare Ausnahme von dem allgemein geltenden

Satze, dass die arteriellen Thromben nur gegen die Peripherie zu wachsen, machen die Ausläufer, die sich nicht selten aus dem Aneurysma der Gekrösarterien in das Lumen der Aorta hinein erstrecken. Bedenkt man, dass das Aneurysma der Gekrösarterien in der Regel unmittelbar am Ursprung aus der Aorta beginnt und auch der Thrombus besonders bei gleichzeitiger Ulceration der Intima an dem Ostium schon seinen Anfang nimmt, so kann man sich die Fortsetzung des Thrombus über das Ostium auch so erklären, dass derselbe nur dem Blutstrom der Aorta folgt, sobald einmal die Grenzlinie zwischen der Blutrichtung der Aorta und der Gekrösarterie überschritten ist (Fig. 10). In einem andern Falle (Nr. 2) jedoch, in welchem der Thrombus des Aneurysma als knollige Hervorragung in das Aortenlumen hineinragte, wird eine solche Erklärungsweise kaum ausreichen, indem der Thrombus auch gegen den Blutstrom der Aorta, gegen die Coëliaca zu sich fortsetzte.

Ehe wir in eine Erörterung der durch die Verstopfung der Gefässe bewirkten Störungen eingehen, ist es nothwendig, die Metamorphosen des Thrombus am Orte seiner Entstehung näher kennen zu lernen. Die Veränderungen desselben lassen sich trennen in progressive — Organisation und regressive — Erweichung.

Ueber die Organisation des wandständigen und geschichteten Thrombus, wie er am häufigsten in Aneurysmen angetroffen wird, ist man im Ganzen wenig unterrichtet. In den Aneurysmen der Menschen trifft man niemals (Rindfleisch) oder sehr selten (O. Weber) Andeutungen von Organisation in den Schichten des Thrombus. Es wurde schon öfters hervorgehoben, dass die Organisation in den äussersten Schichten des Aneurysmenthrombus der Pferde ein sehr häufiges Ereigniss ist, so dass sich dann zwischen den innersten Schichten der entzündlich afficirten Intima und den äussersten des Thrombus keine bestimmte Grenze ziehen lässt. Hie und da finden sich in der Intima der Aneurysmen höckerige, unebene Stellen mit narbigen Vertiefungen die an organisirte und theilweise resorbirte wandständige Thromben denken lassen.

Im Uebrigen sind die physikalischen Verhältnisse bei der Organisation des wandständigen Thrombus nicht identisch mit denjenigen des obstruirenden. Ersterer steht fortwährend unter einem hohen Blutdruck, ein Moment, welches seine Schrumpfung und schliessliche Resorption sicher begünstigt.

Das histologische Detail der Organisation des Thrombus, die ohne Zweifel zu den interessantesten aller pathologisch-histologischen Processe zählt, ist seit Rokitansky der Gegenstand eifriger Controversen. Nachdem Virchow die Entstehung der Bindegewebskörperchen in dem Thrombus aus den farblosen Blutkörperchen gelehrt hatte, während der Faserstoff in das Intercellulargewebe, das leimgebende Bindegewebe sich umwandelt, haben O. Weber, Billroth und Rindfleisch angenommen, dass die Vascularisation des Thrombus durch die weissen Blutkörperchen des Thrombus bewerkstelligt werde; ferner hat Bubnoff[1]) unter Leitung v. Recklinghausen nachgewiesen, dass an der Organisation des Venenthrombus selbst Zellen, die von Aussen in die Vene hineinkriechen, in umfangreichem Masse Antheil nehmen. Auf der anderen Seite wurde fast gleichzeitig von Buhl[2]), Thiersch[3]) und Waldeyer[4]) auf die Betheiligung der Gefässintima bei der Organisation des Thrombus aufmerksam gemacht und Thatsachen beigebracht, die derselben einen grösseren Antheil zutheilten, als man früher annahm. Nach den letztgenannten Forschern ist es sehr wahrscheinlich, dass neben den präexistirenden und von aussen eingewanderten farblosen Blutkörperchen die Intima der Gefässe, die eine Bindegewebsmembran darstellt wie die serösen Häute, an der Organisation des Thrombus einen grossen Antheil hat. Meine Beobachtungen sprechen entschieden für die letztere Ansicht: Der wandständige Thrombus des Wurmaneurysma zeigt bei hochgradigen athero-

---

[1]) Virchow's Archiv. B. 44. p. 462.

[2]) Sitzungsber. der k. bayer. Akademie der Wissensch. 1867. II. p. 139.

[3]) Pitha und Billroth, Handb. d. Chirurgie. B. I. p. 531.

[4]) Virchow's Archiv. B. 40. p. 379.

matösen und sclerotischen zellenarmen Zuständen der Intima nie Spuren von Organisation, dagegen bei acuten und subacuten entzündlichen Affectionen der zellenreichen Intima fast regelmässig solche in seinen äussersten Schichten. Sehr bemerkenswerth ist dabei, dass in den letzteren Fällen die Media und Adventitia häufig durchaus keine acuten entzündlichen Veränderungen, weder Schwellung noch zellige Infiltration zeigen. Es spricht dies entschieden gegen eine Einwanderung farbloser Blutkörperchen von aussen durch die Arterienwandung, die übrigens, wie Billroth[1]) ebenfalls neuerdings hervorhebt, durchaus noch nicht bewiesen ist. Damit soll die Betheiligung eingewanderter farbloser Blutkörper an der Organisation des wandständigen Thrombus durchaus nicht in Abrede gestellt werden. Ich möchte nur auf einen anderen Einwanderungsmodus aufmerksam machen, der bei der Organisation des wandständigen Thrombua wie bei der acuten Endoarteriitis grosser Arterien der häufigere sein dürfte. Ich habe zahlreiche Präparate gewonnen, in denen neben der Abwesenheit des Endothels die Intima im Zustande der acuten Entzündung sich befindet, indem dieselbe verdickt, gelockert erscheint und in den Lücken der elastischen Längsfasern an Stelle der sternförmigen Bindegewebszellen Haufen von jungen Rundzellen eingelagert enthält; daneben ist die Media und Adventitia vollkommen normal. Es ist gewiss naheliegend, hier ebenso wie bei dem wandständigen Thrombus die Einwanderung direkt von dem Lumen der Arterie aus geschehen zu lassen und nicht von aussen durch die normale und derbe Adventitia und Media. Solche Befunde deuten darauf hin, dass man die Frage von der Organisation des Thrombus nicht generell behandeln darf, dass man die Beschaffenheit der Gefässwandung, ihre normalen und pathologischen Eigenthümlichkeiten berücksichtigen muss. Es dürfen daher auch die Resultate, die man an dünnwandigen Venen kleiner Thiere gewonnen hat, nicht ohne Weiteres auf die dickwandigen Arterien grosser Thiere und des Menschen übertragen werden. Ferner muss man die Beschaffenheit des Thrombus, seinen pri-

[1]) Wiener med. Jahrbücher B. 25. p. 1.

mären oder secundären Ursprung, sein schnelles oder langsames Zustandekommen und besonders den Umstand im Auge behalten, ob er partiell und wandständig oder total und obstruirend ist. So scheint bei dem wandständigen Thrombus, wie wir ihn in Aneurysmen finden, der hohe Blutdruck, unter dem derselbe steht, die Organisation desselben wenig zu begünstigen, dagegen zur Resorption und Schrumpfung des organisirten Gewebes wesentlich beizutragen.

Für die Betheiligung der Intima an der Organisation des Thrombus sprechen weiterhin entschieden diejenigen Bilder, die bei acuter Endoarteriitis verminosa förmlich papilläre Wucherungen der Intima (Fig. 12. c.) nachweisen lassen [1]).

Wichtiger für unsere specielle Aufgabe sind die regressiven Metamorphosen des Thrombus, die man als Erweichung und Zerfall desselben bezeichnet. In solchen Fällen erscheint der Thrombus fleischroth oder entfärbt. Durch Anhäufung farbloser Blutkörper an einzelnen Stellen — die hier offenbar durch Einwanderung vom Lumen der Arterie vermehrt werden, — wird die Consistenz des Thrombus sehr vermindert; er wird locker, brüchig und bröcklig, indem gleichzeitig der kittende Faserstoff fettig entartet. Die histologischen Elemente des Thrombus bestehen dann aus farblosen Blutkörperchen, körnigem und fettigem Detritus und auffallend zahlreichen Körnerzellen [2]) und Körnerhaufen.

---

[1]) Für die Fähigkeit der Intima zu selbstständiger Bindegewebsproduktion und ihre organisatorische Leistung habe ich einen weiteren Beleg in einem Falle von Endophlebitis granulosa der Pfortader des Pferdes gewonnen, der an einem anderen Orte beschrieben werden soll.

[2]) Für die in neuerer Zeit zur Geltung gekommene Ansicht, dass die Körnerzellen nicht mehr ausschliesslich als Zeichen der fettigen Degeneration, sondern als keimkräftige Gewebselemente, als junge Kerne mit reichlichen Protoplasma aufzufassen seien, die die Fettkörner aus der Umgebung aufnehmen oder selbst produciren, spricht der Umstand, dass sie in den äussersten Schichten des Thrombus gefunden werden, die den organisirten Theilen am nächsten sind;

An consistenteren Theilen sieht man ausser den farblosen Blutkörpern den Faserstoff intakt oder nur wenig fettig entartet. Ein Vergleich des Thrombus mit rohem gehacktem Fleische ist dann vollkommen am Platze; schreitet der Process weiter vor, so wird die Masse mehr einem weinhefeartigen Brei ähnlich. Diese Processe beginnen in der Regel in den äussersten Schichten des Thrombus und schreiten nach innen vor; sehr selten kommt bei dem Thrombus des Wurmaneurysma eine purulente Erweichung vor. Alle diese Metamorphosen des Thrombus scheinen in der Mehrzahl der Fälle gutartiges Material zu liefern; ob eine faulige Erweichung vorkommen kann, deren Produkte infectiöse Eigenschaften besitzen, vermag ich nicht anzugeben.

Durch allmählige Schrumpfung und Resorption kann der Thrombus ferner allmählig verschwinden, was bei dem wandständigen Thrombus nicht selten der Fall zu sein scheint.

Wie bedeutungsvoll diese Erweichungsprocesse des Thrombus werden können, werden wir später sehen. Sie sind in wandständigen Thromben weit gefährlicher als in obstruirenden, da durch die Berührung mit dem kräftigen Blutstrome embolische Vorgänge eine nothwendige Folge sind, mögen diese nun in dem Stromgebiet der Arterie selbst stattfinden oder in einem Nebengefäss, wie in der Aorta, indem der mürbe gewordene Thrombus in das Lumen derselben hineinragt.

Unter den Veränderungen, zu welchen der wandständige Aneurysmenthrombus führen kann und die wir nun genauer kennen lernen werden, hat man zu unterscheiden: 1) Die in dem Aneurysma selbst und dessen nächster Nähe entstehenden Verstopfungen (die a u t o c h t h o n e n und f o r t g e s e t z t e n T h r o m b e n) und die im Stromgebiet der vorderen Gekrösarterie durch losgerissene und verschleppte Partikel entstehenden Verstopfungen (e m b o l i s c h e T h r o m b o s e n).

---

auch die reichlich vorhandenen freien Fettkörner und Fetttröpfchen bieten genügend Material, wenn eine Aufnahme derselben stattfinden soll.

Autochthone Verstopfung.

Der wandständige Thrombus des Aneurysma, den man fast nie vermisst, kann durch fortwährende Ablagerung neuer Schichten zu einem vollkommen verstopfenden werden, der parietale Thrombus wird zu einem obstruirenden. Durch Wachsthum in die Länge werden, wie wir dies häufig beobachtet haben, abgehende Aeste theilweise oder vollkommen verstopft. Für die Folgen dieser Umwandlung und Fortsetzung kommt Alles darauf an, ob dieselbe allmählig oder plötzlich eintritt. In der Mehrzahl ist ersteres der Fall; die collateralen Blutbahnen behalten Zeit, sich auszudehnen und unterhalten, so lange sie wegsam bleiben, die Circulation. Auf diese Weise können die Gefahren, welche durch Verstopfung der Blutgefässe entstehen, vollkommen ausgeglichen werden. Einen sehr ausgeprägten Fall dieser Art habe ich in Nr. 54 — 56 mitgetheilt, in welchem trotz vollkommener Verstopfung des Stammes der vorderen Gekrösarterie das Leben des Thieres nicht gefährdet wurde. Vollkommen obstruirende Thromben wurden im Ganzen unter 56 Fällen 8mal beschrieben, sind also durchaus nicht selten. Die Mehrzahl derselben waren frischeren Datums und ohne Zweifel mit tödtlichem Ausgange verbunden. Es wurde schon früher betont, dass in solchen Fällen die Beschaffenheit des Thrombus einen Anhaltspunkt bietet, um sein langsames oder schnelles Zustandekommen zu beurtheilen. Dass bei allmähligem Zustandekommen der Verstopfung die Blutzufuhr zu den betroffenen Theilen durch die Eröffnung neuer collateraler Bahnen vermittelt wird, lässt sich auch ohne künstliche Injectionen schon dadurch nachweisen, dass die peripherischen Aeste der Gekrösarterie trotz der vollkommenen Unwegsamkeit des Hauptstammes bald nach ihrem Abgang von dem Stamm wieder für den Blutstrom offen sind. Die Fortsetzung des obstruirenden oder parietalen Thrombus in die abgehenden Aeste oder die einfache Verlegung ihrer Ursprungsmündungen wurde ebenfalls nicht selten beobachtet.

Embolische Verstopfung.

Die Gefahr der wandständigen Thromben im Arteriengebiet

kennen wir hinlänglich aus der Endocarditis des Menschen; dort bedingen die secundären embolischen Vorgänge die schwersten Störungen. Die totalen Verstopfungen der Arterien sind meist ungefährlicher, sie werden höchst selten — unter Einwirkung mechanischer Insulte — eine Quelle von Embolien. Ich werde später mehrere Fälle mittheilen, in denen solche grössere Emboli in den vom Aneurysma abgehenden Arterienästen nachgewiesen werden konnten. Bei Beurtheilung der hier in Betracht kommenden Verhältnisse darf man nicht vergessen, wie schwierig bei der grossen Ausdehnung des Gefässgebietes der vorderen Gekrösarterie der Nachweis eines kleinen Embolus werden kann, während Verstopfungen grösserer Strecken sehr leicht constatirt werden können.

Bei der lockeren, brüchigen Beschaffenheit des Thrombus in unserm Aneurysma, woran die eingeschlossenen Pallisadenwürmer und ihre Bewegungen keinen geringen Antheil haben, sind Losreissungen einzelner Theile des Thrombus schon a priori als keine Seltenheit anzusehen. Einige meiner Beobachtungen sprechen entschieden dafür, dass auch die Würmer als Emboli verschleppt werden können. An Stelle der abgerissenen Stücke des Thrombus können sich wieder neue Auflagerungen bilden; oder es werden zuerst kleinere Stücke abgerissen, die in feineren Aesten stecken bleiben, später grössere, die zur Verstopfung grösserer Aeste führen; durch gleichzeitige Ablösung ganz kleiner Partikel entstehen zahlreiche capilläre Embolien.

Die losgerissenen Stücke (Embolie) bleiben meist an einer Theilungsstelle des Gefässes stecken; solche Stellen nennt Virchow „embolische Punkte“ als von Natur aus zu Embolien prädisponirte Stellen, indem durch Abgabe grösserer Aeste eine plötzliche Verengerung des Arterienrohrs entsteht. Einen Embolus an einer Theilungstelle nennt man einen „reitenden Embolus“; derselbe kann durch Anlagerung neuer Blutgerinnsel zu einem obstruirenden werden.

Umgekehrt kann der total obstruirende Thrombus durch verschiedene Arten der Rückbildung zu einem partiellen, wandständigen werden, ein Vorgang der besonders bei Thrombose der

Vena spermatica im Puerperalfieber des Weibes häufig zur Beobachtung kömmt.

c) Folgen der Embolie und Thrombose der Darmarterien.

Welche Erscheinungen beobachten wir in Folge der plötzlich eintretenden Verstopfung einer Darmarterie?

Durch die experimentellen Untersuchungen von Virchow, Panum und O. Weber, sowie durch zahlreiche klinische und pathologisch-anatomische Erfahrungen ist es uns möglich, diese Frage beantworten zu können. Die Hauptfaktoren die hier in Betracht kommen, sind die Grösse und die chemisch-physikalische Beschaffenheit der verstopfenden Partikel. Versuchen wir einen Ueberblick über diese Verhältnisse zu geben, die uns das Verständniss der späteren Anwendung auf die Störungen im Gebiete des Wurmaneurysma wesentlich erleichtern sollen.

Während die Grössenverhältnisse und die physikalischen Eigenschaften des Embolus, dessen Quelle der wandständige Thrombus des Wurmaneurysma ist, sehr differiren können, scheinen die chemischen Eigenschaften desselben derartige zu sein, dass sie in der Regel keine schlimmen Folgen haben.

Die nächste Folge einer embolischen Verstopfung ist, dass sich die Arterie um den Embolus rasch zusammenzieht, so dass das Lumen des Gefässes mehr oder weniger vollkommen verschlossen ist und das jenseits des Embolus peripherisch gelegene Gefässgebiet durch die aufgehobene arterielle Blutzufuhr augenblicklich eine auffallende Blutleere zeigt. Durch die aufgehobene vis a tergo entsteht sehr schnell durch collaterale Fluxion sowie durch Rückstauung des Venenblutes eine hochgradige venöse Blutfülle, die mit seröser Exsudation und durch Gefässzerreissung mit Blutaustritten verbunden ist. Am häufigsten und bekanntesten sind die auf diese Weise entstandenen hämorrhagischen Infarkte der Lungen, der Milz und der Nieren, die den Beginn der sogenannten metastatischen Abscesse darstellen. Je nach der Consistenz des betroffenen Organs kommen die hämorrhagischen Infiltrate schneller oder langsamer zu Stande. Die von der arteriellen Blutzufuhr abgeschnittenen Theile erleiden natürlich sofort eine Störung ihrer Ernährung, die sich durch die folgenden anatomischen und functionellen Störungen dokumentirt. Ist der Embolus klein und ohne reizende Einwirkungen, so gleichen sich die anatomischen und funktionellen Störungen bald wieder aus, indem sich rasch ein Collateralkreislauf ausbildet. In anderen Fällen, wo dieses Verhältniss nicht stattfindet, treten die verschiedenartigsten Ernährungsstörungen auf, die sich je nach ihrem acuten oder chronischen Verlaufe verschieden gestalten. Man findet hauptsächlich ödematöse, hämorrhagische, entzündliche und eitrige Zustände, die bei vollkomener Stase bis zur Nekrose, zum Brand sich steigern können. Die functionellen Symptome sind je nach dem Organ und der Ausdehnung des verstopften Gefässgebietes überaus verschieden. Man beobachtet Schmerzen, die sehr heftig sind oder auch den rheumatischen sehr ähnlich sind, Anästhesie und Hyperästhesie, Zuckungen, Krämpfe, vollkommen oder theilweise Lähmung (Paralyse und Parese). Diese Störungen sind häufig auch remittirend je nach der physiologischen Arbeit der betreffenden Organe. Eine Vorstellung von dem wechselnden Bilde der functionellen Störungen geben uns die mannigfachen Erscheinungen, die wir bei der Thrombose der Cruralarterien der Pferde beobachten. Die Mannigfaltigkeit dieser Erscheinungen ist weiter noch abhängig von dem partiellen oder vollständigen, langsamen oder schnellen Zustandekommen, von Nachschüben der Thrombosen etc. Charakteristisch für die embolischen Störungen ist, dass sie plötzlich auftreten, während autochthone Thromben allmählig auftretende Störungen zur Folge haben.

Von der grössten Wichtigkeit bei Beurtheilung der embolischen Processe ist die physiologische Bedeutung des betroffenen Organs. — So können ausgedehnte embolische Verstopfungen der Lungenarterien oder der Coronararterien des Herzens augenblicklichen Tod herbeiführen; die Embolie der Hirnarterien ist häufig mit apoplectischen Zufällen verbunden, das lethale Ende tritt meist erst secundär ein.

Im Ganzen ertragen Organe mit coordinirten Functionen wie:

Nieren und Lungen, leichter Embolien als solche mit ›specifischen‹ wie Gehirn, Muskeln und fügen wir hinzu der Darmtractus.

Eine grosse Rolle spielen die Collateralverhältnisse der Arterien. Sind dieselben wenig entwickelt wie z. B. im Mesenterium und Darm, so treten selbst bei Verstopfungen der Arterien durch gutartige Pfröpfe die erheblichsten Störungen ein. Während einige Organe, wie Leber und Lunge, functionelle und nutritive Gefässe besitzen, ist dies beim Darm nicht der Fall. Die Gekrösarterien vermitteln die Ernährung der Darmwandungen und die wichtigen Functionen derselben zu gleicher Zeit; dem entsprechend sind die Circulationsstörungen in denselben von weit schlimmeren Folgen begleitet als in den Arterien anderer Organe.

Wenn die Folgen der Embolie und Thrombose nach dem anatomischen Bau und der physikalischen Beschaffenheit des betroffenen Organs, nach dem Gefässreichthum desselben so wesentlich differiren, so lässt sich schon im Voraus annehmen, dass bei Verstopfungen der Gekrösarterien, die wir zunächst betrachten wollen, ganz besondere Veränderungen stattfinden müssen. Die grosse Flächenausdehnung des Darmes, die weiche Beschaffenheit seiner Wandungen, das ausgebildete feine Capillarnetz der Darmschleimhaut sowie die Gefässeinrichtungen des Darmes überhaupt bedingen an und für sich eine durch viele Thatsachen bewiesene Disposition der Darmschleimhaut zu Blutungen und serösen Infiltrationen; dass hiezu die eigenthümlichen Verhältnisse des Pfortaderkreislaufes nicht wenig beitragen, ist leicht begreiflich.

Die experimentellen Untersuchungen von Cohn[1]) und Panum[2]) haben über die Thrombose und Embolie der Gekrösarterien im Allgemeinen folgende Resultate ergeben. Unterbindet man eine Gekrösarterie oder bringt eine künstliche Embolie

---

[1]) Klinik der embol. Gefässkrankheiten. Berlin 1860. p. 546.

[2]) Virchow's Archiv B. 25. p. 308 u. 433. 1862.

derselben zu Stande, so findet man den betreffenden von der arteriellen Blutzufuhr abgeschnittenen Darmtheil blauroth gefärbt, seine Scheimhaut serös und blutig infiltrirt, bedeutend verdickt, auf der Oberfiäche manchmal verschorft; der Darminhalt ist missfarbig, blutig gefärbt. Der Peritonealüberzug ist hyperämisch, mit blutigen Flecken durchsetzt, nicht selten entzündet (Cohn). Panum fand bei Hunden, bei denen er künstlich Embolien der Gekrösarterien hervorgebracht hatte: Starke Röthung der Darmschleimhaut, Ecchymosen und Blutextravasate, Schwellung derselben, dieselbe hie und da mit gelblichem Exsudate oder mit Geschwüren bedeckt, ein dunkelmarmorirtes Aussehen, ferner regelmässig blutigen Darminhalt, zahlreiche Ecchymosen im Peritoneum in verschiedener Ausdehnung, schwarzrothe Färbung der Mesenterialdrüsen; in einem Falle eine enorme Ausdehnung des Dickdarms. — Die Hyperämie der Gefässe bei Embolie der Gekrösarterien fand Panum nicht auf der Herzseite der Verstopfung, sondern sie erstreckte sich von der Stelle der Embolie durch die kleineren Arterien und die Capillaren der Zotten und der Darmschleimhaut, durch die Pfortaderwurzeln in die Pfortader hinein, deren Hauptstamm ungeheuer ausgedehnt und in seinen Wandungen blutig infiltrirt war. Die enorme Blutüberfüllung der Darmschleimhaut jenseits der Verstopfungsstelle und den abnorm gesteigerten Blutdruck in der Pfortader erklärt sich der scharfsinnige dänische Forscher folgendermassen: Die Anstauung des Blutes in der Pfortader und die Steigerung des Blutdruckes in derselben (schon von Emmert nach Unterbindung und von Virchow nach Embolie von grösseren Aesten der Gekrösarterien beobachtet) könnte durch eine Steigerung des Druckes in den Leberkapillaren oder durch eine Verminderung desselben in den Darmkapillaren bewerkstelligt werden. Beides ist jedoch nicht der Fall; die Leberkapillaren sind frei und durchgängig, und durch die Embolie ist die Masse des in die Pfortader einströmenden Blutes vermindert. Als normale Triebkräfte für die Circulation des Pfortaderblutes fungiren ausser der Inspiration (Donders), die den Druck in der Lebervene, indem sie in die untere Hohlvene einströmt, wesentlich vermindert, noch die Darmmusculatur (namentlich die Zottenbewegungen) und die Triebkraft des Leberarterienblutes. Da beide und besonders die erstere durch die Embolie wesentlich paralysirt werden, so könne man so ungezwungen die enorme Blutüberfüllung der Darmschleimhaut und den abnorm gesteigerten Blutdruck in der Pfortader erklären. — Cohn dagegen leugnet jede venöse Rückstauung, sondern sucht die Blutüberfüllung ausschliesslich durch collaterale Fluxion zu erklären; wie mir scheint, mit Unrecht.

Ich glaube hier auf einige Momente aufmerksam machen zu müssen, die für die Erklärung der enormen Stauungsphänomene im Pfortadergebiet nicht ohne Belang sein dürften. Das durch die arterielle Embolie betroffene Gefässgebiet verhält sich wie ein blindes Anhängsel des Stromgebietes der Pfortader; da diese normal schon unter einem sehr hohen Druck steht, so werden dem entsprechend auch die Stauungserscheinungen intensiver sein als in den Körpervenen unter sonst gleichen Verhältnissen. Nun besitzt die Pfortader weder bei dem Menschen noch bei den kleinen Thieren, die zu den Experimenten benutzt wurden, Klappen; der Mangel dieser Vorrichtungen bedingt nothwendig einen höheren Grad der Blutanstauung als dies in den Körpervenen der Fall ist, die mit Klappen versehen sind. Die grossen Hausthiere, das Pferd und Rind, besitzen entgegen der Angabe von Leyh [1]) allerdings Klappen, wie schon Remak u. Colin angegeben haben. Dieselben sind jedoch in so geringer Zahl an den grossen Stämmen vorhanden, dass sie sehr wenig in's Gewicht fallen. Ferner wird bei den Pflanzenfressern die Lähmung der Darmmusculatur, auf welche Panum ein Hauptgewicht legt, nicht bloss durch die direkten Folgen der Embolie, sondern auch durch den rasch eintretenden hochgradigen Meteorismus selbst in jenen Darmtheilen, die nicht von der Embolie oder Thrombose der Arterien betroffen werden, in hohem Grade befördert und damit eine wesentliche Triebkraft des Pfortaderstroms paralysirt und zwar direkt durch Lähmung der Darmmusculatur indirekt durch Behin-

[1]) Handbuch der Anatomie der Hausthiere. 2. Aufl. 1859. p. 52.

derung der Inspiration. — Endlich begünstigt die geringe Consistenz der Darmwandung und des Gekröses, die wenig Widerstand zu leisten vermögen, ebenfalls das rasche Zustandekommen der serösen und hämorrhagischen Infiltration. — Ausser den von Panum aufgestellten Ursachen der enormen Stauungserscheinungen im Pfortadergebiete bei Embolie der Gekrösarterien nehme ich also noch an: 1) die klappenlose (oder klappenarme) Beschaffenheit der Pfortader, 2) den rasch auftretenden Meteorismus (besonders beim Pflanzenfresser) und 3) die geringe Consistenz der Darmwandung und des Gekröses.

In einigen Fällen hat Panum auch eine gangränose Zersetzung derjenigen Schleimhautpartien beobachtet, denen die Blutzufuhr durch embolische Verstopfung der Arterien abgeschnitten war. Er fand dann eine Zerstörung des Epithels und einen theilweisen Zerfall des Schleimhautparenchyms. Obgleich Panum die durch die Embolie bedingte Lähmung der Darmperistaltik für die Erklärung der Blutstauung in der Pfortader verwerthet, hat er einen Punkt bei seinen Schlussfolgerungen unberücksichtigt gelassen, der sicher bei der Embolie der Darmarterien eine grosse Rolle spielt. Es ist dies die durch die Darmlähmung verursachte gehemmte Bewegung des Darminhalts, die bei Verstopfung grösserer Arterienäste in ihren Folgen einer Darmstenose, wie wir sie bei Incarcerationen eines Darmtheiles kennen, vollkommen gleichzustellen ist. Eine Auftreibung des Darmes durch Gase, die mit einer Darmlähmung immer verbunden ist, finde ich nur in 2 Fällen erwähnt; es dürfte dies darin begründet sein, dass bei Hunden als Fleischfressern überhaupt eine geringe Gasentwicklung im Darme eintritt. — Die Uebelkeit und das Erbrechen, welches Panum in Folge der Embolie der Darmarterien entstehen sah und die er als Reizerscheinung in Folge der Hyperämie des Darms und der Kreislaufs- und Ernährungsstörung des Darmkanals ansieht, lassen sich ungezwungener durch die Darmstenose und die consecutiven antiperistaltischen Bewegungen erklären. — Blutige Diarrhoë wurde von P. nur in einem Falle beobachtet.

Fragen wir nun, inwieweit diese experimentellen Untersuchungen durch klinische und pathologisch-anatomische Beobachtungen am Menschen ergänzt und bestätigt wurden, so ist das bis jetzt vorliegende Material über Embolie und Thrombose der Gekrösarterie noch zu unvollständig, um ein wohlcharakterisirtes, scharfes Krankheitsbild entwerfen zu können.

Nachdem Tiedemann, Virchow (Gesammelte Abhandlungen), Beckmann, Cohn und Oppolzer Fälle von Embolie und Thrombose der Gekrösarterien, die theilweise nicht lethal verliefen, mitgetheilt hatten, haben Gerhardt[1]) und Kussmaul[2]) auf Grund neuer Beobachtungen sich bemüht, die Symptomatologie dieser interessanten und schwer zu diagnosticirenden Krankheit festzustellen. Im Ganzen sind bis jetzt mit Einschluss der neuesten Beobachtungen von Pieper[3]), Moos[4]) und Hegar[5]) 13 Fälle von Embolie und Thrombose der Darmarterien beim Menschen beschrieben.

Die in diesen Fällen gefundenen pathologisch-anatomischen Veränderungen entsprechen den oben mitgetheilten künstlich hervorgerufenen: Man fand abwechselnd Hyperämie, Hämorrhagie, Schwellung der Darmschleimhaut; ferner nekrotische Vorgänge auf der Schleimhaut, manchmal blutigen Darminhalt, hämorrhasche Infiltration des Gekröses; leichte Peritonitis mit flüssigem Exsudat, starke Füllung der Pfortader und ihrer Aeste. Was die Erscheinungen im Leben betrifft, so hat Kussmaul als klinische Anhaltspunkte für die Embolie der Gekrösarterien aufgestellt:

Vorhandensein einer Quelle der Embolie, reichliche Darmblutungen, die anderweitig nicht erklärt werden können, rasches Sinken der Körperwärme, kolikartige und heftige Schmerzen im Unterleibe, tympanitische Auftreibung des Bauches, Embolien an-

---

[1]) Würzb. medic. Zeitschrift B. 4. p. 141.

[2]) » » » B. 5. p. 210.

[3]) Medicin. Centralzeitung 1865. Nr. 57.

[4]) Virchow's Archiv B. 41. p. 58.

[5]) » „ B. 48. p. 332.

deren Arterien, mitunter von aussen fühlbare Blutsäcke zwischen dem Mesenterium. — Kussmaul hält die Diagnose auf Embolie der Gekrösarterien für zulässig, wenn unter Umständen, die überhaupt an eine Embolie denken lassen, Symptome von Darmblutung, Enteritis oder selbst Peritonitis auftreten, ohne dass ein anderer Grund für die Entstehung dieser Zufälle gefunden werden kann.

Das Bild der Embolie der Gekrösarterien ist übrigens ein sehr wechselndes. So wurden von Virchow, Beckmann und Moos Kolikerscheinungen, Stuhlretardation und häufiges Erbrechen, von Cohn anstatt der blutigen Stühle Durchfälle beobachtet; die Darmblutungen fehlen häufig. Hegar hat bei einer Embolie der arter. mesent. infer. (die früheren Fälle bezogen sich fast nur auf die art. mesent. sup.) besonders das plötzliche Auftreten der Erscheinungen, theerartige Stühle, heftige Kolikschmerzen wie bei Dysenterie mit Erbrechen beobachtet; der Mangel bedeutender Blutungen wird mit Recht vorzugsweise der Kleinheit des Stromgebietes und der Leichtigkeit der Wiederherstellung eines Collateralkreislaufes zugeschrieben. — Die klinischen Erscheinungen gehen, wie uns diese Beobachtungen beweisen, in ihrer Mannigfaltigkeit Hand in Hand mit den verschiedenen anatomischen Störungen, die ihrerseits wieder von der Zahl und Grösse der Embolie, ihrer chemischen Beschaffenheit, von der Möglichkeit einer collateralen Circulation etc. abhängen.

Ehe wir nun versuchen, den Zusammenhang des Wurmaneurysma mit thrombotischen und embolischen Vorgängen thatsächlich zu begründen, ist es nothwendig uns zuvor mit einem Symptomencomplex bekannt zu machen, der uns eingehender beschäftigen soll, mit der sogenannten »Kolik« der Pferde.

B. Die Kolik der Pferde.

I.

Literatur: Vergl. die Hand- und Lehrbücher der speciellen Pathologie und Therapie von Haubner, Hering, Röll und Spinola; ferner Bruckmüller, Lehrbuch der path. Zootomie. Wien 1869. Unter den zahlreichen Journalaufsätzen und Monographien sind hervorzuheben: Bruckmüller, die Kolik in path. anat. Beziehung, Vierteljahrsschrift für wissenschaftliche Veterinärmedizin B. 1. p. 48; Röll, über innere Hernien und Darmeinschiebungen bei Pferden, ibid. B. 2. p. 133. Ullrich, Monographie der Kolik, Magazin für die ges. Thierheilkunde B. 16. p. 85 (gibt zugleich einen geschichtlichen Ueberblick mit Angabe der älteren Literatur). Vergl. ferner die Jahresberichte der Thierarzneischulen zu Wien, Berlin, München, Dresden und Stuttgart.

Die „Kolik" der Pferde[1]) ist nicht allein die häufigste, sondern auch die gefährlichste Krankheit des Pferdegeschlechts. Sie ist eine sowohl von dem Thierarzt, wie von dem Laien mit Recht gefürchtete Krankheit, da Prophylaxis und Therapie ihr häufig ohnmächtig gegenüberstehen. Wiewohl der Name Kolik (von Co-

---

[1]) Um dem Vorwurf zu entgehen, als beruhten die nachfolgenden Mittheilungen nur auf theoretischer Unterlage und entbehrten der eigenen Beobachtung, bemerke ich, dass ich während eines $^3/_4$ jährigen Aufenthalts zu Wien hinlänglich Gelegenheit hatte, an dem reichen Material des dortigen Thierarzneiinstituts eigene Beobachtungen zu machen.

lica, Enteralgie, Darmschmerz) nur ein Symptom einer Darmaffection bezeichnet, die sich durch heftige Schmerzäusserungen der Thiere zu erkennen gibt, so hat sich derselbe im Laufe der Zeit so eingebürgert, dass es ein fruchtloses Unternehmen wäre, gegen diesen Namen anzukämpfen. Sobald nur immer mit dem Namen der richtige Begriff verbunden ist, dass die „Kolik" unter allen Umständen nur das Symptom eines pathologischen Prozesses bezeichnet, erscheint der Name insofern nicht unglücklich gewählt, als er das am meisten in die Augen fallende Symptom hervorhebt und überdies der ursächliche Prozess häufig in den dicken Gedärmen und besonders im Colon seinen Sitz hat. Eine erschöpfende Darstellung der Lehre von der Kolik zu geben, liegt durchaus nicht in meiner Absicht; ich werde aus den allgemein bekannten und constatirten Thatsachen nur das hervorheben, was für die specielle Aufgabe dieser Untersuchung von Belang ist. Es wurde schon oben bemerkt, dass die Kolik der Pferde die häufigste und gefährlichste Krankheit der Pferde sei. Um dieser allgemeinen Annahme in bestimmten Zahlen einen Ausdruck geben zu können, habe ich aus den Jahresberichten mehrerer Kliniken einige statistische Notizen zusammengestellt, deren Mittheilung hier am Platze sein dürfte.

1) Statistisches über Morbilität und Mortalität; die Häufigkeit und Gefährlichkeit der Kolik.

Unter 7693 innerlich kranken Pferden, die im Laufe von 11 Jahren [1]) in der Klinik der Berliner Thierarzneischule behandelt wurden, litten 2245 an Kolik und Darmentzündung = 29% der innerlich Kranken; von diesen 2245 mit Kolik behafteten Pferden standen um: 462 Thiere = 20,6% der Gesammtkoliken.

Unter 11,291 innerlich kranken Patienten, die in der Wiener Klinik innerhalb 9½ Jahren [2]) zur Behandlung kamen,

[1]) 1835, 1839, 18$^{56}/_{57}$, $^{57}/_{58}$, $^{60}/_{61}$, $^{61}/_{62}$, $^{62}/_{63}$, $^{63}/_{64}$, $^{64}/_{65}$, $^{65}/_{66}$ und $^{66}/_{67}$. (Magazin für die ges. Thierheilkunde).

[2]) 18$^{56}/_{57}$ (6 Monate), $^{57}/_{58}$, $^{58}/_{59}$, $^{59}/_{60}$, $^{60}/_{61}$, $^{61}/_{62}$, $^{63}/_{64}$, $^{64}/_{65}$ $^{65}/_{66}$ und $^{67}/_{68}$. (Vierteljahrsschrift für wissenschaftl. Veterinärmedizin).

waren 5304 Fälle von Kolik[1]) = 48% der innerlich Kranken; davon sind umgestanden: 569 Thiere = 10,7% der Gesammtkoliken.

Unter 5393 innerlich und äusserlich kranken Pferden, die im Laufe von 19 Jahren[2]) in der Stuttgarter Klinik behandelt wurden, werden 1088 als an Kolik und Darmentzündung leidend aufgeführt = 20,2% des Gesammtkrankenstandes. Tödtlich verliefen 184 Kolikfälle = 17% der Gesammtkoliken = 42% der Gesammttodesfälle, die sich auf 441 beliefen. Während von 4307 sonstig (innerlich und äusserlich) Erkrankten nur 257 = 6% umstanden, zeigt die Rubrik Kolik und Darmentzündung ein Mortalitätsprocent von = 17%.

Während eines Zeitraumes von 9 Jahren[3]) befanden sich unter 41,648 innerlich und äusserlich kranken Pferden der dänischen Armee[4]) 3276 Fälle von Kolik und Darmentzündung = 8%; davon verliefen tödtlich 372 Fälle = 11% derselben. Diese auffallend geringe Zahl der Kolikfälle erklärt sich durch die grosse Zahl der chirurgischen Uebel, welchen Militärpferde unterworfen sind.

Unter 1673 innerlich kranken Pferden, die im Laufe von 14 Jahren im k. bayer. 3. Artillerieregiment[5]) behandelt wurden, befanden sich 944 Koliken = 56, 5%; davon endeten tödtlich 18 Fälle = 2%. Sucht man Durchschnittszahlen dieser 14 Jahre zu gewinnen, so ergeben sich bei einem jährlichen Pferdestand von

---

[1]) Kolik und Darmentzündung fallen unter eine Rubrik und werden in der Wiener Schule nicht getrennt.

[2]) $18^{39}/_{40}$—$18^{56}/_{57}$ und $18^{60}/_{61}$. (Repertorium der Thierheilkunde).

[3]) 1851—60.

[4]) Ringheim, Tidsshrift for Vetcrinairer 1868 und Repertor. der Thierheilkunde. B. 30. p. 181.

[5]) Diese Notiz verdanke ich durch Vermittlung des Hrn. Professor Franck der Güte des Hrn. Veterinärarztes Schwarzmeier; sie umfasst die Jahre 1851 – 1858 und 1860 – 1865 (inclus.) — Die Jahre 1859 und 1866 habe ich unberücksichtigt gelassen, da in Folge abnormer Verhältnisse (Mobilmachung) die Zahl der innerlich Kranken durch epizootische Krankheiten sehr erheblich gesteigert wurde.

691 Pferden: 120 innerlich Kranke, darunter 67 Koliken und unter letzteren 1,3 Todte. Diese ausserordentlich günstigen Verhältnisse in Bezug auf Mortalität lassen sich wohl theilweise dadurch erklären, dass auch die leichtesten Kolikanfälle, die in Kliniken gar nicht zur Behandlung kommen, behandelt und notirt wurden.

Gruppiren wir diese Zahlen übersichtlich, so erhält man folgende Resultate:

	Innerlich Kranke.		Kolik u. Darmentzündung.
Berliner Klinik:	7,693	davon	2,245 = 29%
Wiener Klinik:	11,291	„	5,304 = 48%
Summa	18,984	„	7,549 = 40%

d. h.: **unter 100 innerlich kranken Pferden befinden sich 40 Kolikpatienten.**

Die Zahlen der Stuttgarter Klinik und der dänischen Armee konnten hier nicht berücksichtigt werden, da bei beiden die Zahl der chirurgisch Kranken nicht ausgeschieden ist. Rechnet man die leichten Kolikfälle noch hinzu, die in Kliniken weniger häufig zur Beobachtung kommen, so erhöht sich das Procentverhältniss der Kolikpatienten unter sonst sehr günstigen Verhältnissen (Militärpferde sind durchschnittlich jung, gesund und erfreuen sich der besten Pflege und Wartung) von 40 bis auf 56% sämmtlicher innerlich kranker Pferde (3. bayer. Artillerieregiment).

Das Mortalitätsverhältniss der Koliken, welches selbstverständlich durch locale Verhältnisse[1]) ungemein beeinflusst wird, stellt sich folgendermassen dar:

	Kolikpatienten:[2])		darunter Todte	% Verhält.
Berliner Klinik:	2245	(in 11 Jahren)	— 462	= 20,6%
Stuttgarter Klinik:	1088	(in 19 „)	— 184	= 17,0%
Dänische Armee:	3276	(in 9 „)	— 372	= 11,0%
Wiener Klinik:	5304	(in 9½ „)	— 569	= 10,7%
3. Artillerieregiment:	944	(in 14 „)	— 18	= 2,0%
Summa:	12,857		— 1625	= 13%

[1]) So erhalten die Kliniken meist nur schwere Fälle oder es werden aus gewissen Gründen die Thiere nicht selten schon moribund dahin überbracht.

[2]) Für Berlin, Stuttgart und die dänische Armee sind die Darment-

das heisst: **unter 15 Fällen von Kolik endigen zwei tödtlich.**

Um das Verhältniss der Kolikmortalität zur Gesammtmortalität bestimmen zu können, habe ich eine Zusammenstellung der Sectionsergebnisse der Wiener pathologisch-zootomischen Anstalt gemacht, die einen Zeitraum von 14 Jahren [1]) umfasst: Unter 3010 Sectionen von Pferden befanden sich 882 = 29,3%, die an Lageveränderungen, Rupturen, Entzündungen des Bauchfells, der Darmschleimhaut etc. zu Grunde gegangen waren, oder mit anderen Worten, die im Leben Kolikerscheinungen gezeigt hatten. Auf den ersten Blick erscheint dies Procentverhältniss ziemlich niedrig; eine wesentliche Modification dieser Zahl ergibt sich jedoch, wenn man die grosse Zahl der zu Wien vorkommenden Rotz- und Wurmfälle in Abrechnung bringt. Eine ganz genaue Angabe der Rotzfälle, die in solcher Zahl gewiss als abnorm bezeichnet werden kann, vermochte ich nach den Tabellen nicht zu machen. Es wird jedoch der Wahrheit sehr nahe kommen, wenn man annimmt, dass sich unter obigen 3010 Sectionen im Verlaufe von 14 Jahren über 700 Fälle von Rotz und Wurm befanden. Bringt man diese abnorme Zahl auser Ansatz, so steigert sich das oben angegebene Procentverhältniss der Koliksectionen von 29,3 auf nahezu 40% der Gesammtsectionen. Eine ganz ähnliche Zahl ergeben die Sectionen zu Stuttgart; unter 441 Sectionen, die dort innerhalb 19 Jahren gemacht wurden, befanden sich 184 Kolikfälle = 42%. Ebenso hat **Bruckmüller** [2]) bei einer kleineren Zahl gefunden, dass von 194 im Jahre $18^{50}/_{51}$ an Krankheiten umgestandenen Pferden 77 = 40% zur Kategorie der Koliken und Darmentzündung gehörten.

Es wiederholen sich also am Sectionstisch die aus den klinischen Berichten gewonnenen Zahlen genau. Dort fanden wir — unter Zugrundelegung einer Zahl von nahezu 19,000 Patienten — **dass unter 100 innerlich kranken Pferden 40 an**

---

zündungen ebenfalls zu den Koliken gerechnet, während dieselben in Wien ohnehin unter eine Rubrik gestellt werden.

[1]) $18^{51}/_{52}$ – $18^{65}/_{66}$ inclus. und $18^{67}/_{68}$.

[2]) Vierteljahrschrift für wissensch. Veterinärmedizin. B. 1. p. 50.

Kolik leiden; hier ergibt sich — auf Grund einer Zusammenstellung von nahezu 3000 Sectionen — dass unter 100 umgestandenen Pferden 40 an Kolik resp. ihren Ursachen und deren Folgen zu Grunde gehen. Sowie also unter 5 innerlich kranken Pferden sich immer 2 Kolikpatienten befinden, so sind unter 5 überhaupt umgestandenen Pferden 2 an Kolik gestorben; ferner haben wir gefunden, dass unter 100 Kolikpatienten 87 genesen und 13 zu Grunde gehen, d. h. unter 15 Kolikpatienten sterben 2.

Diese Zahlen sprechen deutlich: sie beweisen unwiderleglich, dass die „Kolik" nicht allein die häufigste, sondern auch die gefährlichste Krankheit der Pferde ist. Dazu kommt noch, dass dieselbe durchaus nicht auf einzelne Länder und Gegenden beschränkt ist, sondern überall, wo es Pferde gibt, wenigstens in den civilisirten Ländern Europa's, gleich häufig und gefährlich auftritt. Gestützt auf obige Statistik kann man sagen, dass es weder unter den epizootischen noch unter den sporadischen Krankheiten des Pferdegeschlechtes eine Krankheit gibt, die nur annähernd ähnliche Opfer fordert, wie die sogenannte „Kolik." Auch unter den Krankheiten der übrigen Hausthiere und des Menschen findet man in Bezug auf Häufigkeit und Bösartigkeit kaum einen analogen Process. Welche Verluste in wirthschaftlicher Beziehung diese Krankheit bringt, lässt sich schwer abschätzen, besonders wenn man ausser der hohen Mortalität noch die Nachtheile in Anrechnung bringt, die durch verlorene Arbeitszeit, Kurkosten etc. entstehen. Nimmt man die Zahl der Pferde im Königreiche Bayern auf 400,000 an (nach amtlichen Erhebungen besass Bayern im Jahre 1863 380,000 Pferde), die Zahl der jährlich an Kolik zu Grunde gehenden Pferde auf 0,2% — es ist gewiss nicht zu hoch gegriffen, wenn man auf 1000 Pferde jährlich 2 Todesfälle durch Kolik rechnet [1]) — und veranschlagt den Werth eines Pferdes

---

[1]) Nach einem Durchschnitte von 14 Jahren kommen auf 691 Militärpferde jährlich 1,3 tödtliche Kolikfälle.

durchschnittlich auf 150 fl., so entziffert sich für Bayern ein jährlicher Verlust von 120,000 fl. Reducirt sich diese Summe durch die verwerthbaren Theile der Cadaver auch um eine kleine Summe, so bleibt immerhin noch ein Verlust von über 100,000 fl. allein durch die Todesfälle. Die wirthschaftlichen Nachtheile, welche weiterhin durch die nicht lethal endigenden Fälle entstehen, lassen sich einmal darnach bemessen, dass 40% sämmtlicher innerlich kranker Pferde an Kolik leiden und zweitens nach dem Resultate einer Durchschnittsberechnung von 14 Jahren über den Krankenstand des erwähnten Artillerieregiments; es fanden sich dort jährlich unter 691 Pferden 67 Kolikpatienten = 10%. Der Umstand, dass hier auch alle leichteren Affectionen eingerechnet wurden, wird gewiss reichlich dadurch aufgewogen, dass bei Militärpferden die sorgfältigste Pflege und Wartung stattfindet und gerade bei ihnen am wenigsten diejenigen Ursachen wirken können, wie z. B. Fehler in der Fütterung etc., die man gewöhnlich als Ursachen der Kolik annimmt. Nach diesem Procentverhältniss müssten in Bayern jährlich 40,000 Pferde an Kolik leiden.

Abgesehen von dem hohen wissenschaftlichen Interesse bedarf es demnach keiner besonderen Rechtfertigung, wenn man den Versuch macht, den ursächlichen Verhältnissen dieser bösartigen Krankheit nachzuforschen. Bevor wir uns mit dieser schwierigen Aufgabe beschäftigen, werden wir eine gedrängte Schilderung der sogenannten Kolikerscheinungen vorausschicken.

2) Erscheinungen der „Kolik."

Wir haben schon früher bemerkt, dass man gewohnt ist, unter dem Namen der Kolik verschiedene Symptome zusammenzufassen, denen als Gemeinsames der Schmerz im Hinterleibe zukömmt. Da Schmerzen im Dünndarm oder Magen sich ebenso äussern wie solche im Dickdarm, so hat man den Begriff Kolik, der strikte nur Schmerzen im Dickdarm bedeutet, auch auf jene übertragen; ja man geht noch einen Schritt weiter und spricht auch von Nieren-Blasen-Uterinkolik etc. (falsche Koliken). Ohne uns in Erörterungen über die Berechtigung dieser Benennungen einzulassen, halten wir unter allen Umständen daran fest, dass Kolik einen Schmerz im Hinterleibe bedeutet, dessen Ursachen sehr verschieden sein können; derselbe entsteht immer durch abnorme Erregung sensibler Darmnerven, hat in den Darmwandungen seinen Sitz, kehrt meist anfallsweise wieder, gibt sich beim Pferdegeschlecht durch Unruhe des Kranken zu erkennen und ist meist mit verzögerter oder völlig aufgehobener Darmentleerung verbunden.

Da es noch vielfach gebräuchlich ist, zwischen Kolik und Darmentzündung einen Unterschied aufzustellen, wofür besonders das Auftreten von Fiebersymptomen und das Fehlen der Intermissionen bei letzterer als Charakteristikum aufgeführt wird, so dürften einige Worte darüber am Platze sein. Röll[1]) hat diesen Unterschied vollkommen aufgegeben und bemerkt über diesen Punkt, dass ausser den eigentlichen Kolikformen, die ohne materiell nachweisbare Ursachen entstehen oder durch Anomalien des Darminhalts bedingt sind, diejenigen Formen, die durch Entzündungen und Texturveränderungen der Darmwandungen bedingt sind, im Leben ganz dieselben Erscheinungen — Schmerzäusserungen — hervorbringen, ohne dass andere auffällige Symptome Anhaltspunkte für eine Differentialdiagnose bieten.

Da man also aus dem Character des Schmerzes keinen Schluss auf den abnorm wirkenden Reiz machen kann, so ist eine solche Unterscheidung weder wissenschaftlich zu begründen, noch theoretisch und praktisch durchzuführen und desshalb nicht gerechtfertigt.

Die Erscheinungen der Kolik selbst sind so allgemein bekannt, dass ich mich kurz fassen kann, indem ich im Allgemeinen die Schilderung von Röll (l. c.) zu Grunde lege. So verschiedenartig die Ursachen der Kolik sind, so bewegen sich doch die Erscheinungen derselben innerhalb enger Grenzen.

Die Kolik befällt die Pferde meist plötzlich, sei es in der Ruhe oder beim Reiten, Fahren, Fressen etc.

Man bemerkt zuerst Aeusserungen des Unbehagens; die

---

[1]) Lehrb. d. Path. und Therapie. II. p. 255 u. ff.

Thiere werden unruhig, sehen sich nach dem Hinterleibe um, treten hin und her, scharren mit den Vorderfüssen, schlagen mit den Hinterfüssen gegen den Leib, wedeln heftig mit dem Schweife, legen sich öfters nieder und stehen wieder auf. Manchmal werfen sich die Patienten mit Heftigkeit auf den Boden, wälzen sich auf dem Rücken, gewöhnlich mit an den Bauch angezogenen Füssen, bleiben längere Zeit auf dem Rücken liegen und springen wieder auf. Diese Erscheinungen, die anfallsweise auftreten, kürzere oder längere Zeit (von einigen Minuten bis $^1/_2$ Stunde) pausiren, sind bei der Bewegung der Thiere weniger auffallend. Häufig bemerkt man einen eigenthümlichen, kurzen, gespannten Gang. Während und nach diesen Anfällen ist die Fresslust entweder auf ein Minimum reducirt oder vollständig aufgehoben. Die Functionsstörung des Darms gibt sich ferner durch die fast regelmässig vorhandene hartnäckige Verstopfung zu erkennen, womit manchmal ein schmerzhafter Stuhldrang verbunden ist. Durchfall ist selten. Die Urinentleerung ist mehr oder weniger unterdrückt; häufig stellen sich die Thiere zum Uriniren, ohne Urin zu entleeren; der spärlich abgehende Urin zeigt keine besonderen Eigenschaften. Der Hinterleib ist meist aufgetrieben, die Bauchdecke sehr gespannt.

Mit der behinderten Fortbewegung des Darminhalts wird die Entleerung der Excremente verzögert oder in den meisten Fällen vollkommen aufgehoben. Die Darmgeräusche, das sogenannte Kollern im Hinterleibe sind nicht mehr zu hören. Der Anfangs normale Puls wird in leichteren Fällen nur wenig beschleunigt; seine Frequenz steigt mit der Unruhe und Aufregung bis auf 50—70 Schläge in der Minute; derselbe ist häufig unregelmässig und wird bei schlimmem Verlaufe klein und fadenförmig; nicht selten fühlt man ein heftiges Pochen des Herzschlages.

Das Athmen ist in der Regel erschwert und beschleunigt; die Athemnoth steigert sich nicht selten bis zu den höchsten Graden der Dyspnoë.

Die Hauttemperatur ist sehr ungleich über die äussere Decke vertheilt, die Extremitäten — Füsse und Ohren — fühlen sich kalt an; die übrige Körperhaut ist dabei heiss und bei ungünstigem Verlaufe mit reichlichem Schweisse bedeckt.

Die äusserlich sichtbaren Schleimhäute sind meist schmutzig geröthet, bläulich und livide gefärbt.

Als ungünstige Symptome betrachtet man die abnormen Stellungen, welche die Thiere häufig einnehmen. Es ist dies das Niedersetzen auf den Hintertheil bei aufgestellten Vorderfüssen nach Art der Hunde, das Niederknien auf die Vorderfüsse, alles Erscheinungen, die man vielfach jedoch ohne stichhaltige Gründe dazu benützt hat, um auf den Sitz und die Art des Darmleidens Schlüsse zu machen. — Sehr selten beobachtet man Erbrechen, welches von älteren Autoren (Lafosse) als Zeichen der Magenberstung angesehen wurde.

Der Verlauf der Kolik ist gewöhnlich ein acuter und dauert dieselbe von ¼—½ Stunden bis mehrere Tage. Der gewöhnliche Ausgang ist der in Genesung (87 %), die häufig innerhalb weniger Stunden eintritt und meist durch die Entleerung von Gasen und Koth eingeleitet wird. — Bei ungünstigem Ausgang nehmen die geschilderten Symptome gradatim zu, die Unruhe wird immer stärker, der Herzschlag pochend, die Thiere steigen in die Höhe; unter Schnauben und heftigem Spiel der Nasenöffnungen treten die Symptome der hochgradigsten Dyspnoë mit Cyanose der sichtbaren Schleimhäute auf. Man bemerkt schliesslich in vielen Fällen Convulsionen, Muskelzittern und unter allmähligem Kleinerwerden des Pulses erfolgt der tödtliche Ausgang.

Nach den zu Grunde liegenden Ursachen hat man schon frühe verschiedene Arten von Kolik unterschieden. Es ist jedoch nur sehr selten möglich, nach den ursächlichen Momenten im Leben eine Differentialdiagnose zu begründen. In der Mehrzahl der Fälle ist es erst aus dem Verlaufe und Ausgang des Leidens sowie aus dem Resultate der eingeleiteten Behandlung möglich, die Diagnose der dann freilich schon abgelaufenen Affection festzustellen (Röll). Aehnlich äussert sich Spinola.

Nach den Ursachen unterscheidet Röll folgende Kolikformen:

1) Koliken ohne materielle Ursache — die nervöse,

Krampf- oder rheumatische Kolik; letztere wird besonders durch Erkältungen hervorgerufen.

2) Koliken durch Anomalien des Darminhaltes; dazu gehören die Ueberfütterungskolik, die Windkolik — durch übermässige Gasanhäufung, die Verstopfungskolik — durch Anhäufung grosser Fäcalmassen und durch Gegenwart von Concrementen und Darmsteinen, die Wurmkolik und die Vergiftungskolik — die auch durch verdorbenes Futter entstehen kann.

3) Koliken durch Texturerkrankungen und Lageveränderungen; hieher gehören: Catarrhe, Croup, Follicularentzündung, Karbunkel, Ruhr der Darmschleimhaut; ferner die Lageveränderungen des Darmes: innere Einklemmungen, äussere eingeklemmte Brüche, Intussusception, Verwundungen, spontane Zerreissung und Perforation von Geschwüren.

4) Koliken durch Erkrankung des Bauchfells, besonders Entzündung.

Vergleicht man die Symptomatologie und die darauf basirten Eintheilungen verschiedener Autoren mit einander, so bemerkt man alsbald, auf welch' schwacher Unterlage die ganze Lehre von der Differentialdiagnose der einzelnen Kolikformen ruht und wie richtig die oben angedeutete Ansicht von Röll und Spinola ist, denen auch ältere Autoren (Tennecker, Bleiweiss) zur Seite stehen. Dass auf diesem Gebiete nichts weniger als Uebereinstimmung herrscht, dass von dem Einen zur Verstopfungskolik gerechnet wird, was der Andere Ueberfütterungskolik nennt etc., mit einem Worte, dass hier dem freien Belieben des Einzelnen ein grosser Spielraum gelassen ist, bedarf keiner weiteren Erörterung.

Besonders auffällig wird dieses Verhältniss, wenn man den Ausführungen derjenigen Autoren folgt, welche die Magen- und Darmentzündung von der Kolik scharf getrennt wissen wollen. Es wird von dieser Seite allerdings zugestanden, dass die einzelnen Kolikformen in »Darmentzündung« übergehen können, jedoch vermisst man die Angabe eines charakteristischen Symptoms, das erkennen liesse, wann gerade dieser Uebergang stattfindet. Um zu zeigen, auf welche Abwege der Schlussfolgerung ein solches Verfahren führt, führe ich nur beispielshalber an, dass ein Autor, nachdem er die Kolik als einen »fieberlosen Krankheitszustand des Magens oder Darmkanals« definirt hat, wörtlich sagt: »Entzündung in diesen Organen (Magen und Darmkanal) ist nie Ursache der Kolik«. In direktem Widerspruch damit steht doch das Resultat zahlreicher Sectionen, bei denen am Cadaver Darmentzündung gefunden wurde, während die geübtesten Beobachter im Leben nur »Kolik« diagnosticiren konnten.

Bei dieser Sachlage ist es wohl gestattet, wenn wir bei der Wiedergabe der Symptomatologie der einzelnen Kolikarten uns auf das Nothwendigste beschränken.

Eine der häufigsten unter allen Koliken ist die Krampf- oder rheumatische Kolik (Erkältungskolik); sie verläuft meist sehr günstig und rasch; sie ist meist remittirend, die Thiere nehmen in der Zwischenzeit häufig Futter zu sich und befinden sisch anscheinend ganz wohl.

Die Ueberfütterungskolik endet in ihren geringeren Graden ebenso wie die Wind- und Fäcalkolik meist günstig; sie soll meist kurz nach der Fütterung entstehen. Der Hinterleib ist durch Futter und Gase gewöhnlich stark ausgedehnt (also zu gleicher Zeit auch Wind- und Blähungskolik). Bei der hochgradigen Unruhe der Thiere sind Lageveränderungen des Darms und Magenrupturen nicht selten.

Die Verstopfungskoliken (auch Unverdaulichkeitskoliken genannt) durch Ansammlung grosser Fäcalmassen, durch Steine und Concremente verursacht, verlaufen gewöhnlich sehr gefährlich; Perforationen der Gedärme sind nicht selten.

Die Wind- oder Blähungskolik ist vorzüglich charakterisirt durch die plötzlich auftretende Auftreibung des Hinterleibs durch Gase (Meteorismus); sie ist ziemlich gefährlich und lässt sich besonders durch den vollen oder tympanitischen Schall beim Percutiren der Flankengegend, aus dem Abgang von Darmgasen und dem Nachlass der Erscheinungen darnach erkennen.

Weitaus am gefährlichsten sind die Koliken, deren anatomische Grundlage Texturerkrankungen oder Lageveränderungen der Gedärme bilden. Letztere sowie die mit Perforationen verbundenen sind unbedingt tödtlich. Die Erscheinungen sind bei diesen Formen meist sehr heftig.

Die Koliken, denen directe Entzündungen des Darmes, Anthrax und Dysenterie zu Grunde liegen, machen die Prognose dieser Erkrankungen immer ungünstig; sie kehren häufig wieder und sind häufig mit Verstopfung und Durchfällen verbunden.

Bei der Bauchfellentzündung sind nach Röll die Schmerzäusserungen gewöhnlich unbedeutend.

3) Die Ursachen und die pathologisch-anatomische Grundlage der Kolik.

Nachdem wir bei der Symptomatologie der einzelnen Kolikformen den grössten Theil der ursächlichen Momente der Koliken angedeutet haben, ist es unsere Aufgabe, dieselben näher zu betrachten. Dass man bei einer so häufigen und gefährlichen Affection nach besonderen, dem Pferdegeschlecht eigenthümlichen Ursachen forschte, ist leicht begreiflich, ebenso dass man das ganze Heer von äusseren Schädlichkeiten aufbot, um sie als Ursachen zu verwerthen. Wir glauben desshalb nicht zu viel zu sagen, wenn wir behaupten, dass es keine äussere Schädlichkeit gibt, die nicht schon unter den Ursachen der Kolik aufgeführt worden wäre. — Vor Allem ist es der eigenthümliche anatomische Bau der Baucheingeweide, den man für die Häufigkeit der Koliken bei Pferden verantwortlich gemacht hat.

Der Magen des Pferdes ist verhältnissmässig klein und mit seltenen Ausnahmen — wegen seines grossen Blindsackes und seiner um die Schlundöffnung stark entwickelten Muskulatur — unfähig, seinen Inhalt durch Aufstossen und Erbrechen zu entleeren, wie dies bei Hunden und Schweinen bei Ueberfüllung des Magens mit Leichtigkeit von Statten geht.

Wie wir sehen werden, sind die Lageveränderungen der Gedärme nicht selten Ursache der Kolikerscheinungen; das leichte Zustandekommen von solchen Verlagerungen hat man mit der bedeutenden Entwicklung der dicken Gedärme und der grossen

Länge und freien Beweglichkeit des Mesenterium in Zusammenhang gebracht.

Als weitere Ursachen, welche die Häufigkeit der Koliken erklären sollen, hat man angegeben: eine grosse Reizbarkeit und Empfänglichkeit der Pferde, den innigen Wechselverkehr zwischen der äusseren Körperdecke und dem Darmkanal, die heftigen Bewegungen, die von Pferden verlangt werden, das Missverhältniss zwischen der Dicke der Wandung der dicken Gedärme und ihrer Weite. Wenn man endlich noch den Mangel der Gallenblase beim Pferde oder die kurze und fettlose Beschaffenheit des Netzes — dadurch kein Schutz gegen schädliche Einwirkungen und Mangel der zur Verdauung nothwendigen Wärme — als ursächliche Momente angeführt findet, so beweist dies wohl am schlagendsten, in welcher Verlegenheit man sich in Betreff der Ursachen dieser häufigen Krankheit befindet.

Als Gelegenheitsursachen der Koliken führt man besonders an: Erkältungen entweder durch äussere Einwirkung von Kälte und Nässe oder durch kaltes Futter und Getränke (nervöse und rheumatische Kolik) Fehler in der Fütterung durch Aufnahme allzugrosser Mengen besonders schwer verdaulichen Futters oder durch allzu rasches Fressen, Futter, welches in kurzer Zeit grosse Gasmengen entwickelt oder verdorbenes Futter, stark reizende Arzneien, zu geringe Mengen von Futter und endlich zu fein geschnittenes Futter (Häcksel), Fütterung mit neuem Heu, neuem Haber, der Genuss kalten Wassers oder von Wasser mit zu hohem Gehalt an Kalksalzen etc.

Unter den Texturerkrankungen des Darms, die den Koliken zu Grunde liegen können, sind es vorzugsweise entzündliche Processe, die in Form von einfachem Katarrh, Follicularentzündung, Dysenterie, Croup etc. auftreten; ferner spontane Zerreissungen und Bauchfellentzündung.

Mit der Mannigfaltigkeit der bis jetzt angegebenen Ursachen der tödtlichen Koliken bildet der Mangel aller positiven Anhaltspunkte über die Veränderungen, welche den in Genesung ausgehenden Koliken zu Grunde liegen, einen auffallenden Contrast; man ist hier bloss auf Vermuthungen angewiesen, die mehr oder minder auf die Annahme nervöser Störungen, krampfhafter Vorgänge oder leichter entzündlicher Processe hinausgeben.

Aus dieser Zusammenstellung geht unzweifelhaft hervor, dass die Aetiologie der Koliken eine sehr lückenhafte ist. Wenn man beobachten musste, dass Pferde bei vorzüglicher Wartung, Pflege und Behandlung der Kolik ebenso unterliegen, wie solche, die sich in entgegengesetzten Verhältnissen befinden, so hat man auch schon die Ansicht ausgesprochen, dass die Ursache der Kolik überhaupt nicht mit Gewissheit zu ermitteln sei. Dass eine individuelle Disposition des Pferdegeschlechtes zu Koliken vorliege, kann nicht geleugnet werden. Sucht man jedoch dieser Disposition auf den Grund zu kommen, ihre Ursache zu ergründen, so findet man schliesslich, dass jedes Pferd zur Kolik disponirt ist und dies ist der Punkt, an dem alle Hypothesen scheitern.

Allerdings zeigen einzelne Pferde eine ausgesprochenere Disposition; man findet z. B. solche, die mit periodisch wiederkehrenden Koliken behaftet sind. Wenn andere Pferde, wie dies bei Militärpferden der Fall ist, unter ganz gleichen äusseren Verhältnissen von solchen Koliken verschont bleiben, so ist man sicher berechtigt, für solche Fälle eine besondere krankhafte Disposition anzunehmen. Damit ist freilich kein grosser Schritt in der Erkenntniss gethan, mag man nun zu einer nervösen Verdauungsschwäche oder gar zu einer Störung der electrischen Verhältnisse seine Zuflucht nehmen. Dass die Ursache der Koliken eine weit verbreitete und allgemeine sei, geht weiter daraus hervor, dass ihr Vorkommen unabhängig von Raçe, Gebrauch, Haltung, Fütterung etc. ist, dass sie in allen Ländern und Gegenden gleichmässig häufig zu sein scheint, dass die edelsten und sorgfältigst gepflegten Thiere ihr ebenso unterworfen sind, als die „Paria's der Heerstrasse."

Wie kann man sich die auffallende Thatsache erklären, dass gerade das Pferd, dessen Pflege und Wartung wie bei keinem anderen Hausthiere im Durchschnitte anerkanntermassen eine vorzügliche ist, von einer so bösartigen und häufigen Krankheit der Verdauungsorgane heimgesucht wird?

Ein Unterschied in Betreff der Häufigkeit der Kolikfälle

scheint zwischen jüngeren und älteren Pferden zu bestehen; ein Umstand, der in einer Richtung nicht ohne Bedeutung ist, wie wir später sehen werden. So befanden sich unter 34 tödtlichen Koliken, die im Laufe der 3 letzten Jahre in der Münchener Thierarzneischule vorkamen, nur 12 zwischen 3—10 Jahren, dagegen 22 Pferde, die über 10 Jahre alt waren. Da ein solches Verhältniss abgesehen von der geringen Zahl von verschiedenen Factoren beeinflusst wird, so kann dieser Angabe nur ein sehr relatives Gewicht beigelegt werden. Von grösserer Bedeutung sind in dieser Beziehung die Mittheilungen von Ringheim[1]): Unter 41,648 kranken Pferden der dänischen Armee befanden sich:

Jüngere Pferde: (zwischen 4—9 Jahren): = 21,934
Aeltere Pferde: (über 9 Jahren): = 19,714.

Darunter Kolikpatienten[2]):

Jüngere Pferde: 1339 = 6,1% des Gesammtstandes
Aeltere Pferde: 1857 = 9,4% „ „ „

Unter letzteren tödtliche Fälle:

Jüngere Pferde: 113 = 9,1% der Gesammtkoliken
Aeltere Pferde, 214 = 11,5% „ „ „

Es ist demnach sowohl die Morbilität als auch die Mortalität der älteren Pferde in Bezug auf Koliken eine auffallend ungünstigere als die der jüngeren. Während die Zahl der jüngeren kranken Pferde = 53% des Gesammtkrankenstandes beträgt, betheiligen sich die jüngeren Pferde nur mit 42% an den Kolikfällen und nur mit 34% an den tödtlichen Koliken. Auf Grund dieser Angaben kann man den Satz aufstellen, dass mit dem zunehmenden Alter der Pferde die Kolikmorbilität und = mortalität bedeutend wächst; die Ursache dieser Erscheinung hoffe ich nachweisen zu können. Damit übereinstimmend ist die Thatsache, dass Fohlen selten an Kolik leiden und dem entsprechend selten daran zu Grunde gehen.

---

[1]) Repertor. der Thierheilkunde. B. 30. p. 181.

[2]) Hier sind 80 Fälle von Darmentzündung mit 27 Todesfällen nicht berücksichtigt, da sie nicht nach dem Alter geschieden wurden.

Versuchen wir nun, die ursächlichen Momente der Koliken in pathologisch-anatomischer Beziehung zu sichten, so wird es zweckmässig sein, dieselben in 2 Kategorien einzutheilen, deren eine die tödtlichen Koliken, die andere die in Genesung ausgehenden umfassen soll.

a) Lethale Koliken.

Einen Ueberblick über die Veränderungen, welche den tödtlich verlaufenen Koliken zu Grunde liegen, gewinnen wir am besten, wenn wir die Resultate zahlreicher Sectionen vergleichen.

Unter 77 an sogenannter Kolik umgestandenen Pferden fand Bruckmüller [1]) folgende Todesursachen:

Bauchfellentzündungen 11 = 14%
Schleimhauterkrankungen des Magens 3 = 4%
„ „ des Dünndarms 15 = 19%
„ „ des Dickdarms 8 = 10%
Lageveränderungen 23 = 30%
Einrisse in die Darmhäute 17 = 23%

Unter 140 an Kolik umgestandenen Pferden fand Röll [2]) innere Hernien in 51 Fällen = 36%, während in 89 Fällen = 64% anderweitige Veränderungen gefunden wurden.

Unter 84 Fällen von tödtlicher Kolik, die von 1859 — 1867 in der Dresdener Klinik zur Section kamen, fanden sich in 51 Fällen Lageveränderungen und Rupturen, in 33 Fällen = 40% dagegen Verstopfungen, Geschwüre, Croup, Magen- und Darmentzündung.

Unter 618 tödtlich verlaufenen Kolikfällen, die im Laufe von 10 Jahren [3]) in der Wiener path.-zoot. Anstalt zur Section kamen, waren 168 = 27% durch Axendrehung des Dünndarms oder seines Gekröses bedingt; diesen zunächt folgen Axendrehungen des Colon; weit seltener sind Lageveränderungen des Mastdarms und Magens. Von sonstigen mechanischen Ursachen sind zu

[1]) Vierteljahrsschrift. B. 1. p. 50.
[2]) Vierteljahrsschrift B. 2. p. 133.
[3]) $18^{54}/_{55}$, $^{55}/_{56}$, $^{57}/_{58}$, $^{58}/_{59}$, $^{59}/_{60}$, $^{60}/_{61}$, $^{61}/_{62}$, $^{63}/_{64}$, $^{64}/_{65}$, $^{65}/_{66}$.

nennen: Invaginationen, Einschnürungen durch alte Bindegewebsspangen, durch Gekrösanhänge, Lipome; ferner äussere incarcerirte Hernien, innere Hernien durch Incarceration in Netz- und Zwerchfellsrisse. Die letztgenannten Veränderungen stellen ein verhältnissmässig geringes Contingent; so konnte ich unter diesen 618 Fällen nur 5 Fälle von Einklemmungen durch ältere Adhäsionen, 12 Fälle von Incarceration durch Gekrösanhänge (Lipome etc.), 9 Fälle von äusseren eingeklemmten Brüchen und 12 Fälle von Invagination finden.

Unter 822 lethalen Koliken der Wiener Klinik (zu obigen 618 noch die Zahl der zwischen 1851—54 vorgekommenen Fälle) wurden 468 = 57% als durch mechanische Ursachen bedingt gefunden, während 354 = 43% durch entzündliche Affectionen des Verdauungskanals und des Bauchfells tödtlich endigten. Die Schwierigkeit der Zusammenstellung lässt absolut richtige Zahlen kaum angeben; im Allgemeinen dürfte man wenig fehlgehen, wenn man 40—50% der lethalen Koliken als nicht durch Lageveränderungen und mechanische Ursachen bedingt annimmt.

Als Ursache der häufigen Lageveränderungen nimmt man allgemein die grosse Länge des Gekröses, die eigenthümliche Beschaffenheit des Grimmdarmes, die eine grosse Bewegungsfähigkeit desselben gestattet, an. Was veranlasst aber die häufigen Entzündungen des Bauchfelles und der Gedärme oder besser, was macht diese Processe so bösartig, dass sie — obwohl nur locale Affectionen — in der kürzesten Zeit ihre Opfer verlangen?

Primäre Bauchfellentzündungen sind bei unsern Hausthieren so selten, dass Bruckmüller (l. c. p. 465) überhaupt ihr Vorkommen bezweifelt; sie entstehen meist erst secundär. Als Todesursache bei Koliken findet man ferner sehr häufig Darmentzündungen angegeben; wie gefährlich dieselben sind, geht aus folgender Zahl hervor: Unter 269 Fällen von Darmentzündung, die in der Berliner-Klinik innerhalb 9 Jahren [1]) beobachtet wurden, endigten 198 = 74% tödtlich. Da die Darmentzündungen im Leben nur die Erscheinungen der Kolik bieten, so scheinen sie

[1]) vide oben.

allerdings die schwersten und gefährlichsten Formen derselben darzustellen; es besteht hier ein ähnliches Verhältniss wie bei den in Genesung ausgehenden Koliken: man kann die Diagnose nur aus dem Verlauf und der Heftigkeit der Erscheinungen machen.

Eine interessante Thatsache, die mit der erwähnten Aufstellung anscheinend nichts weniger als harmonirt, hat uns Zundel[1]) mitgegetheilt. Er machte Temperaturmessungen bei kolikkranken Pferden und fand bei einer Kategorie, die er entzündliche Koliken nennt, eine Temperatursteigerung von 1—2°, bei einer anderen Kategorie — den nicht entzündlichen Koliken — eine Temperaturabnahme von 1—1½° und gerade die letzteren, bei denen das Thermometer constant anf 37 und 36° fällt, sind die gefährlichsten. Eine vollkommen ausreichende Erklärung dieser Erscheinung wird sich aus unseren weiteren Ausführungen ergeben.

Sehen wir uns die Natur der entzündlichen Processe der Darmschleimhaut und des Bauchfelles, die so zahlreiche Opfer fordert, etwas näher an, so finden wir dieselben bald als einfache Entzündungen mit Röthung und Schwellung der Schleimhaut, mit leichtem faserstoffigem Beschlag und Trübung des Bauchfells, in den höheren Graden als Croup, Dysenterie und Diphtherie der Schleimhaut beschrieben. Fast in allen Berichten über Sectionen von Kolikpferden wiederholen sich die Fälle, in denen man weder Continuitätstrennungen noch Lageveränderungen des Darmes wahrgenommen hat, sondern nur Entzündung des Bauchfells, der Darmschleimhaut mit und ohne croupöse Auflagerungen. Gewöhnlich ist der eine oder der andere Abschnitt des Dickdarms in der beschriebenen Weise verändert: neben der Schwellung, der serösen und blutigen Infiltration der Schleimhaut finden sich blutig gefärbte, dünnflüssige und breiig erweichte Kothmassen, oder der Process gleicht mehr dem croupösen: der Epithelüberzug ist abgestossen, die dunkelgeröthete, hämorrhagisch und ödematös infiltrirte Schleimhaut ist mit einem schuppigen Exsudat bedeckt;

---

[1]) Ref. in Vierteljahrsschrift f. wiss. Veterinärmedizin. B. 30. Anal. p. 42.

oder die so beschaffene Schleimhaut zeigt in ihren obersten Lagen die Zeichen des necrotischen Zerfalls und es entsteht eine Aehnlichkeit des Processes mit Diphtherie. Die Darmwandung selbst ist dabei immer verdickt, aufgelockert, weich und zerreisslich, mit mehr oder weniger zahlreichen Blutpunkten durchsetzt. Nicht selten wird der Process der Dysenterie des Menschen sehr ähnlich: der Dickdarm ist mit dickflüssigen Fäcalmassen angefüllt, die mit Blut und abgestossenen Schleimhautresten vermischt sind, die Schleimhaut ist wulstförmig verdickt, mit zahlreichen Hämorrhagien versehen, sehr aufgelockert; der übrige Theil der Darmwandung durch sulziges, gelblich-blutiges Infiltrat verdickt. Als besonders auffallend wird häufig hervorgehoben, dass auch die seröse Haut längs des Gekrösansatzes, sowie das ganze Dickdarmgekröse mit Blut überfüllt, bedeutend verdickt und mit zahlreichen hämorrhagischen Herden und massenhafter gelber, sulziger Flüssigkeit durchsetzt sei. Es leuchtet sogleich ein, dass ein solcher Befund im Gekröse sich schwierig mit dem angeblich croupösen, diphtheritischen oder dysenterischen Process auf der Darmschleimhaut in Zusammenhang bringen lässt.

Auch bei den häufigen Rupturen des Dickdarms wird nicht selten folgender Befund erwähnt; die grossen und feineren Gefässe sind strotzend mit dunklem, dickflüssigem Blute gefüllt, das Fett- und Bindegewebe des Grimmdarmgekröses ist sehr blutreich und streifig oder punktförmig mit Ecchymosen versehen. Oder man findet als einzigen Befund ein Darmstück stark erweitert, mit Fäcalmassen und blutiger Flüssigkeit gefüllt und ausserdem mit allen der mechanischen Hyperämie zukommenden Veränderungen versehen.

Durchaus nicht selten finden sich ferner Fälle mitgetheilt, in welchen man nach rasch verlaufenen, mit hartnäckiger Verstopfung verbundenen Koliken eine brandige Entzündung oder ausgesprochenen Brand in einem oder dem anderen Darmtheile fand, daneben wiederum Blutextravasate in den Darmwandungen und im Gekröse. Häufig findet man neben einer Ruptur des Magens einen weit unterhalb gelegenen Darmtheil, meist den Blinddarm oder das Endstück des Hüftdarms stark geröthet, geschwellt und mit grossen Mengen von Fäcalmassen gefüllt; dabei findet sich ausserdem kein Hinderniss für die Fortbewegung des Darminhalts. Oder man findet Fälle beschrieben, in denen man nach Kolikerscheinungen im Leben nichts fand, ausser die Zeichen einer acuten Blutzersetzung, höchstens leicht geröthete Stellen am Darme und Ecchymosen im Bauchfell; man hat dann von einer Intestinalirritation gesprochen, die dem Leben ein Ende machte.

Als eine besonders gefährliche Form von Koliken hat man[1]) sogenannte Congestionskoliken beschrieben; unter 20 Kolikfällen sollen in gewissen Bezirken mindestens 15 in Congestion oder Blutstase des Darms oder des Mesenterium ihren Grund haben. Diese Formen sind hauptsächlich gekennzeichnet durch plötzliches Eintreten der Kolikerscheinungen, einen heftigen, raschen Verlauf, bedeutende Schmerzäusserungen, grosse Unruhe und Angst, bedeutenden Schweissausbruch. Sehr bemerkenswerth ist dabei die Angabe, dass eine erbliche Disposition gewisser Pferdefamilien diesem Uebel zu Grunde zu liegen scheine, und dass die Pferde um so häufiger daran leiden, je älter sie werden.

Wie erklärte man sich nun die geschilderten Veränderungen, ihre Entstehung und Ursachen? Ein weiterer scheinbar auffallender Widerspruch findet sich öfters erwähnt, der zwischen den im Leben beobachteten Erscheinungen und den Sectionsresultaten der sogenannten Kolikpferde besteht: während man im Leben durch kein Mittel zu überwindende Verstopfung beobachtete, fand man bei der Section den grössten Theil des Darmkanals mit flüssigem Inhalt gefüllt. Um sich die localen Circulations- und Ernährungstörungen zu erklären, nahm man zu verschiedenen Gründen seine Zuflucht. Man glaubte dieselben durch die Anhäufung von Futtermassen an einer bestimmten Stelle bedingt, ebenso dachte man sich die Entstehung brandiger Entzündungen. Die nekrotischen Verschorfungen der Darmschleimhaut schrieb man der Einwirkung von Giften zu; die croupösen und dysenterischen Processe bedurften als zum Theil auf specifischen, überhaupt nicht

[1]) Hamon, Récueil de méd. vét. 1866 und Repertor. der Thierheilkunde. B. 27. p. 234.

bekannten Ursachen beruhend, keiner weiteren Erklärung. Da diese Processe in der Regel auf einen mehr oder weniger circumscripten Darmtheil beschränkt gefunden wurden, so hat man auch gelöste Lageveränderungen des betreffenden Darmtheiles angegenommen, eine Erklärung die besonders in jenen Fällen sehr plausibel schien, in denen man gleichzeitig die Erscheinungen der venösen Blutstauung im Gekröse so ausgesprochen fand. Ebenso hat man die Bauchfellentzündungen hie und da auf gelöste Axendrehungen und Einklemmungen zurückzuführen versucht, besonders in jenen Fällen, in denen gleichzeitig eine Magenberstung, eine Ansammlung von Blut zwischen den Gekrösplatten vorhanden war. Auf der andern Seite hat man die Anhäufungen von Darminhalt und Verstopfungen des Darms besonders im Grimmdarm als Ursache der Bauchfellentzündung angeführt.

Wie wenig ausreichend alle diese Erklärungsweisen sind, glaube ich für die Mehrzahl der Fälle nachweisen zu können. Die Vorgänge im Verdauungskanale sind bei krankhaften Affectionen desselben weitaus complicirter als in anderen Organen und damit ist auch die physiologische und anatomische Deutung der hier in Frage kommenden Störungen eine schwierigere. Wenn man also die Kothanhäufungen, die Darmlähmung als theilweise Ursache der oben geschilderten Processe annimmt, so ist damit die eigentliche Grundursache, welche die letzteren bedingt, noch durchaus nicht erklärt. Die Anhäufung der Fäcalmassen kann ebensogut eine secundäre sein, durch die Veränderungen der Darmwandungen bedingte, als umgekehrt. Weiter findet man sehr häufig einen flüssigen Darminhalt neben denselben Veränderungen der Darmwandung, so dass man von einer schädlichen Einwirkung der Futtermassen nicht reden kann. Bei necrotischen Processen hat man Gifte als Ursache beschuldigt; hier fehlt jedoch vor Allem die Uebereinstimmung des anatomischen Befundes mit demjenigen bei constatirten und nachgewiesenen Vergiftungen. Ausserdem kann man sich nicht ohne einen gewissen Zwang vorstellen, dass gerade der Magen und Dünndarm, die der Einwirkung des Giftes in erster Linie ausgesetzt sind, sehr selten solche Verschorfungen zeigen, während am häufigsten der Grimm- und Blinddarm, die der Einwirkung der Gifte am wenigsten ausgesetzt sind, die erwähnten Veränderungen zeigen. Selbst der verhältnissmässig kurze Aufenthalt des Futterbrei's im Magen und Dünndarm lässt der Einwirkung heftige Gifte noch einen genügenden Spielraum übrig.

Was die Erklärung der circumscripten entzündlichen und hämorrhagischen Processe der Darmschleimhaut und des Bauchfells betrifft, — die nicht selten mit Ecchymosen und Blutungen in dem Gekröse verbunden sind — indem man diese Veränderungen auf gelöste Axendrehungen und Lageveränderungen zurückzuführen versuchte, so lassen sich dagegen erhebliche Einwendungen machen. Vor Allem vermisst man in solchen Fällen die scharfe Abgrenzung des Processes, die man bei Lageveränderungen erwarten muss; ferner ist es kaum denkbar, dass Lageveränderungen, die schon so lange bestanden, dass sie so bedeutende Veränderungen verursacht haben, sich wieder spontan lösen sollten und endlich ist nicht einzusehen, warum nach Beseitigung des Hindernisses für die Fortbewegung des Darminhaltes doch ein tödtlicher Ausgang erfolgt.

Wer dem Gange unserer Darstellung aufmerksam gefolgt ist, dem wird es nicht entgangen sein, welche grosse Uebereinstimmung zwischen den früher geschilderten anatomischen Veränderungen bei Embolie und Thrombose der Darmarterien und den Darmaffectionen besteht, die uns jetzt beschäftigen und die man in verschiedenen Graden bei der grossen Mehrzahl der tödtlichen Kolikfälle findet. Die meisten dieser Veränderungen des Darms und des Gekröses beruhen auf localen Circulationsstörungen, deren Ursachen embolische und thrombotische Vorgänge im Gebiete der vorderen Gekrösarterie sind.

Wir kennen weder beim Menschen noch bei den übrigen Hausthieren eine spontane — resp. nicht durch toxische oder miasmatische Einwirkungen hervorgerufene Darmentzündung, die im Stande wäre, einen vorher gesunden und kräftigen Organismus in wenigen Stunden oder Tagen zu tödten. Wenn man auch dem Grundsatze huldigt, dass Analogieschlüsse und Uebertragungen in Bezug auf pathologische Processe des Menschen und der Thiere immer mit einiger Vorsicht gemacht werden müssen, so wird man doch unwillkührlich zu der Annahme gedrängt, dass in den oben erörterten Kolikfällen eine tiefere Störung des Organismus die Todesursache sei, dass die Darm- oder Bauchfellentzündung nur etwas Secundäres, gleichsam eine Reaction auf irgendwelche Circulationsstörungen sei.

Erinnert man sich der Thatsache, dass fast jedes Pferd die Quelle der Embolie und Thrombose der Darmarterien in dem Aneurysma der vorderen Gekrösarterie und dessen wandständigen Thrombus mit sich herumträgt, vergleicht man die auf verschiedenen Wegen gewonnenen Thatsachen über die anatomischen und functionellen Störungen bei Embolie der Darmarterien mit den geschilderten pathologisch-anatomischen Veränderungen bei den zahlreichen Kolikfällen, so kann man nicht leugnen, dass die Wahrscheinlichkeit eines Zusammenhanges zwischen dem Thrombus der Wurmaneurysmen und den Ursachen der Koliken eine sehr grosse ist. Um eine nähere Einsicht in diese Verhältnisse zu gelangen, muss man immer festhalten, dass die anatomischen Störungen nach Embolie oder Thrombose der Darmarterien sehr verschieden sich gestalten können. Je nach Grösse und Umfang, chemisch-physikalischer Beschaffenheit, langsamem oder schnellem Zustandekommen des verstopfenden Blutpfropfes etc. findet man die verschiedenen Grade der Entzündung mit seröser und blutiger Infiltration, den serös-hämorrhagischen Infarkt des Darms und seines Gekröses. Nach der Grösse des verstopften Gebietes, nach der Möglichkeit einer collateralen Circulation richten sich die functionellen Störungen des Darms und wenn letztere je nach der Beschaffenheit dieser Factoren auch verschieden heftig sind, so haben sie doch immer denselben Effect: die vollständige oder theilweise Lähmung der betroffenen Darmpartie. Die dadurch bedingte Darmstenose bildet unstreitig bei dem pflanzenfressenden Pferde in der Mehrzahl der Fälle den Ausgangspunkt derjenigen Erscheinungen, die man unter dem Namen „Kolik" zusammenfasst. Man hat schon längst erkannt, dass eine Darmlähmung und behinderte Fortbewegung des Darminhalts in der Mehrzahl der Koliken die Ursache der Erscheinungen sei; sobald ein kolikkrankes Pferd Gase und Koth abgehen lässt, gilt es für gerettet. Je länger dieses günstige Ereigniss auf sich warten lässt, um so schlimmer wird die Prognose. Eine klare Einsicht in die Chronologie und das Wesen des Processes hat man nie gewinnen können, so lange man die thrombotischen und embolischen Vorgänge ausser Acht gelassen und nicht gekannt hat, die allein den Schlüssel zum Verständniss der hier in Frage kommenden Vorgänge bilden.

Ich lasse nun einige von mir beobachtete Fälle folgen, die die Richtigkeit der bisherigen Schlussfolgerungen ausser Zweifel setzen.

1) Thrombose der Dickdarmarterien durch Fortsetzung des Thrombus eines Aneurysma verminosum der vorderen Gekrösarterie. Seröse und hämorrhagische Infiltration des Mesocolon, in geringerem Grade der Grimmdarmschleimhaut. Hochgradiger Meteorismus. Kolikerscheinungen im Leben. Section am 9. I. 69.

Bei einem Pferde, welches im Leben die gewöhnlichen Koliksymptome gezeigt hatte und in kurzer Zeit umgestanden war, fand sich der Hinterleib stark aufgetrieben. Der Magen und die dünnen Gedärme bedeutend durch Gase ausgedehnt; im Dickdarm, besonders im Grimmdarm ein dickflüssiger Brei von Fäcalmassen mit einzelnen Blutspuren. Die Schleimhaut des Grimmdarmes braunroth, geschwellt, saftreich durch seröse Infiltration und zahlreiche Ecchymosen. Das Mesocolon in seiner ganzen Ausdehnung dunkelroth gefärbt theils durch hochgradige Füllung der Gefässe, theils durch reichliche Blutaustretungen, die sowohl das Fett- und Bindegewebe, als auch die Lymphdrüsen des Gekröses betreffen.

In der vorderen Gekröswurzel findet sich die Gekrösarterie mässig aneurysmatisch erweitert. Im Innern derselben ein lockerer, blass röthlicher Thrombus, der das Lumen des Aneurysma fast vollkommen ausfüllt und sich in die Grimmdarmarterien fortsetzend, dieselben eine kurze Strecke weit vollkommen verstopft.

In dem Thrombus des Aneurysma mehrere Exemplare von Strongylus armatus.

In den übrigen Organen nichts Abnormes; die Lungen nur stark emphysematisch.

2) Thrombose der vorderen Gekrösarterie — besonders der Mehrzahl ihrer Dünndarmäste. Blutiger Darminhalt, blutige und seröse Infiltration der Darmwandung und des entsprechenden Mesenterium. Aneurysma verminosum der vorderen Gekrösarterie. — Bedeutender Meteorismus. Im Leben Kolikerscheinungen. Section am 8. II. 69

Der Hinterleib bedeutend aufgetrieben, die Bauchdecken gespannt. Die dünnen Gedärme und der Blinddarm durch Futtermassen und Gase stark ausgedehnt, die übrigen Theile des Dickdarms normal gefüllt. In einem grossen Theile des Hüftdarms von der Ileo-coecalklappe aufwärts findet sich eine dunkelbraunrothe, durch blutige Beimischung gefärbte Flüssigkeit, die Darmwandung bläulich roth, ihre Schleimhaut durch serös-hämorrhagisches Infiltrat verdickt; der entsprechende Theil des Mesenterium verdickt, serös infiltrirt und mit zahlreichen blutigen Herden durchsetzt, die Gefässe stark gefüllt, besonders am Gekrösansatz. Im Grimmdarm nur Spuren von Blut, seine Wandung und Gekröse mässig ödematös mit einzelnen Blutaustretungen.

Die vordere Gekrösarterie ist an ihrem Ursprung aneurysmatisch erweitert und zum grössten Theile von einem geschichteten schmutzig röthlichen Thrombus erfüllt, der die Ursprungsmündungen mehrerer Dünndarmarterien, sowie der oberen Grimmdarmarterie vollkommen verschliesst und sich in einzelne Aeste, deren Lumen vollständig verschliessend, eine Strecke weit fortsetzt. Der Thrombus enthält zahlreiche Exemplare von Pallisadenwürmern und ist in seinen innersten Schichten von dunklerer Farbe und geringerer Consistenz, während die äussersten älteren Datums sind; derselbe adhärirt der Wandung sehr innig und ist die Intima zum Theile zerstört und exulcerirt.

In den übrigen Organen fanden sich ausser blutigen Suffusionen unter dem Endocardium und einem mässigen Lungenödem keine besonderen Veränderungen.

3) 15jährige Stute. Thrombose der Leber- und Milzarterie, sowie der vorderen Gekrösarterie und der Becken- und Cruralarterien. Hämorrhagische Entzündung des Darmes, blutiger Inhalt im Darmrohr. Aneurysmen der Bauchschlagader und vorderen Gekrösarterie. Im Leben Kolikerscheinungen, Diarrhöen und Parese der hinteren Extremitäten. Sect. am 4. III. 69.

Das Thier litt seit 2 Tagen an heftigem Durchfall und an einer lähmungsartigen Schwäche der hinteren Extremitäten. Man fand die Hauttemperatur ungleich vertheilt, die hinteren Extremitäten kühl, die Athmung vermehrt (24—28 Züge in der Minute) mit starkem Flankenschlagen verbunden, 60 Pulsschläge in der Minute, vollkommen aufgehobene Fresslust und bedeutende Unruhe; beim Stehen bemerkt man ein Schwanken des Thieres. Unter Zunahme der Allgemeinerscheinungen erfolgt nach 24 Stunden der Tod.

Bei der Section erscheinen die Lungen beiderseits lufthaltig, sehr blutreich, mässig ödematös. In den Herzhöhlen eine grosse Menge dunklen Blutes mit spärlicher Gerinnselbildung. Die Leber blassgelb, sehr brüchig, die Leberarterie von einem derben, geschichteten, weissgelblichen Thrombus gefüllt, der der Wandung innig adhärirt und sich bis in die feinsten Verzweigungen fortsetzt. Die Milz ist etwas vergrössert, mässig blutreich, brüchig; ihre Arterie ebenso wie die Leberarterie thrombosirt. Der Stamm der arter. coeliaca in geringem Grade aneurysmatisch erweitert, ohne Pallisadenwürmer. Die Nieren ohne besondere Veränderung. Im Magen reichliche Mengen von dickflüssigen Futterresten; im Dünndarm gelblich gefärbte flüssige Futterstoffe, die einzelne Blutspuren enthalten; die Schleimhaut verdickt, dunkelroth, mit zahlreichen Ecchymosen durchsetzt, mit reichlichem blutigem Schleim bedeckt. Im Dickdarm consistente Fäcalmassen, deren oberflächliche Schichten blutig gefärbt sind. Die vordere Gekrösarterie nahe ihrem Ursprunge zu einem Aneurysma von mässiger Grösse erweitert, dessen Lumen von einem obstruirenden, geschichteten Thrombus erfüllt ist, der zahlreiche Exemplare von Strongylus armatus enthält.

Die Bauchaorta enthält einige lose Blutgerinnsel. Die grossen Arterien des Beckens und Oberschenkels durch frischere Thromben verstopft.

4) 16jähriger Wallach. Thrombose der vorderen Gekrösarterie und ihrer Grimmdarmäste. Aneurysma verminosum derselben. Hämorrhagische Infiltration des Grimmdarmes und seines Gekröses, blutiger Darminhalt. Im Leben Kolikerscheinungen, Tod nach wenigen Stunden. Section am 22. IV. 69.

Das Thier, welches im Leben die heftigsten Kolikerscheinungen geboten, zeigte bei der Section folgenden Befund:

Der Hinterleib wenig aufgetrieben. Die Lungen mässig blutreich, von normalen Umfange; die Bronchialschleimhaut stark geröthet. In den vorderen unteren Lungentheilen fanden sich derbere, dunkelgefärbte Stellen von vermindertem Luftgehalt; die feineren Bronchien an dieser Stelle sind mit Eiter gefüllt. In der Peritonealhöhle eine geringe Menge serös-hämorrhagischer Flüssigkeit. Der Magen und die dünnen Gedärme sind von einer geringen Menge dickflüssiger Futterstoffe und etwas gasförmigem Inhalt gefüllt. Der Blind- und Hüftdarm von aussen dunkelblau durchscheinend und durch Koth und Gase bedeutend ausgedehnt. Das Mesocolon ist von zahlreichen hämorrhagischen Herden durchsetzt, die Pfortaderäste ungemein blutreich; man findet im Grimm- und Blinddarm eine grosse Menge einer theerfarbigen, blutgemischten Flüssigkeit. Ihre Schleimhaut ist durchweg von dunkelviolletrother Farbe und durch reichliches serösblutiges Infiltrat bedeutend verdickt. Der Stamm der vorderen Gekrösarterie und besonders der den Dickdarm versorgende Theil desselben ist aneurysmatisch erweitert; das Lumen des Aneurysma ist durch einen ziemlich derben, frischen Thrombus vollkommen verschlossen, der von gelblich röthlicher Farbe und in seinen äussersten Schichten deutlich geschichtet ist. Derselbe erstreckt sich bis in die Dickdarmäste hinein, wo er allmählig in frische dunkelrothe Blutgerinnsel übergeht. In den übrigen Organen bemerkt man keine auffallenden Veränderungen.

5) 9jähriger Wallach. Thrombose und Embolie der vorderen Gekrösarterie und ihrer Dickdarmäste; Aneurysma verminosum derselben. Blutigseröse Infiltration der Darmwandungen und des Gekröses; blutiger Darminhalt. Hochgradiger Meteorismus. Im Leben die gewöhnlichen Kolikerscheinungen. Section am 26. XII. 69. (vide Aneurysmen Nr. 33.)

Das Thier soll häufig an Kolik gelitten haben und war nach kurzer Zeit umgestanden.

Man findet ein gut genährtes Thier; der Hinterleib stark aufgetrieben. Die Lungen verkleinert und durch den hohen Zwerchfellstand comprimirt. Die Leber von lehmgelber Farbe, blutarm. Milz und Nieren normal. Der Magen und die dünnen Gedärme durch Futtermassen und Gase bedeutend ausgedehnt, ebenso der Grimmdarm. Letzterer ist in der Gegend der magenähnlichen Erweiterung vollkommen durchrissen (der Riss nach der Beschaffenheit seiner Ränder jedoch erst nach dem Tode entstanden). Die Schleimhaut des Magens dunkel geröthet, sehr blutreich, ebenso der grössere Theil der Darmschleimhaut. Dieselbe ist besonders an der Einmündung in den Blinddarm stark verdickt, ödematös und mit zahlreichen Ecchymosen versehen. Ebenso ist die Schleimhaut des Colon und in noch höherem Grade die des Coecum serös-blutig infiltrirt, bedeutend geschwellt und von schmutzig rother Farbe. Das Mesocolon, Mesocoecum und der dem Ende des Hüftdarms zugehörige Theil des Mesenterium sind dunkelroth und schwarzroth gefärbt, mit zahlreichen grösseren und kleineren hämorrhagischen Herden durchsetzt, verdickt und sehr saftreich; die Lymphdrüsen des Gekröses in dunkelrothe mit Blut überfüllte Knoten umgewandelt. Die Pfortaderäste dieser Theile strotzend mit dunklem, dickflüssigem Blute erfüllt. Der Darminhalt besteht in den Endtheilen des Dünndarms aus einem dünnflüssigen, durch reichliche Beimischung von Blut chocoladefarbigen Brei; im Blind- und Hüftdarm finden sich mehr consistente

Fäcalmassen, die ebenfalls durch bedeutende Blutbeimischung von schmutzig braunrother Färbung sind.

Am Stamm der vorderen Gekrösarterie ein früher (Nr. 33) näher beschriebenes Aneurysma von mässiger Grösse. In demselben ein lockerer fleischfarbener Thrombus mit mehreren Pallisadenwürmern, der das Lumen vollkommen verschliesst und ebenso die Ursprungsmündung der oberen Grimmdarmarterie. Weiter gegen die Peripherie an der Theilungsstelle in die untere Grimmdarmarterie und die Blinddarmarterien ein reitender Embolus von Bohnengrösse, der das Lumen der unteren Grimmdarmarterie an dieser Stelle nahezu vollkommen verschliesst und durch Fortsetzung in mehrere kleinere Aeste dieselben vollkommen unwegsam macht. Weiter nach aussen, wo die untere Grimmdarmarterie einen grösseren Ast abgibt, sitzt ein zweiter reitender Embolus von geringerem Umfange nnd derselben histologischen Zusammensetzung wie der erste Embolus und wie der Thrombus in dem Aneurysma.

Versuchen wir den Zusammenhang der geschilderten Erscheinungen im Leben mit den am Cadaver gefundenen Veränderungen klar zu machen, so wird diess nach den Erfahrungen, die wir über Embolie und Thrombose der Darmarterien besitzen, keine Schwierigkeiten haben. Der wandständige Thrombus des Wurmaneurysma der vorderen Gekrösarterie vergrössert sich durch Anlagerung neuer Blutgerinnsel plötzlich, sei es, indem das Lumen der aneurysmatischen Arterie vollkommen ausgefüllt wird, sei es indem er sich in grössere Aeste fortsetzend dieselben unwegsam macht. Welche Verhältnisse das Zustandekommen dieser Ereignisse begünstigen, ist schwierig zu sagen. Oder es werden Partikelchen von dem in Erweichung befindlichen Aneurysmenthrombus durch den Blutstrom fortgerissen und bleiben in der Peripherie an Theilungsstellen der Arterie stecken. Durch die in der Weise vollkommen aufgehobene arterielle Blutzufuhr tritt in dem betroffenen Stromgebiet eine hochgradige venöse Stauung mit seröser und blutiger Transsudation ein, die sich durch bedeutende Schwellung der Darmwandung und des Gekröses und zahlreiche grössere und kleinere Blutherde, sowie durch Bluterguss in das Darmrohr zu erkennen gibt. Die in Folge dieser Ereignisse zu Stande gekommene Darmlähmung bedingt eine gehemmte Fortbewegung des festen und gasförmigen Darminhaltes. Unter dem Einfluss abnormer Zersetzungsvorgänge im Darminhalt entwickeln sich rasch grosse Gasmengen, die einen bedeutenden Meteorismus zur Folge haben. Letzterer beeinträchtigt die Function des Respirationsapparates derart, dass die Thiere in kürzester Zeit an Erstickung zu Grunde gehen. Inwiefern die abnorm gebildeten Gase durch ihre Qualität und Quantität direkt einen verderblichen Einfluss ausüben können, werden wir später zu untersuchen haben. Die Wirkung der Embolie und Thrombose der Darmarterien ist also vollkommen identisch mit denjenigen Erscheinungen, die wir bei Lageveränderungen und inneren Einklemmungen des Darmes beobachten. Während bei letzteren ein mechanischer Verschluss des Darmrohrs vorhanden ist, finden wir hier eine Lähmung der Darmwandungen, die ganz dieselben secundären Erscheinungen macht wie die Darmstenose.

Aehnliche Fälle wie die beschriebenen hat man bei Pferden schon öfters beobachtet; ich lasse eine Zusammenstellung der bis jetzt in der Literatur bekannt gewordenen Fälle folgen, die jedoch keinen Anspruch auf Vollständigkeit machen kann.

Fälle von Thrombose und Embolie der vorderen Gekrösarterie:

1) Réc. de méd. vét. 1829 und Gurlt, Lehrb. der path. Anatomie I. p. 300.

Bei einem Pferde bemerkte man leichte Kolikzufälle, die von Zeit zu Zeit wiederkehrten, ferner Hinken mit Anschwellung der hinteren Extremitäten; unter allgemeiner Schwäche trat plötzlich der Tod ein. Bei der Section fand sich ein Aneurysma der vorderen Gekrösarterie und der Aorta, welches sammt Inhalt von Faserstoff 5 Pfund wog. Wegen der Grösse und Consistenz des Blutpfropfes konnte nur eine kleine Quantität Blut zu den Aesten der vorderen Gekrösarterie und den hinteren Stämmen der Bauchaorta, woraus sich die wahrgenommenen Erscheinungen erklären.

2) Rigot, Récueil de méd. vét. 1829 u. Repert. der Thierheilkunde B. 13. p. 191.

Ein Pferd zeigte im Leben öfters Kolikanfälle und Hinken mit wechselnder Anschwellung der Hinterfüsse; schliesslich trat bedeutende Abmagerung und Tod ein. Bei der Section fand sich ein faseriger Pfropf in der vorderen Gekrösarterie, die wie gewöhnlich aneurysmatisch und beinahe vollkommen verstopft war. Der Pfropf hatte sich auch in die Bauchaorta fortgesetzt, so dass nur wenig Blut in die hinteren Partien des Körpers strömen konnte.

3) Hering, Récueil de méd. vét. 1830. p. 433.

Bei einem 15jährigen Pferde, welches einige Tage vor dem Tode neben allgemeiner Schwäche an Blutabgang aus dem After litt, wurde ein Aneurysma an einer der Grimmdarmarterien gefunden. Dasselbe enthielt Faserstoff, Knochenlamellen und eine braune Jauche; im Grimmdarm fand sich ein röthliches Gemenge von zersetztem Blute mit Nahrungsstoffen. Die übrigen Aeste der vorderen Gekrösarterie waren erweitert. Die Venen des Grimmdarmes fanden sich mit geronnenem Faserstoff gefüllt und erweitert.

4) Röhling, Magazin für die gesammte Thierheilkunde. B. 15. p. 441. 1849.

Ein 9jähriges Pferd zeigte während der Bewegung einen schwankenden Gang. Die Fresslust war vermindert, später ganz aufgehoben; man bemerkte häufigen Abgang breiiger Excremente und unter Erstickungsanfällen trat nach 3 Tagen der Tod ein. Bei der Section fand sich die vordere Gekrösarterie mannsfaustgross erweitert; das Lumen von einem festen, verschieden gefärbten Thrombus ausgefüllt, so dass die Blutzufuhr zu den Aesten der Arterie fast gänzlich aufgehoben schien.

5) Raynal, Récueil de méd. vét. 1853 u. Repert. der Thierheilk. Bd. 14. p. 299.

Bei einer 15jährigen Stute beobachtete man die Erscheinungen des intermittirenden Hinkens und leichte Kolikanfälle mit wechselnder Besserung; nach einer plötzlichen Verschlimmerung und heftigen Kolikerscheinungen besserte sich der Zustand, bis nach 7 Wochen der Tod eintrat. Ausser einer Thrombose der hinteren Aorta und ihrer Becken- und Cruraläste fand man einen festen

Pfropf in der vorderen Gekrösarterie, der sich in die rechte Grimmdarmarterie erstreckte, in der Mitte aber einen federkieldicken Kanal enthielt.

6) Bruckmüller, Vierteljahrsschrift für wiss. Veterinärmedizin. B. 16. p. 64. 1860.

Bei einem Pferde fand sich die vordere Gekrösarterie zu einem sehr bedeutenden spindelförmigen Aneurysma erweitert, dessen Wandung wie gewöhnlich verändert war; die Arterie mit einem gelben derben Pfropf ausgefüllt, der sich bis in die Aorta erstreckte, in welcher er sich als ein wandständiger 3,5'' langer und 0,5 dicker weicher, gelblich-grauer Pfropf fortsetzte. In beiden Nieren embolische Herde.

7) Bruckmüller, Vierteljahrsschrift für wiss. Veterinärmedizin. B. 18. p. 20. 1861.

Bei einem plötzlich umgestandenen Pferde war in der vorderen Gekrösarterie unmittelbar nach ihrer Abzweigung eine Erweiterung zugegen, die mit einem weichen Thrombus ausgefüllt war, welcher sich bis in die Aorta erstreckte. Die Wand der erweiterten Arterie war in einer Ausdehnung von 2'' mit einer 3''' dicken, deutlich geschichteten Auflagerung bedeckt.

8) Köhne, Magazin für d. ges. Thierheilk. B. 27. p. 437.

Ein Pferd zeigte im Leben Erscheinungen einer schleichend verlaufenden Kolik. Bei der Section fand sich die vordere Gekrösarterie durch Obliteration fast vollständig verstopft, wodurch die Dickdärme überhaupt und namentlich der Blinddarm wahrscheinlich in einen lähmungsartigen Zustand versetzt waren.

9) Zahn, Vierteljahrsschrift f. wiss. Vet.-Med. B. 19. p. 143.

Bei einem an Kolik umgestandenen Pferde fand sich ein Aneurysma der vorderen Gekrösarterie mit Thrombose ihrer Zweige und Tympanites.

10) Hahn, Thierärztliche Mittheilungen der k. bayer. Centralthierarzneischule. H. II. p. 164. 1862.

Nach dreitägigen Kolikerscheinungen war ein Pferd umgestanden. Man fand ein Aneurysma der vorderen Gekröswurzel mit verknöcherten Wandungen. Bei Mangel aller anderen Erscheinungen mit Ausnahme von Spuren einer Entzündung am

Ende des Hüftdarmes und im Blinddarme und gleichzeitiger Röthung im Gekröse nahm man als Ursache der Krankheit das Aneurysma der vorderen Gekrösarterie an, indem durch Verschluss von Arterienästen der Blutzufluss zu einem Theil der Gedärme behindert war.

11) Seamen, Edingburgh Veterin. Review 1864 und Repert. der Thierheilk. B. 27. p. 130.

S. beobachtete 9 Fälle von Aneurysmen der vorderen Gekrösarterie, darunter 6 bei Fohlen zwischen 6—15 Monaten; bei allen war die Gekrösarterie erweitert, verdickt, zum Theil verknöchert, mit Gerinnsel gefüllt und in diesem Würmer enthaltend. S. hält die Würmer für die Ursache der Aneurysmen, sowie der im arteriellen Gebiet gefundenen Faserstoffpfröpfe, die er für die nächste Todesursache hält.

12) Glocke, Mittheilungen aus der thierärztlichen Praxis im preuss. Staate von Müller und Roloff $18^{65}/_{66}$. p. 165.

Thrombose der vorderen Gekrösarterie bei einem alten Pferde. Die Wände der Bauchaorta atrophisch.

13) Bonnaud und Andrieux, Journal des vét. du midi. 1867. p. 124.

Ein 9jähriges Pferd zeigte während einer zweimonatlichen Krankheitsdauer die Erscheinungen des intermittirenden Hinkens; später traten Abmagerung, Verminderung der Fresslust, beständige Unruhe und die heftigsten Kolikerscheinungen auf; unter steter Zunnahme dieser Erscheinungen erfolgte der tödtliche Ausgang. Man fand bei der Section in der vorderen Gekrösarterie einen 7—8 Ctm. langen Propf, der sich in die Zweige fortsetzte, die den Dickdarm versorgen; ebenso waren die Beckenarterien thrombosirt.

14) Caussé, Journ. de méd vét. milit. Tom. V. Nr. 7, 8 und Vierteljahrsschrift für wiss. Veterinärmed. B. 28. p. 176.

Ein früher immer gesundes Pferd stand plötzlich um. Man fand ausser einem ausgedehnten Aneurysma der hinteren Aorta ein Aneurysma der vorderen Gekrösarterie, welche ebenso wie ihre Verzweigungen concentrisch geschichtete den Wandungen anhängende Blutpfröpfe enthielten.

15) Cornevin, Journal de méd. vét. 1869 und Repert. der Thierheilkunde. B. 31, p. 29.

Ein 6jähriges Pferd zeigte nach 10tägigen leichten Krankheitserscheinungen Verstopfung und die heftigsten Kolikerscheinungen. Bei der Section fand man den Dünndarm namentlich in der Umgebung des Stammes der vorderen Gekrösarterie entzündet; letztere war nach ihrem Ursprung aus der hinteren Aorta in einer Länge von 3—4 Ctm. durch ein Gerinnsel verstopft, welches einerseits in das Lumen der Aorta hineinragte, anderseits in die Arterien des Hüft- und Blinddarmes sich fortsetzte.

So unvollständig diese Beobachtungen theilweise sind, so haben viele mit den von mir mitgetheilten Fällen eine unverkennbare Aehnlichkeit. Auch hier bemerkte man im Leben meist Kolikerscheinungen. Blutabgang durch den After scheint sehr selten zu sein; in der Regel leiden die Thiere an Verstopfung. Blutiger Darminhalt, umschriebene Entzündung einzelner Darmtheile und Ueberfüllung der Pfortaderäste finden sich in einigen Fällen erwähnt. Ausserdem sind zahlreiche Fälle beschrieben, in denen man Blutungen in das Gekröse, umschriebene Bauchfellentzündung oder Darmentzündung fand, die offenbar auf thrombotischen Vorgängen beruhten.

Vergleicht man die Beschreibungen von Fällen, in denen Croup oder Diphtherie des Darmes als Todesursache gefunden wurden, mit den fünf von mir beobachteten Fällen, so wird man zwischen beiden vielfache Aehnlichkeiten finden. Ebenso wird der Ruhrprocess nicht selten ganz ähnlich beschrieben: Man findet den Grimmdarm mit blutiger Flüssigkeit gefüllt, die Schleimhaut desselben stark geröthet und erweicht, das submucöse Gewebe von blutgemischtem, gelblich gallertigem Exsudate durchsetzt, durch welches die Schleimhaut in Form sehr dicker schlotternder Wülste hervorgetrieben wird. Dabei findet sich meist eine starke Anschwellung und blutige Infiltration der Gekrösdrüsen. In den höheren Graden ist das Schleimhautgewebe oberflächlich diphtheritisch zerfallen; man findet grosse gelbliche und schmutzig-rothe Schorfe, die mehr oder weniger fest anhaften; das submucöse Gewebe ist um das Drei- bis Vierfache verdickt und sehr locker. Die Serosa ist stark geröthet; selbst im subserösen Gewebe des Dickdarms besonders am Gekrösansatz sind die Gefässe stark mit Blut gefüllt und das Gewebe von gelb sulzigem Exsudate durchsetzt.

Dass in der Mehrzahl, vielleicht in sämmtlichen der als Diphtherie, Croup etc. beschriebenen Fälle Thrombosen und Embolien der Darmarterien die eigentliche Ursache des ganzen Processes waren, ist besonders für diejenigen Schilderungen unzweifelhaft, in denen man die ausgesprochensten Stauungserscheinungen in Form blutiger Infiltration im Gekröse und den Gekrösdrüsen gefunden hat (von älteren Autoren als ascites cruentus — Blutbauch beschrieben). Auch haben manche Fälle von Darmtyphus der Pferde eine unverkennbare Aehnlichkeit mit den Veränderungen bei Verstopfung der Darmarterien; nur ist bei letzteren das serös-hämorrhagische Transsudat in der Bauchhöhle nur in wenigen Fällen nachzuweisen. Dagegen habe ich eine Aehnlichkeit des Processes mit den Veränderungen beim Darmtyphus des Menschen, welche Panum bei seinen experimentellen Untersuchungen hervorhob, durchaus nicht finden können.

Wie schon oben erwähnt findet man bei lethalen Kolikfällen nicht so selten Brand der Darmschleimhaut, meist im Blind- oder Grimmdarm. Wenn wir bedenken, dass der serös-hämorrhagische Infarkt des Darmes, wie man die Folgen der Embolie und Thrombose der Darmarterien nennen kann, sich mit zersetzten Fäcalmassen in steter Berührung findet, so wird man nur fragen müssen, warum dieser Ausgang verhältnissmässig selten zur Beobachtung kömmt. Bei ungenügendem Collateralkreislauf wird dieses Ereigniss immer dann eintreten, wenn neben raschem Eintritt von Zersetzungsvorgängen im Darminhalt das Leben des Thieres noch genügend lange dauert, bis der necrotische Zerfall der Schleimhaut eingetreten ist; in der Mehrzahl der Fälle lassen es die Folgen des hochgradigen Meteorismus, die Rupturen oder die Behinderung des Respirationsgeschäftes, nicht zur Gangrän kommen, indem sie dem Leben früher ein Ende machen.

Hieher gehören auch die bei der Schilderung der Aneurysmen erwähnten vollkommen obstruirenden Thrombosen; nach der Beschaffenheit der Thromben waren letztere meist rasch zu Stande gekommen und sicher für die betreffenden Thiere tödtlich geworden.

Vollkommen verschieden von den bisher beschriebenen anatomischen und functionellen Störungen durch Thrombose der Darmarterien verhalten sich diejenigen, die man bei langsamem Zustandekommen eines obstruirenden Thrombus beobachtet. Einen ausgezeichneten Fall dieser Art habe ich in Nr. 54, 55 und 56 beschrieben; dort fanden sich sämmtliche Hauptäste der vorderen Gekrösarterie besonders diejenigen des Dickdarms in ziemlicher Ausdehnung vollkommen verstopft. Die Beschaffenheit der Thromben liess mit Sicherheit schliessen, dass die Verstopfung allmählig und langsam zu Stande gekommen war. Es war somit hinlänglich Zeit zur Entwicklung eines Collateralkreislaufes geblieben, der dem Darmtractus genügend Blut zuführte, um das Leben des Thieres zu erhalten. Unter allen Umständen war jedoch die chronische Circulationsstörung in den Aesten der aneurysmatischen und thrombosirten Gekrösarterie Mitursache, dass das betreffende Thier in seiner Ernährung so bedeutend herabgekommen und trotz seines jugendlichen Alters (7 Jahre) zum „Anatomiepferde" geworden war, in welcher Eigenschaft bekanntlich nur die werthlosesten Thiere, die Mähren im wahren Sinne des Wortes angekauft werden. In diese Kategorie gehören wohl auch die schleichend und recidivirend verlaufenen Kolikfälle, die unter allmähliger Erschöpfung und Abmagerung zum Tode führen, ohne dass man bei der Section etwas anderes als einen Magen — Darmkatarrh findet. In solchen Fällen sind sicher embolische und thrombotische Vorgänge mit ungenügender Bildung eines collateralen Kreislaufes im Spiele. Auch secundär durch Störungen in der Pfortadercirculation dürften chronische Magen- und Darmkatarrhe sich entwickeln, die ein chronisches Siechthum herbeiführen. Man wird hier ferner unwillkürlich an die leichten icterischen Erscheinungen erinnert, die man als auffallend schmutzig gelbliche Färbung der Bindehaut des Auges und der Maulschleimhaut bei chronischen

Magen-Darmkatarrhen nicht selten beobachtet. In Folge der oben geschilderten Processe können die Störungen in der Pfortadercirculation sicher einen leichten Icterus zu Stande kommen lassen. Ob die verschiedenen Grade der Lebercirrhose, die man bei Pferden im Verhältniss zu ihrer kurzen Lebensdauer nicht so selten beobachtet, ebenfalls damit im Zusammenhang stehen, ist zum mindesten nicht unwahrscheinlich.

Erinnern wir uns ferner der oben durch statistische Nachweise bewiesenen Zunahme der Koliken mit dem zunehmenden Alter der Pferde sowie des Umstandes, dass die Häufigkeit der Aneurysmen mit dem zunehmenden Alter wächst, so muss uns dies als ein weiterer Beleg für die Richtigkeit der Annahme eines Zusammenhangs zwischen den Koliken und dem Aneurysma dienen.

Wie verhält es sich nun aber mit jener grossen Zahl von tödtlichen Koliken, in denen man Zerreissungen des Darms oder Magens oder Lageveränderungen und innere Einklemmungen als nächste Todesursache findet? Es dürfte Manchem ein gewagter Versuch erscheinen, auch hier das Aneurysma verminosum resp. die von ihm bedingten embolischen und thrombotischen Störungen verantwortlich machen zu wollen.

a) Die Rupturen des Magens und Dickdarms stellen bekanntlich ein nicht geringes Contingent der tödtlich verlaufenen Kolikfälle. Gewöhnlich gehen hartnäckige, länger oder kürzer dauernde Verstopfungen voraus, die schon mit Sicherheit darauf hinweisen, dass ein Hinderniss in der Fortbewegung des Darminhaltes die Ursache der Erkrankung bildet. Bei der Autopsie findet man gewöhnlich auch im Blind- und Grimmdarm grosse Anhäufungen von Fäcalmassen — (Verstopfungskoliken) und den Darmkanal durchweg mit Ausnahme des Mastdarms von Gasen in höchstem Grade ausgedehnt. Sehr häufig findet man gleichzeitig einen Theil der Dickdärme entzündet, das Gekröse ebenfalls entzündet und verdickt. Fragt man nach der Ursache dieser Anhäufung von festen Fäcalmassen, so hat man verschiedene Erklärungsweisen gegeben. Vor Allem beschuldigt man Ueberfütterungen oder die ungeeignete Beschaffenheit des Futters, ferner den eigenthümlichen Bau der Baucheingeweide des Pferdes als

Ursachen; auch eine krampfhafte Contraction des Pförtners wurde als Ursache angegeben. So wenig man in Zweifel ziehen kann, dass ungeeignete Fütterung Verdauungsstörungen und Kolikanfälle zur Folge haben kann, so genügt diese Erklärung für die Mehrzahl der Fälle kaum und am wenigsten für die tödtlich verlaufenen Fälle; sicht man doch auch Pferde, ohne dass eine solche diätetische Schädlichkeit vorausgegangen, in kürzester Zeit an Rupturen zu Grunde gehen. An Stelle weiterer Erörterungen lasse ich einen von mir beobachteten Fall folgen:

16jährige Stute. Ruptur des Magens; bedeutender Meteorismus. Thrombose der oberen Grimmdarm- und der vorderen Mastdarmarterie; wandständiger lockerer Thrombus in dem Wurmaneurysma der vorderen Gekrösarterie. Heftige Kolikerscheinungen im Leben. Sect. am 24. I. 1870. (vid. Aneur. Nr. 40.)

Nach einem 3stündlichen Aufenthalt in der Anstalt war das Thier unter den gewöhnlichen Kolikerscheinungen umgestanden. Wegen anderweitiger Benützung des Cadavers konnte nur die Bauchhöhle eröffnet werden. In derselben fanden sich reichliche Futtermengen, die durch einen grossen Riss des Magens ausgetreten waren; letzterer entsprach der grossen Curvatur des Magens und zeigte blutig infiltrirte Ränder. Die dünnen und dicken Gedärme mit Ausnahme des Mastdarms durch Gase und Futtermassen bedeutend ausgedehnt. Die Serosa des Peritoneum leicht geröthet, wenig entzündet (Perforativ-Peritonitis). Der Grimmdarm besonders die magenähnliche Erweiterung und der Anfangstheil des Mastdarms, sowie der Blinddarm mässig in ihrer Schleimhaut verdickt, serös infiltrirt, mit einzelnen Blutpunkten versehen. Die vordere Gekrösarterie aneurysmatisch verändert, in ihrem Lumen ein lockerer, frischer wandständiger Thrombus mit 5 Pallisadenwürmern, der die Lichtung nicht unbedeutend verengert. An der Ursprungsmündung der oberen Grimm- und vorderen Mastdarmarterie, dieselben nahezu vollkommen verschliessend, ein doppelt bohnengrosser, wandständiger Thrombus, der 3 Würmer einschliesst und auf einer Stelle der Wandung aufsitzt, die durch 2 in ihr befindliche Würmer im Zustand der acuten diffusen Entzündung sich befindet; die genannten Arterien ebenso die Arterie des Coecum sind mit dickflüssigem Blute gefüllt, ebenso die entsprechenden Pfortaderäste.

Dieser Fall lässt kaum eine andere Deutung zu, als dass die thrombotische Verstopfung der oberen Grimm- und vorderen Mastdarmarterie die seröse Infiltration der betreffenden Darmpartien mit theilweiser Lähmung derselben verursacht hatten. Die bedeutende Verengerung des Lumens des Aneurysma durch den offenbar frisch entstandenen und erweichten Thrombus verhinderte eine compensatorische Ausgleichung durch collaterale Blutzufuhr; es erfolgte eine Lähmung der betreffenden Darmtheile, aufgehobene Fortbewegung des Darminhalts, bedeutende Gasentwicklung und Anhäufung von Futterstoffen im Magen — durch antiperistaltische Bewegung; schliesslich Ruptur des Magens und Tod.

Wie man sich aus der anatomischen Schilderung des Aneurysma und seines wandständigen Thrombus überzeugen kann, sind vorzugsweise die Arterien des Dickdarms der Gefahr der Embolie und Thrombose ausgesetzt und dem entsprechend findet man häufig im Grimm- und Blinddarm eine Anhäufung der Fäcalmassen, die man meist als Ursache der Rupturen bezeichnet. Die Kothstauung in diesen Darmtheilen ist nach unseren Anschauungen jedoch auch erst eine secundäre, durch die theilweise oder vollkommene D a r m l ä h m u n g in Folge der gestörten Blutcirculation bedingte.

b) Was die andere Art der Todesursachen bei Koliken, die L a g e v e r ä n d e r u n g e n u n d E i n k l e m m u n g e n d e s D a r m e s betrifft, so wurde schon oben erwähnt, dass die weitaus häufigsten Ereignisse dieser Art Axendrehungen des Dünndarmgekröses und solche des Grimmdarms um seine Längsaxe (besonders der beiden linken Lagen desselben) betreffen. Andere Veränderungen wie Invaginationen, Einschnürungen durch alte Bindegewebsspangen, durch Gekrösanhänge und Lipome, ferner äussere eingeklemmte Brüche und sogenannte innere Hernien durch Incarceration in Netzrissen, in das Winslow'sche Loch etc. sind verhältnissmässig seltene Ereignisse. So konnte ich unter 618 tödtlichen Kolikfällen nur 5 Fälle von Einklemmungen durch ältere Adhäsionen, 12 Incarcerationen durch Gekrösanhänge (Lipome etc.) 9 Fälle von äusseren eingeklemmten Brüchen und 12 Fälle von Invagination notiren. Die Entstehung dieser häufigen Lageveränderungen erklärt man sich vorzugsweise durch die Länge des Gekröses und durch die freie und bewegliche Lage des langen Grimmdarms. Dass dies Momente sind, welche das Zustandekommen von Lageveränderungen ausserordentlich begünstigen, lässt sich nicht in Abrede stellen. Sie praedisponiren jedoch nur zu solchen Vorkommnissen, zu deren Entstehung jedoch immer noch eine Gelegenheitsursache nothwendig ist. Man ist schon längst darüber einig, dass zum Zustandekommen einer Lageveränderung des Darms, wie wir sie in dem Volvulus des Mesenterium und des Grimmdarmes kennen, immer ein fixer Punkt vorhanden sein muss, der gleichsam als unbewegliche Axe den Ausgangspunkt der Lageveränderung bildet. Dass ein vollkommen oder theilweise gelähmtes Darmstück einen solchen fixen Punkt, an dem sich der Darminhalt ansammelt, darstellen kann und wohl auch in der Regel darstellt, ist gewiss sehr wahrscheinlich. Da nun durch Embolien oder Thrombosen selbst kleinerer Aeste der vorderen Gekrösarterie solche Paralysen und Paresen eines Darmstückes sehr leicht und gewiss häufig verursacht werden, so darf man sicher bei Besprechung der Entstehung der Lageveränderungen auch diese Möglichkeit in Betracht ziehen. Ich lasse einige Beobachtungen folgen, die eine solche Auffassung als wohl begründet erscheinen lassen:

1) 10jährige Stute. Ruptur des Mesocolon zwischen den beiden rechten Lagen desselben; Axendrehung einer Partie des rechten unteren Grimmdarms und Einlagerung desselben in den Gekrösriss. Embolische Thrombose der unteren und oberen Grimmdarmarterie. Aneurysma verminosum der vorderen Gekrösarterie. Im Leben die gewöhnlichen Kolikerscheinungen. Section am 15. XII. 1869. (vide Aneurysmen Nr. 30.)

Das gutgenährte Thier war nach wenigen Stunden unter Kolikerscheinungen umgestanden. Man fand die Gedärme durch Gase und Futterstoffe sehr stark ausgedehnt. Am Blind- und Grimmdarm (rechte untere Lage) waren 2 Rissstellen, die nach Beschaffenheit der Ränder erst nach dem Tode zu Stande gekommen waren. Im Mesocolon zwischen den beiden rechten Lagen des Grimmdarmes ein 30 Ctm. langer Riss, in welchen ein Theil der rechten oberen Lage und ein Theil des Mastdarms durch Drehung um ihre Längsaxe eingelagert waren. Die Schleimhaut des Blind- und Grimmdarmes bedeutend verdickt, dunkelroth gefärbt, mit zahlreichen Ecchymosen versehen, ebenso das Mesocolon. In der oberen Grimmdarmarterie entsprechend der Rissstelle im Gekröse ein 18 Ctm. langer frischer Thrombus, der in die kleineren Aeste Fortsetzungen abgibt; vor dieser Stelle finden sich 2 aneurysmatische Erweiterungen der Arterie. Am Stamm der vorderen Gekrösarterie ein mässig grosses spindelförmiges Aneurysma, dessen Weitung durch einen ringförmigen, wandständigen Thrombus bedeutend verengt erscheint. Der Thrombus ist überaus brüchig und locker und besteht mikroskopisch aus fettig-körnigem Detritus, Körnerzellen und Pigmentschollen. In peripherischer Richtung sitzt an der Theilungsstelle, wo die untere Grimmdarmarterie und die Blinddarmarterien entspringen, ein reitender Embolus lose auf. Derselbe besteht aus denselben Elementen wie der Thrombus in dem Aneurysma, enthält 3 Exemplare von Strongylus armatus und verengt vorzugsweise das Ostium der unteren Grimmdarmarterie. Die obere Grimmdarmarterie ist an ihrem Ursprung aneurysmatisch erweitert, jedoch ohne Thrombus.

In den übrigen Organen keine besonderen Veränderungen.

2) 4jähriger Hengst. Axendrehung der beiden linken Lagen des Grimmdarmes um ihre Längsaxe. Embolus in der unteren Grimmdarmarterie unmittelbar vor dem Beginn des gedrehten Theils; Aneurysma verminosum der vorderen Gekrösarterie mit wandständigem in Erweichung begriffenem Thrombus. Hochgradiger Meteorismus. Im Leben Kolikerscheinungen, Tod nach kurzer Krankheitsdauer. Section am 13. III. 70.

Der Hinterleib des gut genährten, kräftigen Thiers ist sehr stark aufgetrieben, der Mastdarm fast in der Länge eines Meters vorgefallen.

Der Magen und Darm enthalten Futter- und Kothmassen in mässiger Menge, sind jedoch durch übelriechende Gase enorm ausgedehnt.

Die beiden linken Lagen des Grimmdarms zeigen eine halbe Axendrehung um ihre Längsaxe und bieten nebst dem entsprechenden Mesocolon die gewöhnlichen venösen Stauungserscheinungen. In der unteren Grimmdarmarterie unmittelbar vor dem gedrehten Darmtheile ein bohnengrosser eingekeilter Embolus, der einen Pallisadenwurm einschliesst und makroskopisch wie mikroskopisch ganz dieselbe Beschaffenheit besitzt wie der wandständige in rother Erweichung begriffene Thrombus des aneurysmatischen Stammes der vorderen Gekrösarterie; letzterer enthält ebenfalls mehrere Pallisadenwürmer.

In den peripherischen Verzweigungen der Dünndarmarterien zahlreiche Reste früherer Embolien in Form verschieden veränderter Thromben der Arterien- und Venenzweige und runder subseröser Pigmentplatten von schieferiger Farbe.

Die übrigen Organe wie gewöhnlich verändert; die Leber lehmgelb, sehr blutarm und brüchig.

In diesen beiden Fällen sehen wir in den Arterien, welche die verlagerten Darmtheile mit Blut versehen, thrombotische und embolische Verstopfungen und man ist wohl berechtigt, sie als Ursache der Lageveränderungen anzusprechen. Ein seltenes Ereigniss ist die Ruptur des Mesocolon wie im ersten Falle; sie wurde sicher durch die seröse und hämorrhagische Infiltration des Gekröses begünstigt. Bekanntlich treten bei Lageveränderungen und inneren Einklemmungen immer venöse Stauungen und hämorrhagische Processe auf, welche die ursprünglichen durch die Arterienverstopfung gesetzten Veränderungen vollkommen verdecken können. Eine genaue Untersuchung selbst kleinerer Arterienäste und des aneurysmatischen Stammes der Gekrösarterie dürfte wohl in der Mehrzahl der Fälle Hindernisse für die normale Blutcirculation nachweisen lassen, die einen lähmungsartigen

Zustand eines Darmtheiles und damit das Zustandekommen der Lageveränderungen verursachen. Die anatomischen Eigenthümlichkeiten des Pferdedarms begünstigen selbstverständlich den Eintritt solcher gefährlicher Verlagerungen in hohem Grade.

c) Die Ursachen der in Genesung ausgehenden Koliken.

Wenden wir uns jetzt zur zweiten Kategorie von Koliken — zu denen, die in Genesung ausgehen, so werden wir uns kürzer fassen können, da uns hier objective Anhaltspunkte in weit geringerem Masse geboten sind. Es wurde schon früher angeführt, wie schwierig es ist, hier zu einem positiven Resultate zu gelangen, und dass man sich in der Regel begnügt, die grosse Mehrzahl der in Genesung ausgehenden Koliken als nervöse und rheumatische Erkältungskoliken etc. zu bezeichnen.

Seitdem man begonnen hat, die anatomischen Veränderungen, die den verschiedenen krankhaften Vorgängen zu Grunde liegen, näher kennen zu lernen, hat man in allen Organen des Körpers bei Menschen und Thieren die Reste geheilter und abgelaufener Processe nachgewiesen: dieselben bestehen meist in bindegewebigen Narben und Adhäsionen, narbigen Einziehungen, kalkigen und käsigen Herden, Pigmentirungen etc. Solche ältere Veränderungen gestatten uns, am Cadaver selbst ohne Kenntniss der Krankengeschichte die früheren Krankheiten des Individuums bis zu einem gewissen Grade feststellen zu können. Beim Menschen spielen diese Spuren früherer Krankheiten, die man mit zunehmendem Alter in steigender Progression findet, in den Sectionsberichten eine grosse Rolle, da man selten ältere Personen secirt, die nicht in einem oder dem andern Organ solche Ueberbleibsel abgelaufener und geheilter Processe zeigen. Diese älteren Veränderungen sind überdies nicht selten noch die Quelle mannigfacher Leiden.

Bei unseren Hausthieren sind solche ältere Veränderungen unverhältnissmässig seltener; man darf dies jedoch nicht allein den selteneren Erkrankungen der Thiere überhaupt, sondern auch ihrer kürzeren Lebensdauer und dem Umstande zuschreiben, dass bei vielen Thieren durch Tödtung dem natürlichen Ablauf der Krankheiten zuvorgekommen wird.

Um die Aetiologie und die anatomische Grundlage der in Genesung ausgehenden Koliken kennen zu lernen, sind wir daher zunächst darauf angewiesen, in den Cadavern umgestandener oder getödteter Thiere nach solchen Ueberbleibseln zu suchen, die uns einen Schluss auf die Ursache der im Leben beobachteten Koliksymptome gestatten.

Als ich meine ersten Beobachtungen über die embolische und thrombotische Natur der Kolikursachen machte, war es mir sofort klar, dass gerade der Punkt, der uns jetzt beschäftigen soll, geeignet sei, einen Prüfstein meiner Theorie abzugeben und ihre Richtigkeit oder Unrichtigkeit zu controliren. Ebenso wie der geheilte durch Embolie zu Stande gekommene Milzinfarkt, die embolischen Herde (Metastasen) der Nieren nach ihrer Heilung die eigentliche Natur des Processes mit ziemlicher Sicherheit erkennen lassen, so musste auch der serös-hämorrhagische Darminfarkt, wenn er die Grundlage einer so häufigen Krankheit der Pferde bildete, an seinen Spuren und Ueberbleibseln zu erkennen sein. Wenn man solche materielle Veränderungen in den Hinterleibsorganen der Pferde überhaupt nicht oder in so geringer Zahl findet, dass sie mit der ungemeinen Häufigkeit der Koliken nicht in Verhältniss stehen, so musste man ohne Weiteres denjenigen Recht geben, die behaupten, dass die leichteren, in Genesung ausgehenden Koliken meist nur in nervösen und rheumatischen Affectionen ihren Grund haben. Um zu einem sicheren Urtheil über diesen Punkt zu gelangen, muss man jedoch immer den Umstand im Auge behalten, dass bei der grossen räumlichen Ausdehnung des Verdauungskanales eine in dieser Richtung geführte Untersuchung eine besondere Sorgfalt und Umsicht verlangt, dass sie nicht so leicht und einfach sein wird, als in anderen compendiösen Organen wie z. B. in den Lungen, Nieren, Milz etc., die das geübte Auge in kürzester Zeit überblicken und genau durchforschen kann.

Als ich zuerst meine Aufmerksamkeit auf diesen Punkt richtete, war ich überrascht durch das nahezu constante Vorkommen älterer Veränderungen, die mit Sicherheit auf abgelaufene embolische und thrombotische Zustände bezogen werden können.

Ich sehe hier vollständig ab von den häufigen Thromben, die man in den feineren Arterien und Venen der Gekröswurzel, in der nächsten Nähe und Umgebung des Wurmaneurysma findet und die bei der Schilderung der Aneurysmen häufig Erwähnung fanden. Verfolgt man jedoch die Aeste der vorderen Gekrösarterie und besonders diejenigen des Dickdarms bis in ihre feineren Verzweigungen, so findet man vor Allem im Mesocolon und -coecum längs derselben sehr häufig schieferige Pigmentirung und ein verdichtetes sclerosirtes Bindegewebe. Die entsprechenden Arterien und auch die Venen sind durch Thromben verschlossen, die unter dem Mikroskop alle möglichen Stadien der Metamorphose von der einfachen Verkalkung bis zur Organisation und Canalisation zeigen. Das sclerosirte Bindegewebe ist verschieden stark pigmentirt, sehr zellenreich und enthält nicht selten käsig-eiterige Herde. Auch die zunächst liegenden kleineren oder grösseren Lymphdrüsen sind schieferig pigmentirt, indurirt oder seltener zu Eiterherden umgewandelt. Von der Ausbreitung dieser Processe kann man sich eine Vorstellung machen, wenn man erfährt, dass z. B. an einem feinen Querschnitte von einer solchen Stelle des Mesocolon, der kaum 1 □ Ctm. misst, 5—6 thrombosirte feine Arterien und Venen vorhanden waren. Am meisten auffallend neben den Pigmentirungen sind die kalkigen Venenthromben, deren secundäre Entstehung bei arteriellen Embolien und Thrombosen schon lange bekannt ist. Die collateralen Verhältnisse der Darmarterien sowie die Druckverhältnisse des Pfortaderblutes, die früher ausführlicher erörtert wurden, begünstigen ohne Zweifel das Zustandekommen von secundären Venenthrombosen in den feineren Pfortaderwurzeln, die man auch in frischen Fällen von arterieller Embolie oder Thrombose nie vermisst und die in kalkiger Umwandlung so häufig nachzuweisen sind. Besonders auffallende Veränderungen dieser Art fanden sich in den Fällen von Aneurysmen, die als Nr. 40. 47 u. 54—56 beschrieben wurden. In einem Falle fand sich gleichzeitig neben den thrombosirten Arterien und Venen eine speckige umschriebene Induration des Bindegewebs des Gekröses, die eine von schieferigen Pigmentstreifen durchzogene und mit Eiterherden durchsetzte Fibrinmasse darstellte (Nr. 40). Ein ganz auffallendes Verhalten zeigten die kalkigen manchmal rosenkranzförmigen Venenthromben in einem Falle (Nr. 47), indem sie frei in das Lumen des Grimmdarmes hineinragten und als hanfkorngrosse Höcker 2—3^{mm} hoch über die Schleimhautoberfläche prominirten; an der betreffenden Stelle fehlte jedesmal die Schleimhaut vollkommen.

Diese älteren Thromben finden sich am häufigsten im Mesocolon und -coccum und in dem Theile des Mesenterium, der noch von der Arteria ileo-coeco-colica Aeste erhält. Aber auch die peripherischen Verzweigungen der Dünndarmarterien zeigen nicht selten thrombotische Verstopfungen, die gleichzeitig die entsprechenden Pfortaderäste auch betreffen. Man kann dieselben leicht finden, wenn man die Gefässe an jenen Stellen untersucht, die in Form schieferig gefärbter, runder Platten auf der Serosa des Dünndarmes so häufig zu sehen sind. Diese Platten sind meist groschen- bis sechsergross, 1—2^{mm} dick und scharf abgegrenzt; mikroskopisch bestehen sie aus einem sclerotischen, zellenreichen, in fettiger Entartung befindlichen Bindegewebe, welches durch reichliche Ablagerung von schwarzem, körnigem Pigment seine eigenthümliche Farbe erhält. — Bruckmüller (p. 478) beschreibt diese schiefergrauen oder intensiv schwarzen Flecken in dem serösen Ueberzug der Gedärme als besonders häufig am Ende des Grimmdarmes vorkommend, wo sie als mehrere Linien dicke flache Pigmenteinlagerungen in grosser Ausdehnung und in sehr mannigfacher Gestalt erscheinen. Es unterliegt keinem Zweifel, dass solche Pigmentirungen, die gleichzeitig mit Verstopfung der entsprechenden Gefässe gefunden werden, als geheilte kleine hämorrhagische Infarkte betrachtet werden müssen. Als Ueberreste der entzündlichen Affectionen des Peritoneum findet man bei vielen Sectionen bindegewebige und spangenförmige Adhäsionen der einzelnen Eingeweide untereinander. In der Schleimhaut des Darmes finden sich als ältere Veränderungen: Verdickungen und Pigmentirungen, die ebenfalls als Reste von Infarkten betrachtet werden müssen, besonders wenn sie gleichzeitig mit thrombosirten Gefässen angetroffen werden. Letztere sind übrigens durchaus nicht nothwendig, da Thromben von gutartiger Beschaffenheit, wie sie in der Gekrösarterie fast ausnahmslos vorkommen, auch vollkommen resorbirt werden können. Die Phlebolithen der Darmvenen erwähnt auch Bruckmüller als hie und da vorkommend[1]). Die Vereiterung und Verkäsung, die schiefrige Pigmentirung der Lymphdrüsen im Mesocolon wurde schon erwähnt; man findet manchmal förmliche Gekrösdrüsenabscesse mit dicken speckigen Wandungen, die in Verbindung mit Gefässverstopfungen über ihre Entstehung keinen Zweifel lassen. Ob Geschwüre der Darmschleimhaut des Pferdes embolischen Ursprungs sein können, darüber fehlen mir eigene Beobachtungen; die Möglichkeit und Wahrscheinlichkeit einer derartigen Entstehung lässt sich nicht in Abrede stellen.

Wenn man bedenkt, dass die beschriebenen embolischen Veränderungen vorzugsweise in den Theilen des Darmes getroffen werden, die dem Strombezirk der am meisten veränderten Arterienstämme angehören (Arteria ileo-coeco-colica), dass viele embolische Processe bei zeitiger Einleitung eines Collateralkreislaufes und vollkommener Resorption des Pfropfes spurlos heilen können, so wird man zugestehen müssen, dass die erörterte Annahme über die Entstehung der in Genesung ausgehenden Koliken nicht unbegründet erscheint. Die grosse Mannigfaltigkeit der em-

[1]) Solche Thrombosen der Pfortaderwurzeln können selbstverständlich wiederum Veranlassung zu weiteren Embolien in der Leber geben. Ich glaube, dass die Entstehung der kalkigen und käsigen Herde, die man so häufig in der Leber der Pferde findet, auf solche Weise durch Embolie zu erklären ist. Dieselben sind nach Bruckmüller (p. 500) meist erbsen- bis haselnussgross und sitzen unter dem Peritonealüberzug oder nahe demselben (was besonders für einen embolischen Ursprung spricht). Bei der vollkommen gutartigen Natur der Embolie wird man eine septische Blutinfection oder locale eiterige Processe in der Leber nie oder sehr selten erwarten dürfen. Lethale Fälle von Pfortaderthrombosen, wie einzelne in der Literatur bekannt sind, entstehen wohl auch in der angegebenen Weise.

bolischen Processe, deren Verlauf, Dauer und Ausgang von verschiedenen Faktoren beeinflusst wird, erklärt uns vollkommen die verschiedene Dauer und Intensität der Kolikanfälle, deren eigentliche Ursache in der Regel wohl eine vollkommene oder unvollkommene Lähmung eines Darmtheiles ist. Inwiefern die Schmerzen direkt durch Embolie verursacht werden und nicht erst durch die secundären Folgen: behinderte Bewegung des Darminhalts, Gasentwicklung etc. entstehen, lässt sich schwierig feststellen. Sehr wahrscheinlich dürften krampfhafte Contractionen der Darmwandungen oberhalb der gelähmten Stelle an der Heftigkeit der Schmerzen, die man in vielen auch in Genesung ausgehenden Kolikfällen beobachtet, einen grossen Antheil haben.

Man darf im Uebrigen nie vergessen, selbst wenn man ältere Veränderungen wie die beschriebenen nicht so regelmässig finden würde, dass die constanteste und häufigste ältere Veränderung im Hinterleib des Pferdes unter allen Umständen das Aneurysma der vorderen Gekrösarterie ist, welches vermöge seines Sitzes und seines Inhaltes die verschiedenartigsten Störungen der Darmfunktionen verursachen kann.

4) Zur Physiologie der Koliksymptome. Der Meteorismus, die Darmgase. Kohlensäure- und Schwefelwasserstoffvergiftung.

Anknüpfend an die früher beschriebenen Symptome der „Kolik“ der Pferde dürfen wir dieselben im Wesentlichen als charakterisirt betrachten: a) durch den plötzlichen Eintritt, b) die heftigen Schmerzen, c) die aufgehobene Koth- und Gasentleerung, d) den Meteorismus. Die Erscheinungen von Seiten der Respirations- und Circulationsorgane und des Centralnervenapparates, die wir als Dyspnoë, Cyanose, hohe Pulsfrequenz, Convulsionen, tobendes Benehmen etc. kennen, kommen nur als secundäre in Betracht.

Erinnern wir uns, dass die Verstopfung einer Darmarterie Darmlähmung erzeugt, so haben wir ganz denselben Effect und Symptomencomplex vor uns, wie sie eine Darmstenose durch

Lageveränderung eines Darmtheiles hervorbringt. Die durch Lähmung der Darmmusculatur oder durch mechanische Ursachen bedingte Unwegsamkeit des Darmrohrs bildet den Mittelpunkt der ganzen Symptomengruppe, die wir unter dem Namen Kolik zusammenfassen. Während sich dieser Zustand beim Menschen (Ileus, Miserere) hauptsächlich durch das Kothbrechen zu erkennen gibt und meist erst in einigen Tagen tödtet, sind es beim pflanzenfressenden Pferde die oben genannten Symptome, die die Natur des Leidens erkennen lassen; der tödtliche Ausgang kann schon in einigen Stunden erfolgen. Die Gefahr für den Pflanzenfresser und speciell für das Pferd ist hauptsächlich desshalb eine grössere, weil dasselbe nicht im Stande ist, durch Erbrechen einen Theil des Magen- und Darminhaltes zu entleeren und weil die rapide Gasentwicklung dem Leben sei es durch Ruptur der Eingeweide, sei es durch Behinderung der Lungenfunktion oder auf eine andere hier näher zu betrachtende Weise ein Ende macht.

Es ist hier der Ort, die Bedeutung der Darmgase die bei den Krankheiten des Verdauungstractus des Pflanzenfressers eine so bedeutende Rolle spielen, etwas genauer zu besprechen.

Die Darmgase des Pferdes bestehen unter normalen Verhältnissen hauptsächlich aus Kohlensäure, Stickstoff, Kohlenwasserstoff, Wasserstoff, Sauerstoff und nach Valentin[1]) auch Schwefelwasserstoff, der ausser im Dickdarm auch im Magen und Dünndarm vorkommen soll.

Die Quellen dieser Gase sind verschiedene: Der Sauerstoff und Stickstoff stammen aus der athmosphärischen Luft, die mit den Nahrungsmitteln und dem Speichel verschluckt werden; die Kohlensäure kommt durch Diffusion aus dem Blute oder entsteht wie der Wasserstoff und das Sumpfgas durch Gährungsprocesse. Während Schwefelwasserstoff unter normalen Verhältnissen beim Menschen selbst nicht im Dickdarm oder höchstens in kleinen Spuren getroffen wird, soll er nach Valentin auch im Magen und Dünndarm des Pferdes gefunden werden (?).

---

[1]) Archiv für physiol. Heilkunde. B. XIII. p. 356.

Die mittlere Menge und das Volumen der Gase ist unter normalen Verhältnissen ziemlich constant. Der tägliche Zufluss wird durch einen entsprechenden Abfluss ausgeglichen. Letzteres geschieht auf 2 Wegen: einmal durch die Darmbewegungen und die Entleerung der Gase durch den After und zweitens durch die Resorption der Gase durch die Darmschleimhaut. Auf letzterem Wege wird die grössere Menge entfernt; es gelangen so die Gase in das Pfortadersystem und werden rasch durch die Lungen ausgeschieden (Bernard).

Die Gasresorption im Darm wird vorzüglich durch den Tonus der Darmringmuskeln bewerkstelligt.

Eine abnorme Anhäufung der Darmgase entsteht bei der Kolik der Pferde resp. einer Darmlähmung oder einem Darmverschluss durch gesteigerte Gasentwicklung in Folge der abnormen Beschaffenheit der Verdauungssecrete (die bei abgeschnittener oder behinderter arterieller Blutzufuhr sehr rasch eintreten wird). Sehr bald tritt der Zeitpunkt auf, in dem die Resorption der Gase mit ihrer Erzeugung nicht mehr Schritt halten kann. Durch die Ernährungsstörung der Darmwandung ist die Musculatur wenigstens an einer umschriebenen Stelle theilweise oder vollkommen gelähmt, durch die hochgradige Ausdehnung des Darmrohrs werden die Blutgefässe immer enger, der Blutstrom verliert an Umfang und Geschwindigkeit. Während so auf der einen Seite die Gasentwicklung ungehemmt von statten geht, wächst auf der anderen Seite die Spannung der Gase so bedeutend, dass bald eine Umkehr der Gasdiffusion stattfindet; die Gase, unter denen die Kohlensäure[1]) beim Pflanzenfresser den Hauptbestand-

[1]) Valentin (l. c.) hat bei gesunden Pferden, die mit Heu und Hafer gefüttert wurden, folgende Mengen von Kohlensäure in den Darmgasen gefunden: im Magen 44—55 Volumprocente, im oberen Theil des Dünndarmes 18, im Blinddarme 80, im mittleren Theile des Mastdärms 48 Volumprocente. Ausserdem fand er je nach dem Darmtheile Stickstoff zwischen 10—73%, Schwefelwasserstoff in sämmtlichen Darmtheilen: im Magen bis zu 5% (?), ferner Kohlenwasserstoff, Wasserstoff, Sauerstoff und im Blind- und Mast-

theil bildet, treten sehr leicht in das Blut über. — Senator[1]) hat schon darauf hingewiesen, dass bei der Trommelsucht der Wiederkäuer nicht sowohl die Verkleinerung der Lungenoberfläche durch den Hochstand des Zwerchfells als eine Kohlensäurevergiftung vom Magen aus durch Umkehr der Gasdiffusion den tödtlichen Ausgang herbeiführen könnte. Da bei dem Meteorismus der Pferde, wie wir ihn bei der Kolik beobachten, die Gasspannung im Darmkanale eine so bedeutende ist, dass Rupturen der Darm- oder Magenwandung ein häufiges Ereigniss bilden, so muss man die Möglichkeit einer Kohlensäurevergiftung vom Darm aus jedenfalls in Betracht ziehen. Die Gründe, welche diese Vergiftung als sehr wahrscheinlich erscheinen lassen, sind beim Meteorismus der Pferde, wie mir scheint, noch viel zwingender als bei dem acuten Aufblähen der Wiederkäuer. Da das Hinderniss der Fortbewegung und Entleerung des Darminhalts in der Regel in den dicken Gedärmen — seltener bei Volvulus des Dünndarmgekröses weiter nach vorn — seinen Sitz hat, so ist fast der ganze Verdauungskanal mit seiner enormen Schleimhautoberfläche[2]) der Einwirkung und dem Eindringen der Gase ausgesetzt. Die Bedingungen für die Diffusion der Gase aus dem Darm in das Blut sind also sehr viel günstiger als bei der Trommelsucht des Rindes, bei der nur die Schleimhaut des Magens bei der Aufnahme der Gase betheiligt sein kann. Ferner findet man in der Mehrzahl der tödtlichen Kolikfälle die Lungen nicht so bedeutend comprimirt, dass sie nicht noch im Stande gewesen wären,

---

darm Ammoniak. — Reiset (Comptes rendus 1868. LXVI. p. 172) fand bei einer von Klee aufgeblähten Kuh in der durch Punction entleerten Gasmenge 74,33 Kohlensäure, 23,46 Kohlenwasserstoff und 2,21 Stickstoff.

[1]) Berliner klinische Wochenschrift 1868. p 254.

[2]) Nach Friedberger (Thierärztl. Mittheilungen Heft XVII. p. 78) beträgt die Schleimhautfläche des Pferdedarms als glatte Fläche betrachtet durchschnittlich 9 □ Meter; rechnet man die durch die Zotten und Drüsen bedingte Vergrösserung derselben hinzu, so dürfte eine Fläche von 20—30 □ Meter nicht zu hoch gegriffen sein.

die zur Erhaltung des Lebens nothwendige Decarbonisation des Blutes zu vermitteln. Endlich fehlen sehr häufig die sonstigen Zeichen der Erstickung, die man in Form von Blutaustritten in den Lungen, der Pleura, den Schleimhäuten der Bronchien etc. bei wirklichem Erstickungstode findet. Die grossen blutigen Suffusionen, die man unter dem Endocardium sehr häufig findet, können ebenso gut auch durch den abnorm gesteigerten Blutdruck im arteriellen System erklärt werden.

Es ist weiterhin ausser der Kohlensäureintoxication noch die Möglichkeit einer Schwefelwasserstoffvergiftung bei der Kolik der Pferde in Betracht zu ziehen. Wie wir durch Kaufmann und Rosenthal[1]) wissen, sind die Erscheinungen der S H Vergiftung im Leben vollkommen diejenigen der Erstickung: Man bemerkt bei derartig vergifteten Thieren: Dyspnoë, Respirationsbeschwerden, Abnahme der Zahl und Stärke der Herzschläge, Convulsionen, Muskelzittern und eine Steigerung des Blutdruckes. Da die schädliche Wirkung des Schwefelwasserstoffes darauf beruht, dass er dem Blute Sauerstoff entzieht, so findet man auch bei der Section der vergifteten Thiere nur die Zeichen der Erstickung: Ueberfüllung des Venensystems (in Folge der Herzlähmung) und Blutreichthum der inneren Organe. Wenn die Angaben von Valentin über das normale Vorkommen des Schwefelwasserstoffes in sämmtlichen Darmtheilen des Pferdes (Magen, Dünndarm und Dickdarm) richtig sind, was allerdings für den Magen und Dünndarm sehr wenig wahrscheinlich ist, so müssen bei abnormen Zersetzungsvorgängen wie bei der Kolik der Pferde die Mengen des S H sehr bedeutende sein und die Annahme einer S H Vergiftung gewinnt sehr an Wahrscheinlichkeit, da das giftige Gas durch die innige Berührung mit der ausgedehnten und blutreichen Schleimhaut und bei dem hohen Druck unter dem die Darmgase stehen, sehr leicht in das Blut gelangen wird. Dass übrigens grosse Mengen von S H im Darmkanal der Kolikpferde angehäuft sind, beweist schon der wahrhaft mephi-

[1]) Archiv für Anatomie und Physiol. von Reichert und Du Bois 1865. p. 659.

tische Geruch, den die Darmgase selbst bei frischen Cadavern verbreiten und die rasch eintretende Zersetzung der Hinterleibsorgane: so ist die Leber, der allerdings die grössten Mengen des giftigen Gases durch das Pfortaderblut zugeführt werden müssten, schon in kürzester Zeit in der hochgradigen Zersetzung, indem sie von lehmgelber Farbe, wie gekocht und von schmieriger Consistenz ist und ihre Pfortaderstämme mit gashaltigem, schaumigem Blute gefüllt sind. Von der grossen Menge des S H im Dünndarm habe ich mich direkt überzeugen können: ich habe bei einem Kolikpferde in das von Gasen aufgetriebene Darmrohr eine feine Oeffnung angebracht und gesehen, wie das ausströmende Gas einen Streifen Bleipapier augenblicklich intensiv braun färbte. Um den positiven Nachweis einer S H Vergiftung zu führen, müsste man den S H im Harne oder Blute nachweisen, wozu mir bis jetzt keine Gelegenheit geboten wurde.

Im Harn eines mit mässiger Kolik behafteten Pferdes, welches in kurzer Zeit genesen war, fand sich, wie eine im Laboratorium des Herrn Professor Voit vorgenommene Untersuchung ergab, kein Schwefelwasserstoff [1])

Von anderen gefährlichen Zersetzungsprodukten ist noch die Buttersäure zu nennen, die besonders bei der Fütterung mit

---

[1]) Ueber Schwefelwasserstoffvergiftung durch Selbstinfection vom Darme aus beim Menschen liegt bis jetzt nur ein spärliches Material vor. Ausser einem Falle von Betz hat Senator (l. c.) eine Beobachtung mitgetheilt. Ein ganz ähnlicher Fall, wie ihn Senator beschreibt, wurde von Hrn. Prof. Buhl beobachtet, den ich nach einer gütigen Mittheilung desselben kurz erwähnen will: Ein Patient, welcher wiederholt an hartnäckiger Stuhlverstopfung litt, zeigte plötzlich Symptome (eingenommener Kopf, Schwindelanfälle etc.), die den Verdacht auf eine Vergiftung rege werden liessen. Da der Harn des Kranken einen auffallenden Geruch zeigte, prüfte B. denselben auf Schwefelwasserstoff und wirklich bräunte sich Bleipapier rasch. Durch geeignete therapeutische Massnahmen verschwanden mit der Stuhlverstopfung die Vergiftungssymptome und der Patient genas vollkommen.

zucker- und stärkmehlhaltigen Nahrungsmitteln sich bildet. — Bruckmüller (p. 417) bezeichnet auch die auf Buttersäuregährung beruhende Kolik als die eigentliche Windkolik der Pferde[1]).

Gehen wir von diesem bis jetzt noch mehr hypothetischen Gebiete auf die übrigen Folgen der Gasentwicklung im Darmkanal über, so ist es vor Allem die Verkleinerung der Brusthöhle und damit der Lungenoberfläche, welche unsere Aufmerksamkeit in Anspruch nimmt. Wie bedeutend der Spannungsgrad des Zwerchfellmuskels werden kann, beweisen die hie und da vorkommenden Rupturen desselben mit Vorfall der Gedärme in die Brusthöhle. In solchen und ähnlichen Fällen wird die physiologische Funktion des Zwerchfells als Inspirationsmuskel auf ein Minimum reducirt werden. Ausser der Verkleinerung der Athmungsfläche der Lunge und der Vergrösserung des Widerstandes, den das Zwerchfell bei der Inspiration überwinden muss, hilft noch der erhöhte arterielle Blutdruck die Athemnoth vermehren. Bei plötzlichem Verschluss grosser Gefässgebiete, mag dieser nun direkt durch thrombotische Vorgänge oder secundär durch Lageveränderungen des Darms zu Stande kommen, wird der arterielle Blutdruck gesteigert; er kann ferner dadurch erhöht werden, dass in Folge der enormen Gasentwicklung im Darme die Gefässe der Darmwandungen sich verengern. Durch den verminderten Füllungszustand des im Verhältniss zum gesammten Blutbett so geräumigen abdominalen Gefässgebietes (Ludwig und Bezold) wird der Druck im übrigen arteriellen Gebiet um ein Erhebliches gesteigert. Unter normalen Verhältnissen gleicht der Organismus eine solche Drucksteigerung im arteriellen Gebiet durch tiefe Inspirationen wieder aus; da jedoch tiefe Inspirationen bei dem bedeutenden Meteorismus unmöglich sind, so wird die bestehende Athemnoth nur noch vermehrt. Man bemerkt als

[1]) Genaue quantitative und qualitative Analysen der Darmgase von Pferden, die an Kolik zu Grunde gegangen, fehlen noch vollständig; auf Grund solcher Angaben würde man mit mehr Sicherheit schliessen dürfen, ob die Kohlensäure oder der Schwefelwasserstoff das gefährlichere Gas sei.

Symptome dieses erhöhten Druckes im Leben die lauten pochenden Herzschläge mit vermehrter Frequenz; als anatomische Merkmale findet man am Cadaver der Kolikpferde die blutigen Suggillationen des Endo- und Pericardium, die allerdings auch als Folgen der Ueberfüllung des Venensystems — durch die Kohlensäurevergiftung — gedeutet werden können. Mag nun letztere theils auf der Behinderung des Athmungsgeschäftes, theils auf Diffusion von Kohlensäure aus dem Darm in das Blut, oder auch auf einer Schwefelwasserstoffvergiftung beruhen, ihre klinischen Merkmale bleiben dieselben: man beobachtet die Erscheinungen der hochgradigsten Cyanose, eine dunkelblaue und schmutzig graue Färbung der Schleimhaut des Maules, der Nase, der Bindehaut des Auges, die verminderte Temperatur der Extremitäten. Bei tödtlichem Ausgange findet man die Thiere vor dem Ende in Schweiss gebadet, man bemerkt krampfartige Anfälle, Muskelzittern und allmählig fortschreitende Lähmung, alles Symptome, die den Schlussakt der Kohlensäurevergiftung[1]) bilden, auf welchem der erörterten Wege dieselbe auch zu Stande gekommen sein mag.

Entsteht der Meteorismus des Hinterleibs in Folge einer Darmlähmung, die durch Verstopfung eines Arterienastes zu Stande gekommen, so werden die Symptome von den geschilderten wenig abweichen: wie überhaupt bei jedem plötzlichen Verschluss eines

[1]) Die von Zundel (l. c.) mitgetheilten Beobachtungen, wornach diejenigen Koliken, bei welchen eine Verminderung der Körpertemperatur mit dem Thermometer nachzuweisen ist, die gefährlichsten sind, lassen sich für die erörterte Möglichkeit einer Kohlensäurevergiftung vom Darm aus verwerthen und stehen im Einklang mit neueren Beobachtungen, auf die Hr. Prof. Buhl mich aufmerksam machte. Simons (Ueber eine neue Genese der Temperaturerniedrigung. Inauguraldissertation. Bonn 1870) und v. Recklinghausen haben nämlich nachgewiesen, dass bei Injection von Kohlensäure in die Peritonealhöhle (beim Kaninchen und Meerschweinchen) Schüttelfröste und ein Sinken der Temperatur um mehrere Grade erfolgen. Leider hatte ich nicht Gelegenheit, selbst Temperaturmessungen bei Kolikpferden anzustellen.

grösseren Arterienstammes wird der arterielle Blutdruck etwas erhöht. Bei ausgebreiteten Verstopfungen wird der Blutverlust, welcher durch die Blutaustritte in das Lumen des Darmes, in die Darmwandungen und in das Gekröse entsteht, weiter durch die serösen Infiltrate dieser Theile mehr die Erscheinungen des Collapsus, Schwäche des Herzschlages, verminderte Temperatur etc. herbeiführen; es scheinen diese Formen von Kolik ebenfalls zu jenen zu gehören, bei denen Zundel (l. c.) eine Erniedrigung der Körpertemperatur gefunden.

5) Die Modificationen der durch Embolie und Thrombose der Darmarterien verursachten Störungen.

Die klinischen Erscheinungen der Embolie und Thrombose der Darmarterien sind, wie die wenigen bei Menschen beobachteten Fälle beweisen, wenig constant. Ebenso verhält es sich bei Pferden; so wenig man ein schematisches Bild der anatomischen Veränderungen nach Embolie und Thrombose der Darmarterien entwerfen kann, so wenig gelingt es ein präcises Krankheitsbild zu zeichnen. Das gemeinsame Charakteristikum für alle Fälle bleibt immer die mehr oder minder vollkommene Darmlähmung und die consecutiven Kolikerscheinungen.

Die Mannigfaltigkeit der durch die Embolie und Thrombose bedingten pathologisch-anatomischen Veränderungen, die sich nach Form und Beschaffenheit des verstopfenden Embolus, nach dem raschen oder allmähligen Zustandekommen der Verstopfung, nach der Möglichkeit eines ausreichenden oder ungenügenden Collateralkreislaufes, nach der Grösse und Ausdehnung des verstopften Gebietes etc. richtet, findet in der Mannigfaltigkeit der klinischen Erscheinungen ein getreues Spiegelbild.

Versuchen wir aus den vielen Möglickeiten einige herauszugreifen. Werden kleine Partikel von dem Aneurysmathrombus losgerissen — ein Ereigniss, welches der Natur der Sache nach häufiger vorkommen mag als die Verschleppung grösserer Stücke — so geben uns die experimentellen Untersuchungen (Panum und Cohn) sowie die älteren Ueberbleibsel geheilter Embolien,

Anhaltspunkte, um uns die frischen Veränderungen vorstellen zu können. Je kleiner der Embolus, desto kleiner die verstopfte Arterie und das gelähmte Darmstück, welches durch rasche Einleitung eines Collateralkreislaufes bald wieder seine normale Function versieht.

Werden zu gleicher Zeit mehrere Zweige desselben Hauptastes verstopft, so werden die anatomischen Veränderungen bedeutendere sein und die Herstellung einer Collateralcirculation längere Zeit in Anspruch nehmen.

Werden zuerst kleinere, dann grössere Partikelchen verschleppt oder finden von Zeit zu Zeit Nachschübe statt, so dürften dadurch remittirende, subacute und chronische Koliken entstehen, sowie ein Heer von Verdauungstörungen. Ganz ähnliche Folgen werden auch die allmählig zu Stande kommenden Thrombosen haben, die sich aus dem Aneurysma continuirlich in die abgehenden Aeste fortsetzen; sie haben in einer Richtung etwas Bösartiges, indem sie näher dem Herzen als die peripherischen Zweige, entsprechend grössere Stromgebiete von der arteriellen Blutzufuhr abschneiden, als mehr peripherische Verstopfungen. Auf der anderen Seite ist bei mehr central befindlichen Thrombosen die Möglichkeit einer collateralen Ausgleichung eine grössere.

Schliesslich mache ich noch auf einige Punkte aufmerksam, die bei Beurtheilung der hier in Betracht kommenden Verhältnisse nicht unwichtig zu sein scheinen.

Für die Folgen der Embolie ist es sicher von Bedeutung, von welcher Quantität und Qualität die Futterstoffe sind, welche im kritischen Zeitpunkte sich im Darmkanale befinden. Futter, welches rasch in Zersetzung übergeht oder geeignet ist, grössere Gasmengen zu produciren, wird unter allen Umständen eher zu einem ungünstigen Ausgang beitragen, als indifferente Stoffe. Eine bald nach der Fütterung eintretende (embolische Lähmungs-) Kolik wird immer schlimmer verlaufen, als eine solche bei einem nüchternen Thiere; vielleicht beruht die Bösartigkeit mancher Formen der sogenannten Ueberfütterungskoliken auf diesem Umstande.

Bei den langsam und plötzlich zu Stande gekommenen Embolien und Thrombosen der Darmarterien ist der Ausgang nur von der Möglichkeit der Herstellung eines Collateralkreislaufes abhängig. Es gibt mit Ausnahme einiger Hirnarterien kaum ein Arteriengebiet, welches in dieser Beziehung so uugünstige Verhältnisse bietet, als die Darmarterien.

Während die Mehrzahl der Organe von mehreren oder allen Seiten Arterienäste empfangen, anastomosiren die Darmarterien nur nach 2 Seiten, nach vorn und hinten mit den benachbarten Arterien.

Ausser den Gefässanastomosen der vorderen Gekrösarterie und ihrer Aeste, die bei der anatomischen Beschreibung der Gekrösarterien aufgezählt wurden, glaube ich in einigen Fällen auch collaterale Gefässverbindungen von den Nierenarterien, die ja unmittelbar neben der vorderen Gekrösarterie entspringen und sich vor dem Eintritt in den Hilus der Niere vielfach verästeln, beobachtet zu haben.

Vergleichen wir endlich noch die Beobachtungen über Embolie der Darmarterien beim Menschen mit den geschilderten beim Pferde, so ergeben sich vielfache Achnlichkeiten beider Processe. Beide müssen nicht lethal endigen; vollkommen analog sind: die kolikartigen und heftigen Schmerzen, das Sinken der Körperwärme, die tympanitische Auftreibung des Bauches, das plötzliche Auftreten der Erscheinungen. In Bezug auf die Functionsstörungen des Verdauungskanals scheinen beim Menschen mehr Variationen möglich zu sein als beim Pferde: bei jenen hat man bald blutige Darmentleerungen, bald einfache Durchfälle, bald Stuhlretardation und häufiges Erbrechen etc. beobachtet.

Beim Pferde dagegen scheint die Embolie oder Thrombose der Darmarterien nahezu constant mit Stuhlverstopfung in Folge der partiellen Darmlähmung verbunden zu sein. Blutiger Darminhalt wird bei Pferden ebenfalls gefunden; nur scheinen die unverhältnissmässig grosse Länge des Darmkanals, die grosse Entfernung des Blind- und Grimmdarmes vom After (die in der Mehrzahl der Fälle die betroffenen Darmpartien sind), sowie die bedeutenden Kothmassen, welche selbst bei unvollkommener und wenig ausgebreiteter Darmlähmung sich anstauen, es selten zu Durchfällen und blutigen Darmentleerungen kommen zu lassen. Ein Hauptunterschied, der den ganzen Verlauf beherrscht, beruht auf der Verschiedenheit des Darminhalts beim pflanzenfressenden Pferde von demjenigen beim Menschen. Die rasche Gasentwicklung in Folge der abnormen Zersetzung desselben macht die Embolie und Thrombose der Darmarterien beim Pflanzenfresser ungleich gefährlicher als beim Menschen. An Stelle des Erbrechens beim Menschen finden wir beim Pferde die Rupturen des Magens. Worin die Unfähigkeit der Pferde zum Erbrechen begründet ist, wurde schon oben erwähnt. Wenn Kussmaul (l. c.) unter Anderem für die Annahme einer Thrombose oder Embolie der Darmarterien am lebenden Individuum folgende Postulate aufstellt: das Vorhandensein einer Quelle der Embolie, Sinken der Körperwärme, heftige Kolikschmerzen im Unterleib, tympanitische Auftreibung des Bauches und reichliche Darmblutungen, so fehlt bei dem Symptomencomplex, den man als „Kolik“ der Pferde zusammenfasst nur das eine Erforderniss: die Darmblutungen. Warum letztere bei dem Pferde fehlen, wurde oben zu erklären versucht. Da die Quelle der Embolie oder Thrombose der Darmarterien beim Pferde in dem wandständigen Thrombus des Wurmaneurysma der vorderen Gekrösarterie nur bei 6% sämmtlicher erwachsenen Pferde fehlt, so wird die Annahme einer Verstopfung der Gekrösarterien auch beim Pferde immer gestattet sein, wenn dasselbe plötzlich in den oben erwähnten Symptomen die Zeichen einer Enteritis oder Peritonitis bietet (die wir gewöhnlich als „Kolik“ bezeichnen), ohne dass ein anderer Grund für Entstehung dieser Zufälle aufgefunden werden kann. Warum kleinere und mehr umschriebene Darminfarkte, die durch kleinere Emboli verursacht und denjenigen analog sind, die beim Pferde den leichteren Kolikformen zu Grunde liegen, beim Menschen so selten oder noch gar nicht beobachtet worden, kann nur darin begründet sein, dass solche Veränderungen entweder übersehen oder auf andere Ursachen bezogen werden. Wenigstens lässt sich schwer ein Grund finden, wesshalb Emboli seltener in die Gekrösarterien als in andere Arterien verschleppt werden sollten.

Was speciell den Nachweis der Gefässverstopfungen am Cadaver betrifft, so möchte ich mir noch einige Bemerkungen erlauben. Die Zahl der mitgetheilten Fälle, in welchen Embolie und Thrombose als Ursache des tödtlichen Ausgangs nach Kolikerscheinungen im Leben gefunden werden, hätte ich noch leicht um einige Fälle vermehren können, in welchen unzweifelhaft ähnliche Störungen die Todesursache bildeten. Es fanden sich in diesen Fällen im Darm und Gekröse solche Veränderungen, die unzweifelhaft auf Circulationsstörungen durch Embolie oder Thrombose beruhten; ich unterliess nur aus dem Grunde ihre Verwerthung, weil es mir in erster Linie darum zu thun war, unangreifbare Fälle aufzunehmen. Der direkte Nachweis einer Verstopfung der Arterien in den erwähnten Fällen konnte deshalb nicht geführt werden, weil die Untersuchung nur unvollständig vorgenommen werden konnte. Ueberhaupt muss man bei der Grösse und Ausdehnung der hier in Frage kommenden Gefässgebiete darauf gefasst sein, den verstopfenden Pfropf nicht immer zu finden. Beim Mangel sonstiger Ursachen genügt in solchen Fällen der Befund der secundären Störungen, die in Form ödematöser oder hämorrhagischer Infiltration der betreffenden Theile etc. ihren embolischen Ursprung verrathen, um eine Verstopfung der Arterien als Ursache des ganzen Processes anzunehmen. Um den von der arteriellen Blutzufuhr abgeschnittenen Gefässbezirk und damit die Stelle der Darmlähmung rasch aufzufinden, darin kann uns vor Allem die Anhäufung fester und flüssiger Futter- und Kothmengen an einer Stelle als Wegweiser dienen. Ferner sollte man nach theoretischen Voraussetzungen erwarten, dass bei local behinderter Durchgängigkeit des Darmes, wie sie in Folge embolischer Vorgänge offenbar als Darmlähmung auftritt, die *vor* dieser Stelle befindlichen Theile des Darmrohrs durch Koth und Gase enorm ausgedehnt, die *hinter* dieser Stelle gelegenen Darmtheile verengt und collabirt seien. Während man ersteres Zeichen — die Ausdehnung des Darmrohrs *vor* der gelähmten Darmpartie — in den höchsten Graden sieht, scheint der Collaps und die Verengerung des weiter nach hinten befindlichen Darmes nicht immer vorhanden zu sein. Beim Pflanzenfresser dürfte manchmal auch in letzteren Darmtheilen bald eine abnorme Gasentwicklung entstehen.

Die Auftreibung des Darmrohrs wird unter allen Umständen um so bedeutender sein, je weiter nach hinten die gelähmte Darmstelle und das verstopfte Gefässgebiet sich befinden; da diess in der Regel der Blind- und Grimmdarm sind, so erklärt sich auch theilweise daraus die rasche und bedeutende Gasanhäufung. Es sind daher besonders die Arterien der beiden letzten Darmtheile, denen man bei Sectionen von Kolikpferden, bei welchen der Verdacht einer embolischen oder thrombotischen Verstopfung besteht, eine besondere Aufmerksamkeit schenken muss. Nicht minder sorgfältig müssen das Aneurysma selbst und die zahlreichen Ursprungsmündungen der Aeste der vorderen Gekrösarterie untersucht werden. Ich habe schon früher darauf hingewiesen und muss es wiederholt betonen, dass ein verhältnissmässig sehr unbedeutender Thrombus oder eine unscheinbare Fortsetzung des wandständigen Aneurysmenthrombus die Ursprungsmündungen grosser und wichtiger Arterien des Darms verstopfen und so die Veranlassung der wichtigsten Störungen werden kann. [1])

Um keinen Missverständnissen ausgesetzt zu sein, muss ich zum Schlusse ausdrücklich hervorheben, dass ich weit davon entfernt bin, sämmtliche Arten von Koliken in der erörterten Weise erklären zu wollen. Die Koliken, welche durch n a c h w e i s b a r e Fehler in der Fütterung, durch schlechtes Futter etc., ferner durch Concremente und Darmsteine, durch Würmer und Gifte, ferner solche die durch innere Einklemmungen, äussere eingeklemmte Brüche, Verwundungen etc. verursacht werden, stehen selbstverständlich zu Embolien und Thrombosen der Gekrösarterien in

[1]) Bei der Herausnahme, der Baucheingeweide aus dem Cadaver ist es am zweckmässigten, gleichzeitig die Bauchaorta mitzunehmen und nicht, wie es gewöhnlich geschieht, die vordere Gekröswurzel durchzuschneiden. Geschieht letzteres, so wird unfehlbar auch das Aneurysma zerschnitten und ist damit die weitere Untersuchnng desselben sehr erschwert und die Beurtheilung manchen Irrthümern ausgesetzt.

keiner Beziehung. Was die in Genesung ausgehenden Koliken betrifft, so halte ich alle jene durch embolische Processe bedingt, bei denen sich eine anderweitige Ursache nicht nachweisen lässt. Dass diese Fälle die grosse Mehrzahl bilden, bezweifele ich nicht im mindesten. Was die lethalen Kolikfälle betrifft, so kann ich nur auf die oben mitgetheilten Ausführungen verweisen, die genügende Auskunft über meine Anschauung geben dürften.

Werfen wir einen Rückblick auf die gewonnenen Thatsachen, so lässt sich nicht leugnen, dass die Lehre von der Kolik der Pferde von dem Gesichtspunkte, wie wir ihn aufzustellen versuchten, in der Annahme einer Darmlähmung, die auf embolischen und thrombotischen Circulationsstörungen beruht, eine einheitliche Basis gewinnen würde. Rufen wir uns abgesehen von den beigebrachten thatsächlichen Belegen die Momente in's Gedächtniss zurück, die einer solchen Auffassung als Stütze dienen, so sind es hauptsächlich folgende: Der Mangel anderer ausreichender Ursachen der Koliken, die Zunahme der Kolikerkrankungen und Todesfälle und der Wurmaneurysmen mit dem zunehmenden Alter, die Uebereinstimmung der bei den vielen Koliken gefundenen pathologisch-anatomischen Veränderungen mit nachgewiesenen embolischen und thrombotischen Processen, der Verlauf und die Ausgänge der Koliken etc.

Werden die entwickelten Ansichten, wie ich nicht bezweifele, ihre Bestätigung finden, so wird man daran denken müssen, anstatt von der „Kolik" von einer „embolischen oder thrombotischen Darmlähmung" zu sprechen und damit als Krankheitsname an Stelle eines Symptomes die Bezeichnung des zu Grunde liegenden pathologischen Processes zu setzen. Damit wäre die hohe Bedeutung der Lehre Virchow's von der Thrombose und Embolie auf einem grossen und wichtigen Gebiete festgestellt und es würde keine Uebertreibung genannt werden dürfen, wenn man den Satz ausspräche, dass die Embolie und Thrombose der Arterien einen grossen Theil der Pathologie des Pferdegeschlechts beherrscht. In dem folgenden Abschnitte soll die Berechtigung dieses Satzes eine weitere thatsächliche Begründung erfahren.

II.

Weitere embolische Störungen in den Becken- und Cruralarterien.

Bei der anatomischen Beschreibung der Aneurysmen wurde wiederholt auf jenen Befund aufmerksam gemacht, den die Ausläufer des Thrombus bieten, die sich in centraler Richtung über das Ostium der vorderen Gekrösarterie in das Lumen der Aorta erstrecken. Ein ausgeprägter Fall dieser Art ist in Fig. 10 abgebildet; er erläutert das ganze Verhältniss besser als eine weitläufige Beschreibung. Wie aus dem gefundenen Procentverhältniss hervorgeht, sind solche Befunde durchaus nicht selten. So konnte ich in 28% der untersuchten Aneurysmen mehr oder minder bedeutende Fortsetzungen des Thrombus über das Ostium der Gekrösarterie nachweisen, wiewohl die Bauchaorta sehr häufig an den Präparaten fehlte. Da das Wurmaneurysma der vorderen Gekrösarterie unmittelbar am Ursprung aus der Aorta beginnt und fast ausnahmslos mit einem Thrombus versehen ist, so ist dieser Befund leicht erklärlich. Berücksichtigt man weiter, dass 90—94% sämmtlicher Pferde mit Aneurysmen am Stamm der vorderen Gekrösarterie behaftet sind, so wird man die Frage aufwerfen müssen, ob und welche anatomische Störungen diese Veränderung zur Folge haben kann und ferner, inwiefern mancherlei Krankheitsprocesse, deren Entstehung und pathologisch-anatomische Grundlage bisher dunkel war, mit derartigen Processen in Verbindung gebracht werden können.

Beginnen wir mit einem bekannten Vorkommniss, mit der Thrombose der Cruralarterien, die das sogenannte intermittirende

Hinken der Pferde veranlasst. Die Verstopfung der Cruralarterien lässt sich schon am lebenden Thiere ohne Schwierigkeit erkennen und ist eine bei Pferden nicht seltene Krankheit. Nachdem Rigot[1]) zuerst einen unvollständig beobachteten Fall mitgetheilt, haben Bouley[2]) und Goubeaux[3]) sich später um die Kenntniss dieses Processes verdient gemacht. In Deutschland hatte Hering zuerst die Aufmerksamkeit auf diese Erkrankung gelenkt. Schon im Jahre 1852 konnte Hering[4]) 26 Fälle dieser Art zusammenstellen, eine Zahl, die sich seitdem jährlich durch Veröffentlichung zahlreicher Fälle vergrössert hat.

Das sogenannte intermittirende Hinken zeigt sich unter verschiedenen Modificationen. Sehr häufig tritt das Uebel plötzlich auf: Die Thiere verweigern die gewöhnliche Arbeitsleistung und erscheinen kreuzlahm; oder die Hauptsymptome bilden: eine gewisse Schwäche im Hinterleib und die Unfähigkeit zur angestrengten Arbeit; die Temperatur und Empfindlichkeit der betroffenen Extremitäten sind meist etwas vermindert. Bei Anstrengungen steigert sich die Schwäche bis zur momentanen Lähmung, die bei längerer Dauer wieder verschwindet. Dabei ist meist die Fresslust erhalten, der Puls von normaler Frequenz. Nach grösseren Anstrengungen bleiben die Thiere häufig plötzlich stehen und heben die Füsse abwechselnd in die Höhe. Bei längerer Dauer bessert sich das Uebel nicht selten. Im Ganzen sind die Erscheinungen ziemlichen Abweichungen unterworfen: bald bemerkt man nur Schwäche in den Lenden oder im Kreuze und einen schwankenden Gang, bald Schonung des einen Hinterfusses abwechselnd mit Zuckungen und Ueberköthen, oder der kranke Fuss wird krampfartig in die Höhe gehoben oder wird wie bei Luxationen nachgeschleppt. Durch Ruhe tritt regelmässig Besserung ein; Heilung wurde in ausgesprochenen Fällen noch nicht beobachtet.

---

[1]) Récueil de méd. vét. 1829.

[2]) ibid. 1831. p. 517.

[3]) ibid. 1846.

[4]) Repertorium der Thierheilk. B. 13. p. 181.

Die Ursachen der Pfropfbildung in den Schenkelarterien hat man sich in der verschiedensten Weise zu erklären versucht. Meist wurden mechanische Insulte durch starke Zerrung der betreffenden Blutgefässe bei heftigen Anstrengungen, beim Ausgleiten und Ausschlagen etc. beschuldigt. Ferner nahm man für manche Fälle die atheromatöse Entartung der Arterienwandung, vorübergehende Circulationshindernisse unbekannter Art, eine Kachexie, bei welcher das Blut leicht gerinne, eine angeborne oder erworbene Enge der Aorta und schliesslich eine rheumatische Arterienentzündung durch Erkältung als Ursachen an.

Alle diese Gründe erweisen sich jedoch bei näherer Betrachtung als wenig stichhaltig. Dass mechanische Beleidigungen der Arterienwandungen nicht die Ursache der Pfropfbildung in den Cruralarterien sein können, geht aus der längst festgestellten Thatsache hervor, dass gerade die Arterienwandungen gegen Verletzungen und Zerrungen eine ungemeine Widerstandskraft zeigen. So kann z. B. beim Menschen der Schenkel in seinen sämmtlichen Weichtheilen zerquetscht werden, ohne dass die Arteria curalis eine Verletzung erleidet. In solchen Fällen müsste man auch die Folgen der mechanischen Beleidigung in Form von Entzündungen etc. in benachbarten Weichtheilen finden, was noch niemals nachgewiesen wurde; ferner müsste man in den vorderen Extremitäten, die doch den nämlichen mechanischen Insulten ausgesetzt sind, Arterienthrombosen in ähnlicher Zahl finden. Es sind jedoch bis jetzt nur 3 Fälle von Thrombose der Achselarterien mit intermittirenden Hinken beobachtet: 2 Fälle von Bouley[1]) und ein Fall von George fils[2]); ein vierter Fall von Demarchi[3]) ist zweifelhaft, da er nicht durch die Section nachgewiesen wurde.

Was die Atheromatose der Becken- und Cruralarterien als Ursache der Thrombosen betrifft, so kommt sie an diesen Arterien nur secundär vor in Folge der Thrombosen. Ausserdem findet

[1]) Récueil de méd. vét. 1851.

[2]) Annales de méd. vét. XI. 1862.

[3]) Il medico veterinario. 1863.

man die atheromatöse Entartung bei Pferden nur in der Bauchaorta am Ursprung der Eingeweidearterien und in letzteren selbst, niemals aber im Endstück der Bauchaorta oder ihren grossen genannten Aesten, ausser als secundäre Erkrankung durch die Verstopfung.

Die übrigen angeblichen Ursachen der Thrombosen der Cruralarterien: wie eine gewisse Kachexie, leichte Gerinnbarkeit des Blutes, Enge der Aorta und rheumatische Entzündung durch Erkältung sind vollkommen hypothetischer Natur und entbehren jeder sicheren Unterlage. Sie bilden nur den Ausdruck unserer mangelhaften Kenntnisse über die Entstehung der Thrombosen in jenen Arterien.

Schon das plötzliche Auftreten der Erscheinungen, wie man es sehr häufig beobachtet hat, deutet auf einen embolischen Ursprung der Thrombosen hin. Hering[1]) hat an die Möglichkeit einer solchen Entstehung schon gedacht; das ursprüngliche Coagulum könnte nach ihm vielleicht in der Nähe der kranken vorderen Gekrösarterie entstehen und durch den Blutstrom verschleppt werden; der Umstand, dass die Obliteration fast immer am Ende der Bauchaorta und an ihrer dortigen Theilung gefunden werde, spreche einigermassen für diese Entstehungsweise. Später war es Bruckmüller[2]), der die Gerinnungen in den Aneurysmen der Gekrösarterien und ihre Fortsetzung in die Bauchaorta als Ursachen der Thrombosenbildung in den Beckenarterien für manche Fälle erwähnt. In einem Falle fand B. Atheromatose der Bauchaorta als Ursache; in 2 anderen Fällen konnte er keine Ursache nachweisen. Auch Gerlach[3]) betont die Möglichkeit der Entstehung der Gefässverstopfungen der genannten Arterien durch Gerinnungen in Aneurysmen der Gekrösarterie und der hinteren Aorta.

Da sonstige Quellen der Embolie beim Pferde, wie z. B.

---

[1]) Repertorium der Thierheilk. B. 13. p. 200.

[2]) Vierteljahresschrift f. wiss. Veterinärmed. B. 14. p. 113. u. Lehrbuch der path. Zootomie. p. 184.

[3]) Lehrb. der gerichtl. Thierheilkunde. 1862. p. 400.

Endocarditis überaus selten sind, die Atheromatose der Arterien ausserhalb der Bauchaorta kaum oder höchst selten vorkömmt, wie wir uns früher überzeugt haben, da ferner eine autochthone Entstehung der Thromben in den Becken- und Cruralarterien durchaus unbewiesen ist, so bleibt schliesslich als Quelle derselben ausser der Atheromatose der Bauchaorta nur der Thrombus des Aneurysma der vorderen Gekrösarterie, der sich über den Rand der Ursprungsöffnung in die Aorta hinein fortsetzt. Da letzterer Befund so überaus häufig ist, so ist man berechtigt, hierin die nahezu ausschliessliche Ursache der Verstopfung der Becken- und Cruralarterien zu suchen. Es sind jedoch nicht allein diese Arterien der Gefahr einer embolischen Verstopfung ausgesetzt, sondern sämmtliche hinter der vorderen Gekrösarterie abgehende Arterienstämme: besonders die Nierenarterien und die hintere Gekrösarterie. Bruckmüller (l. c.) hat einige Fälle von Embolie der Nierenarterie mitgetheilt. Die narbigen Einziehungen der Rindensubstanz, die man in den Nieren der Pferde nicht so selten findet, lassen sich wohl auf derartig entstandene und geheilte Embolien zurückführen. Bei Verstopfungen grösserer Aeste der Nierenarterien entstehen hämorrhagische und entzündliche Processe in den Nieren [1]), im Harn treten Eiweiss und Blut auf [2]). Es ist daher sehr wahrscheinlich, dass manche Fälle der beim Pferde vorkommenden und als „Windrehe oder Blutharnen" bezeichneten Krankheit, deren Aetiologie noch sehr dunkel ist, hieher gehören, insbesondere solche, die mit Kreuzlähme und Steifigkeit der Hintergliedmassen auftreten; die Untersuchung der Nierenarterien sollte in solchen Fällen nie unterlassen werden. [3]) Die Folgen der Embolie der hinteren Gekrösarterie schliessen sich

[1]) Blessig, Virchow's Archiv. B. 16. p. 120.

[2]) Panum, l. c. p. 517.

[3]) In einem zur Beobachtung gekommenen Falle, bei dem im Leben Blutharnen vorhanden war, waren die Nierenarterien frei. Die Nieren selbst zeigten ausser einer ausgesprochenen Fettdegeneration, wie sie dem 2. Stadium des Morbus Brighti zukömmt, keine besonderen Veränderungen.

denen der vorderen vollkommen an; wegen der Nähe der Afteröffnung werden blutige Excremente häufiger als bei Thrombose der vorderen Gekrösarterie beobachtet werden.

Die Verstopfung der Becken- und Cruralarterien durch Verschleppung von Partikelchen des fortgesetzten Thrombus der vorderen Gekrösarterie kann auf verschiedene Weise erfolgen. Wird ein kleineres Stückchen losgerissen, so wird dasselbe in einem feineren Arterienzweige stecken bleiben. Durch Vergrösserung des Thrombus in centraler Richtung bis zum nächsten Aste entsteht ein verschieden langer Thrombus. Ist der Embolus von grösserem Umfange, so bleibt er in grösseren Aesten stecken und es werden dem entsprechend die functionellen Störungen auch bedeutendere sein. Eine allmählige Entstehung weit verbreiteter Verstopfungen kann ferner so zu Stande kommen, dass zuerst kleinere, dann grössere Stückchen in grösserer Zahl losgerissen und verschleppt werden.

Nach dem Angeführten unterliegt es keinem Zweifel, dass die Losreisung kleinerer Theilchen von dem fortgesetzten Thrombus der Bauchaorta durchaus nicht selten sein wird, besonders wenn man die Häufigkeit der Losreissung grösserer Stücke in Betracht zieht. Solche kleinere Emboli werden erst in den feineren Verzweigungen der Becken- und Schenkelarterien stecken bleiben. Je nach Beschaffenheit des Embolus und der Möglichkeit einer Herstellung eines ergiebigen collateralen Kreislaufes entstehen entzündliche, ödematöse und hämorrhagische Zustände mit entsprechenden functionellen Störungen, die sich an den Extremitäten als verschiedene Formen von Lahmheiten zeigen. Wenn man bei der Unmöglichkeit, die Pfropfbildungen in den kleineren Arterien am lebenden Thiere nachzuweisen, die Ursache solcher Lahmheiten in Erkältungen oder mechanischen Insulten sucht, so so ist dies ein ebenso verzeihlicher als erklärlicher Irrthum. Die Gelegenheit, solche Verstopfungen kleinerer Arterien am Cadaver feststellen zu können, wird nicht häufig geboten, da solche Thiere bald wieder genesen.

Diese Anschauung über die Häufigkeit der Verstopfungen kleinerer Arterienäste des Beckens und der hinteren Extremitäten wird entschieden bestätigt durch die Beobachtungen von Goubeaux[1]), welcher unter 100 Anatomiepferden 5mal eine Obliteration der hinteren Aorta und ihrer Aeste besonders der Darmbeinarterien fand; die Thromben waren immer geschichtet und älteren Datums. Den embolischen Ursprung dieser Verstopfungen vorausgesetzt, lässt sich sicher annehmen, dass Thrombosen kleinerer Arterien weitaus häufiger sind und der Häufigkeit des fortgesetzten Thrombus in die Bauchaorta vollkommen entsprechen. Es findet hier offenbar ein ganz ähnliches Verhältniss statt wie bei der Embolie und Thrombose der Darmarterien: wie dort die leichteren Kolikformen — als Folgen der Arterienverstopfung die häufigeren sind, so sind auch hier geringere Erkrankungen häufiger als der höchste Grad, den wir als „intermittirendes Hinken" kennen. Bei der Mittheilung der Fälle von Thrombose der Gekrösarterien wurde wiederholt die gleichzeitige Verstopfung der Aeste der hinteren Aorta der Becken- und Cruralarterien hervorgehoben, ein weiterer Beleg, dass beiden Zuständen die nämliche Ursache zu Grunde liege.

Die Veterinärchirurgie kennt an den hinteren Gliedmassen der Pferde eine grössere Zahl von Erkrankungen, deren Ursache ich mit grosser Wahrscheinlichkeit zu einem Theile in Verstopfungen von kleineren oder grösseren Arterienzweigen suchen möchte. Ich erinnere hier nur an das häufige Vorkommen des sogenannten „Einschusses", welcher in einem plötzlich auftretenden Ödem einer hinteren Extremität besteht, ferner an verschiedene Formen von erysipelatösen Processen, die Hüftlahme, die chronische Kreuzlähmung, den unsichtbaren Spath, die Bildung des sogenannten Elephantenfusses, des Knollhufes, alles Erkrankungen, die sich ohne Schwierigkeit auf arterielle Gefässverstopfungen beziehen lassen. So erzählt z. B. Gurlt[2]) einen Fall, den man in diesem Sinne deuten kann. Er fand bei einem Pferde, welches wegen Spath an den Sprunggelenken gebrannt worden war, die

[1]) Récueil de méd. vét. 1865. und Repertor. der Thierheilk. B. 27. p. 43.

[2]) Lehrbuch der path. Anatomie der Haussäugethiere. B. I. p. 310.

Schenkelbeinarterien (art. tibiales) und die Schenkelarterien bis in das Becken hinauf entzündet und mit Faserstoffgerinnseln verschlossen. Nach unseren heutigen Kenntnissen von den Arterienerkrankungen unterliegt es keinem Zweifel, dass die Entzündung und Pfropfbildung in den Arterien in diesem Falle nicht die Folge der Operation war, sondern dass dieselbe schon früher bestanden und wahrscheinlich die Ursache der Lahmheit war; secundäre Gefässerkrankungen nach operativen Eingriffen haben ihren Sitz in der Regel in den Venen, nicht in den Arterien. Wenn man die grosse Mannigfaltigkeit der durch Embolie und Thrombose bedingten Störungen berücksichtigt und damit die Functionsstörungen der hintern Extremität vergleicht, die man als unsichtbaren Spath, Hüft- und Kreuzlähme etc. bezeichnet, so wird man mit Rücksicht auf die Häufigkeit der embolischen Quelle kein Bedenken tragen, die genannten Krankheiten wenigstens zum Theil und bei Abwesenheit sonstiger nachweisbarer Ursachen auf Gefässverstopfung zurückzuführen. Bei den genannten Uebeln beobachtet man nicht selten Muskelschwund und Abmagerung der betreffenden Extremität, was meiner Erklärungsweise durchaus nicht widerspricht.

Als Ursache solcher Lahmheiten können auch Verstopfungen von Beckenarterien vorhanden sein, welche ja sehr wichtige Muskelgruppen ernähren. So erzählt Roloff[1]) einen Fall von Thrombose eines Zweiges der Gesässarterie (art. glutaea): im Leben wurde starkes Lahmgehen beobachtet, welches auf eine Verdickung der Fesselbeinbeuger an dem betreffenden Fusse bezogen wurde; Roloff bemerkt hiezu, dass ein solcher krankhafter Zustand, der zugleich eine umschriebene acute Muskelentzündung zur Folge hatte, eine Hüftlahmheit verursachen könne.

Es würde zu weit führen, wollte ich hier alle Krankheitsprocesse aufzählen, die in Folge von embolischer Thrombose der Aeste der hinteren Aorta entstehen können; ich nenne noch einige, die in der Literatur hie und da mitgetheilt wurden und die sich

---

[1]) Mittheilungen aus der thierärztlichen Praxis im preuss. Staate 16. Jahrg. 1867, 68 p. 164.

alle durch Embolie erklären lassen: Lähmung der Schweifrübe, des Mastdarms mit chronischer Kolik, Vorfall des Mastdarms mit Blutungen, Lähmung der Harnblase, der Ruthe, die plötzlich auftretenden ödematösen Anschwellungen der äusseren Geschlechtstheile. Gewöhnlich findet man in solchen Fällen bei den Sectionen ausgebreitete Venenthrombosen, die jedoch erst secundär in Folge arterieller Thromben entstehen dürften.

Der Verlauf dieser Erkrankungen spricht in vielen Fällen ebenfalls für ihren embolischen Ursprung. Meist tritt in kürzerer oder längerer Zeit Besserung und Heilung ein. So liest man von Lähmungen der Blase und des Mastdarms, die in einigen Tagen heilen, oder zugleich mit einer Lähmung des Mastdarmes und Schweifes mit Temperaturabnahme und verminderter Empfindlichkeit dieser Theile bemerkt man leichte Kolikanfälle; in einigen Tagen erfolgt vollkommene Genesung.

Eiterige und brandige Processe an den hinteren Extremitäten kommen, wenn auch nicht häufig, hie und da vor und lassen sich zum Theil ebenfalls auf Embolie beziehen. So findet man Geschwüre, die mit Wurmgeschwüren auffallende Aehnlichkeit haben und doch nicht selten heilen. Bei der hochgradigen Neigung der Pferde zu Lymphgefässerkrankungen werden die Lymphgefässe auch secundär ergriffen und es kann so der Process sehr bösartig werden.

Die acuten erysipelatösen Formen der Entzündung der hinteren Extremitäten gehen manchmal in brandige Entzündung mit Verlust der hornigen Hufkapsel aus; dass hier auch embolische Thrombosen zu Grunde liegen, ist wenigstens nicht unwahrscheinlich. Ausserdem darf man bei verschiedenen chronischen Entzündungsprocessen immerhin die Möglichkeit einer Entstehung durch Embolie nicht abweisen. Die Ursache des sogenannten Hahnentrittes könnte ebenfalls eine embolische sein.

Zum Schlusse theile ich noch 2 Fälle von Aneurysma dissecans der hinteren Aorta an der Theilungsstelle in die Beckenund Schenkelarterien mit, die gleichzeitig mit Thrombose der letzteren Arterien verbunden waren.

1) Präp. A. VII. O. 3 Nr. 21 der Sammlung der Münchener Thierarzneischule [1]).

Aneurysma dissecans der hinteren Aorta. Unmittelbar vor der Verzweigung in die Becken- und Cruralarterien findet sich ein nach vorn konisch zulaufender Thrombus von der Dicke eines Daumens und fester Consistenz, der sich in die genannten Arterien fortsetzt. Derselbe ist mit seinem unteren und seitlichen Umfang nicht mit der Aortawandung verbunden. Nach oben dagegen ist er innig mit der Innenfläche der Arterie verbunden. Bei näherer Untersuchung findet sich daselbst die Intima und Media auf einer Strecke von 5 Ctm. Länge und 3 Ctm. Breite von der Adventitia losgelöst und der Zwischenraum in einer Dicke von 0,5 Ctm. von einem derben, dunkelbraunen Blutgerinnsel ausgefüllt, welches sich im Centrum der emporgewölbten Stelle — wo die Intima und Media vollkommen fehlen — continuirlich in den beschriebenen Thrombus fortsetzt. Mikroskopisch ist die Intima und Media an dieser Stelle in bedeutender fettiger Entartung. Zu gleicher Zeit ist das betreffende Endstück der Aorta in einer Länge von 9 Ctm. auf 3,5 Ctm. Durchmesser erweitert (der normale Durchmesser = 2 Ctm.) Die Aortawandung an dieser Stelle entsprechend verdünnt, ausserdem vollkommen normal.

2) Aneurysma dissecans der hinteren Aorta [2]) vor ihrer Theilung in die Becken- und Cruralarterien mit Thrombose der letzteren. Nahe der Theilung in die genannten Arterien finden sich die Intima und Media von der Adventitia durch dazwischen befindliches, schmutzig-braunes, geronnenes Blutgerinnsel getrennt, welches ganz wie im vorigen Falle an einer Stelle, wo die Intima und Media zerstört sind, in den Thrombus der Aorta übergeht. Auch hier Fettdegeneration der inneren Arterienhäute in der Um-

---

[1]) Eine Beschreibung dieses Falles in seinem klinischen Verlaufe wurde von Reinert, Thierärztliches Wochenblatt. 1868. p. 105 mitgetheilt.

[2]) Aus der Praxis des Hrn. Hofthierarztes Sondermann durch Hrn. Prof. Franck mitgetheilt.

gebung. Die übrige Bauchaorta ohne irgend welche atheromatöse Veränderung.

Die Entstehung dieser dissecirenden Aneurysmen kann nur so gedeutet werden, dass durch den ursprünglichen wandständigen Thrombus vor der Theilungsstelle eine Endoarteriitis mit Fettdegeneration und Einreissung der beiden inneren Arterienhäute stattgefunden hatte. Die Einreissung der inneren Arterienhäute wurde überdiess durch den hohen Blutdruck an dieser Stelle begünstigt, der eine unmittelbare Folge der Verstopfung der grossen hier abgehenden Arterienstämme war. — Das Aneurysma dissecans ist bei den Hausthieren überaus selten; der einzige bis jetzt bekannte Fall dürfte ein von H. Bouley[1]) bei einem Pferde beobachteter sein; das Aneurysma sass in der linken Armarterie und war ebenfalls mit Thrombose derselben verbunden.

Die Erweiterung des Endstückes der Bauchaorta bei Thrombose der Becken- und Cruralarterien, die im ersten Falle zugegen war, ist ebenfalls nur eine Wirkung des local ungemein gesteigerten Blutdruckes. — Ich sah eine solche Erweiterung auch in einem weiteren Falle von Thrombose der genannten Arterien (Praep. A. VII. O. 3. No. 27 der Münch. Sammlung); hier war die Bauchaorta vom Ursprung der vorderen Gekrösarterie bis zu ihrer Verzweigung im Becken bis auf 4,5 Ctm. im Querdurchmesser erweitert.

Diese aneurysmatischen Erweiterungen der Bauchaorta haben mit den früher beschriebenen Aneurysmen der Bauchaorta nichts zu thun. Aehnliche Erweiterungen der grossen Beckenarterien sind nicht selten, wie ich mich an verschiedenen Injectionspräparaten, die Herr Professor Franck in der hiesigen Thierarzneischule anfertigen liess, überzeugte; sie scheinen ausschliesslich auf Thrombose der abgehenden Aeste zu beruhen; gleichzeitig findet man in ihnen auch atheromatöse Entartung, die offenbar nur secundärer Natur ist.

[1]) Récueil de méd. vét. T. VIII. 1851.

III.

1. Folgen des Aneurysma für seine nächste Umgebung.

Das wachsende Aneurysma ist meist mit einer Verdichtung des umgebenden mesenterialen Bindegewebes verbunden, die sich hie und da bis zur förmlichen Sclerose und speckigen Härte steigert. Man findet in diesem Bindegewebe regelmässig Lymphdrüsen, die Stämme der Chylusgefässe, die Nervenstämme des Sonnengeflechtes und zahlreiche, meist erweiterte oder thrombosirte Arterien und Venen von kleinerem Kaliber. Die grossen Pfortaderäste vereinigen sich ebenfalls hier zu einem grösseren Stamme.

Man muss die in das derbe und speckige Gewebe eingeschlossenen Chylusgefässe und Nervenstämme gesehen haben, um zu verstehen, dass Störungen der Innervation des Darmes, sowie Hindernisse für die Chylusbewegung sehr leicht stattfinden können; möglicherweise können auch Störungen der Pfortadercirculation eintreten, die zu mancherlei chronischen Leiden der Verdauungsorgane Anlass geben können.

2. Therapeutische Bemerkungen.

Fragen wir nun zum Schlusse, welche Folgerungen sich aus unseren Auseinandersetzungen für die Heilkunde ergeben, so wird die Antwort vorläufig wenig befriedigend ausfallen.

Unter allen Umständen ist es eine festgestellte Thatsache, dass durch den Parasitismus des Pallisadenwurmes Aneurysmen beim Pferde entstehen; wenn die consecutiven Thrombosen und Embolien das Leben und die Gesundheit wirklich in der angenommenen Weise bedrohen, so müsste man in erster Linie nach Massregeln forschen, die die Einwanderung des Wurmes verhindern können. — Um eine ergiebige Prophylaxis auszuüben, ist vor Allem eine genaue Kenntniss der Lebensgeschichte des Pallisadenwurmes nothwendig. So lange diese noch so mangelhaft ist, so lange wir die Mittel und Wege nicht kennen, auf denen die Einwanderung des Wurmes und seiner Embryonen geschieht, wird von einer Verhütung der Wurmkrankheit nicht die Rede sein können. Sollte durch weitere Untersuchungen die Annahme von Leuckart bestätigt werden, dass der Import der Würmer vermittelst des Trinkwassers stattfindet, so liessen sich vielleicht Massregeln finden, welche die Möglichkeit einer Einfuhr auf diesem Wege vermindern oder ganz aufheben würden. — Die weite Verbreitung der Keime und Embryonen des Pallisadenwurmes lässt schon schliessen, dass solche Massnahmen mit grossen Schwierigkeiten verknüpft wären. Die Frage, welchen Einfluss die Art der Fütterung und die Beschaffenheit des Trinkwassers auf die Häufigkeit der Pallisadenwürmer hat, liesse sich durch Beobachtungen an Militärpferden und in Gestüten am besten beantworten. Nach Leuckart gelangen die Eier des Strongylus armatus mit dem Kothe nach aussen; man müsste daher auf den Pferdedünger ein besonderes Augenmerk richten.

Da die Einwanderung der Würmer zu jeder Zeit stattzufinden scheint, da die Dauer des Aufenthalts der Embryonen im Darmrohr vor ihrer Einwanderung in die Arterien unbekannt ist und wahrscheinlich sehr kurze Zeit dauert, so bietet eine direkte anthelminthische Behandlung kaum eine Aussicht auf Erfolg.

Wenn wir also der Grundursache des ganzen Processes mit unseren heutigen Kenntnissen so wenig gewachsen sind, so ist zunächst zu untersuchen, inwiefern die Folgen der Embolien und Thrombosen der Darmarterien Gegenstand einer erfolgreichen Behandlung sein können. Wie sehr die Gefässverstopfungen ausserhalb der Grenzen unseres therapeutischen Könnens liegen, weiss man aus dem Verlauf und der Dauer des intermittirenden Hinkens;

von einer directen Einwirkung auf die Thrombosen und Embolien der Gekrösarterien kann nicht die Rede sein.

Bei Erörterung der Folgen der durch die Gefässverstopfung bewirkten Darmlähmung wurde schon darauf hingewiesen, dass die Gefahr bei dem Pflanzenfresser vorzüglich durch die rasche Gasentwicklung, durch den hochgradigen Meteorismus bedingt sei. Wenn die entwickelten Ansichten richtig sind, so wird zunächst alles davon abhängen, für die Entwicklung eines Collateralkreislaufes Zeit zu gewinnen, d. h. das Leben so lange zu fristen, bis die Darmlähmung durch Einleitung eines Collateralkreislaufes wieder aufgehoben ist. Ausser der directen Bedrohung des Lebens durch den Meteorismus ist derselbe auch der Entwicklung eines collateralen Kreislaufes ungünstig, indem er Verengerung der Gefässe und Anämie der Baucheingeweide verursacht.

Die Mittel, die gegen die Gasentwicklung in Betracht kommen, sind die absorbirenden Medicamente und die directe Entleerung der Gase durch den Darmstich. Erstere werden bei Koliken schon längst und, wie es scheint manchmal mit Erfolg angewandt; es sind dies: Schwefelleber, Salmiak, Kalkwasser. — Ausser den Hautreizen wendet man noch Klysmata und leichte Laxantien an. Letztere sind sicher im Stande, durch Einleitung einer vermehrten peristaltischen Darmbewegung das Hinderniss der Fortbewegung, wenn es von einem kleinen gelähmten Darmstück gebildet wird, zu überwinden.

Ein vortreffliches Mittel zur directen Entleerung der Darmgase haben wir in dem Darmstich, der bei seiner Ungefährlichkeit eine häufigere Anwendung verdiente. — In der Klinik des Wiener Thierarzneiinstituts hatte ich öfters Gelegenheit, mich von der ausgezeichneten Wirkung dieses Mittels zu überzeugen. — Ebenso kann die Bewegung der Thiere während der Kolikanfälle, wodurch das Niederwerfen der Thiere verhindert und damit die Gefahr einer Ruptur der Eingeweide bei dieser Gelegenheit vermindert wird, nur von günstigem Einflusse sein.

Dass die Ueberfüllung des kleinen Kreislaufes als Folge der behinderten Lungenfunction und der Kohlensäurevergiftung, sowie die heftige Dyspnoë nicht selten durch einen Aderlass mit Erfolg bekämpft wurden, hat sich in der Praxis vielfach erprobt.

Was die therapeutischen Massregeln bei Lahmheiten der hinteren Extremitäten betrifft, die auf Gefässverstopfungen beruhen, so handelt es sich hier hauptsächlich um Abhaltung von Schädlichkeiten. Eine reizende Behandlung besonders durch Wärme, aromatische Umschläge, scharfe Einreibungen, die bekanntlich bei der Behandlung der verschiedenen Arten von Lahmheiten des Pferdes eine gewisse Rolle spielen und sich theilweise bis zur Unentbehrlichkeit eingebürgert haben, begünstigen die Erschlaffung der Gefässwände und vermehren die Stauung des Blutes. In Fällen wo das verstopfte Gefäss und sein Gebiet mehr oder weniger zugänglich ist, würde ohne Zweifel die Kälte das beste Mittel sein, indem sie die Gefässe zur Contraction anregt und gleichzeitig die Schmerzen bekämpft. Da der Anwendung der Kälte in der Praxis grosse Schwierigkeiten entgegenstehen, so wird man auf Abhaltung der Schädlichkeiten und vor Allem auf Anordnung von Ruhe angewiesen sein. Letztere wird besonders in jenen Fällen in Anwendung kommen und als Hauptmittel dienen müssen, in welchen die tiefe Lage der verstopften Arterien wie z. B. im Becken eine directe Einwirkung von aussen nicht gestattet.

Vergleicht man die bisherigen therapeutischen Erfahrungen bei denjenigen Formen von Lahmheiten der hinteren Extremitäten, die auf äusserlich nicht sicht- oder fühlbaren Veränderungen beruhen (wie z. B. Hüftlähme), mit obigen Vorschlägen, so gewinnt man unschwer die Ueberzeugung, dass nüchtern beobachtende Praktiker schon längst ganz denselben Standpunkt einnehmen. Ich erinnere mich bei dieser Gelegenheit sehr lebhaft des Ausspruchs eines verehrten Klinikers, der vermöge seiner reichen chirurgischen Erfahrung zu einem Urtheile über die Wirkung therapeutischer Massregeln bei den verschiedenen Lahmheiten gewiss berechtigt ist: „Ruhe, richtige Diätetik und Abhaltung von Schädlichkeiten, wozu auch therapeutische namentlich scharfe Einreibungen gehören, sind die einzigen Mittel, die in der Mehrzahl solcher Lahmheiten Heilung herbeiführen“. Es ist nur zu bedauern, dass in der Privatpraxis die Durchführung solcher Grundsätze auf grössere Schwierigkeiten stösst, als in einer Klinik.

3) Embolie und Thrombose in gerichtlicher Beziehung.

Wenn die Beziehungen zwischen dem Wurmaneurysma und der Kolik der Pferde wirklich in der erörterten Weise existiren, so drängt sich nothwendig die Frage auf: Ist das Wurmaneurysma ein verborgener Mangel? Nach dem was wir über die Symptomatologie des Aneurysma der Eingeweidearterien angeführt haben, müsste man diese Frage ohne Weiteres bejahen, da Niemand im Stande ist, das Aneurysma verminosum am lebenden Thiere zu constatiren. Wenn wir uns jedoch auf der anderen Seite erinnern, dass 90—94% der erwachsenen Pferde mit diesem Uebel behaftet sind, so ist man ohne grossen Fehler wohl berechtigt, jedes Pferd als mit diesem Mangel behaftet anzusehen und damit wäre der Fehler kein verborgener mehr und die forensische Stellung der auf Embolie oder Thrombose beruhenden Kolik würde wenig verändert werden. Die praktische Bedeutung dieser Frage tritt sofort hervor, wenn man eine Controverse über die Kolik in gerichtlicher Beziehung verfolgt, wie sie vor einiger Zeit bei Gelegenheit eines gerichtlichen Falles von intermittirender Kolik sehr lebhaft geführt wurde.[1]) Selbstverständlich müsste das „intermittirende Hinken"[2]), dessen Quelle die nämliche ist, in dieselbe Reihe gestellt werden, wie die auf Embolie und Thrombose beruhende Kolik der Pferde.

Indem ich die weitere Verfolgung dieser Frage kundigeren Sachverständigen überlasse, mag es zum Schlusse gestattet sein darauf aufmerksam zu machen, dass die genaue Bekanntschaft mit den Charakteren und Eigenschaften des Thrombus, mit seiner

---

[1]) Pütz, Falke und Grzedziewski, Magazin für die gesammte Thierheilkunde. B. 26, 27 und 32.

[2]) Das intermittirende Hinken zählt in Frankreich zu den Gewährsmängeln.

Entwicklungsgeschichte in gerichtlicher Beziehung nicht unwichtig ist. In einem Falle von Thrombose der Crural- und Beckenarterien bezweifelte ein Thierarzt, dass ein so bedeutender pathologischer Process sich in 2 Monaten ausbilden könnte, während doch bei embolischem Ursprung der Thrombose, der auch in diesem Falle wahrscheinlich vorhanden war, die Pfropfbildung in einigen Minuten zu Stande kommen kann.

Da die Metamorphosen des Thrombus von verschiedenen unbekannten Factoren abhängen, so gibt uns die Kenntniss dieser Umwandlungen nur einen unsichern Massstab für die Beurtheilung seines Alters an die Hand; eine annähernde Bestimmung des Alters ist jedoch immer möglich, besonders wenn man die Erscheinungen im Leben zu Hilfe nimmt.

4) Resumé.

Fassen wir zum Schlusse die gewonnenen Resultate zusammen, so lauten dieselben folgendermassen:

1) Das Wurmaneurysma der Eingeweidearterien des Pferdes, welches bei 90 — 94% sämmtlicher erwachsener Pferde vorkommt, entspricht im Allgemeinen dem Aneurysma verum mixtum des Menschen, unterscheidet sich aber nach Sitz, Ursache, Beschaffenheit der Wandungen, Inhalt und Ausgänge wesentlich von demselben.

Das Wurmaneurysma entsteht durch den Parasitismus des Pallisadenwurmes (Strongylus armatus) in Folge einer durch denselben veranlassten entzündlichen Affection der Arterienwand, die man als eine recidivirend traumatische Endoarteriitis bezeichnen kann. Dies gilt für alle Aneurysmen der Arterien des Hinterleibs mit Ausnahme der Aneurysmen der Bauchaorta, die auch durch locale Steigerung des Blutdruckes entstehen können.

2) Die Entstehung und weitere Entwicklung des Aneurysma wird ausserdem durch die mit der entzündlichen Schwellung der Wandung einhergehende Verengerung des Arterienlumens, sowie durch die gleichzeitige Bildung eines Thrombus begünstigt; letzterer unterhält und befördert überdies die Entzündung der Innenwand.

3) Während die genannten Ursachen und unter diesen besonders die fortwährende Gegenwart der Pallisadenwürmer, wozu noch die Verstopfung abgehender Arterienäste durch fortgesetzte Thromben kommt, das Wachsthum der Wurmaneurysmen begünstigen, erklärt sich die trotz jahrelangen Bestehens verhältnissmässig geringe Grösse derselben durch die bedeutende Hypertrophie der Muskelfaserschichten, durch die derbe Bindegewebskapsel des mesenterialen Bindegewebes (in vielen Fällen) und durch die Befestigung der Gedärme an der senkrecht und frei gelagerten vorderen Gekrösarterie; besonders der zuletzt genannte Umstand lässt eine bedeutende Verkürzung der Gekrösarterie, die mit einer bedeutenden Erweiterung des Arterienrohrs verbunden sein müsste, nicht zu.

4) Der Lieblingssitz der Wurmaneurysmen ist der Stamm der vorderen Gekrösarterie umittelbar am Ursprung aus der Bauchaorta. Am häufigsten ist der Theil des Arterienstammes aneurysmatisch erweitert, aus welchem die arter. ilea, coecales und colica inferior (arter. ileo-coeco-colica) entspringen, seltener die arter. colica superior an ihrem Ursprunge sowie die Blind- und Grimmdarmarterien in ihrem Verlaufe im Mesocoecum und Mesocolon. Ferner kommt das Wurmaneurysma vor: an der Bauchschlagader, an der hinteren Gekrösarterie, an den Nierenarterien, und an der Bauchaorta. Nicht selten ist ein Pferd gleichzeitig mit mehreren Wurmaneurysmen behaftet; in einem Falle (Fig. 8) fanden sich z. B. 6 Aneurysmen der Bauchaorta und ihrer Aeste bei demselben Pferde.

Die Wurmaneurysmen kommen vom 6. Lebensmonate an vor; mit dem zunehmenden Alter vermindert sich die Zahl der von Aneurysmen befreiten Pferde.

5) Die Grösse der Aneurysmen schwankt zwischen der einer Erbse bis zu der eines Menschenkopfes. Die Erweiterung ist in der Regel eine nach allen Seiten gleichmässige; die Form meist eine daumen- oder flaschenförmige, konisch zulaufende oder längsovale. Die äusseren Formverhältnisse sind hauptsächlich durch die freie bewegliche Lage der vorderen Gekrösarterie bedingt.

6) Die Wandungen des Wurmaneurysma der Pferde sind

im Gegensatz zu den Aneurysmen des Menschen fast ausnahmslos verdickt. An dieser Verdickung nehmen ausser dem mesenterialen Bindegewebe in der Regel sämmtliche Arterienhäute und besonders die Tunica media Antheil. Die Hypertrophie der Media, die in der Lehre von den Arterienkrankheiten einzig dasteht, ist eine compensatorische Leistung der Arterienwandung ähnlich wie die Hypertrophie der Herzmuskulatur bei Klappenfehlern. Diese Veränderung der Media deutet darauf hin, dass bei der Entwicklung des Aneurysma der Menschen die vorausgehende Ernährungsstörung der Media einen nicht minder wesentlichen Factor darstellt als die Entartung der Intima.

Die Veränderungen der Intima sind am wenigsten constant; sie bietet alle Stadien der pro- und regressiven Metamorphose von der einfachen Verdickung bis zur Ulceration und Verkalkung. Nicht selten findet man in der Aneurysmawandung alle Veränderungen wie bei der Atheromatose des Menschen. Eine gewöhnliche Form der rückgängigen Umwandlung ist die Verkalkung, die in sehr seltenen Fällen in wahre Knochenbildung übergeht.

7) Als Inhalt des Wurmaneurysma findet man ausser den Pallisadenwürmern nahezu constant einen wandständigen Thrombus, der entweder partiell oder diffus (canalisirt) die Innenwand auskleidet. Derselbe kann zum obstruirenden Thrombus werden und setzt sich nicht selten in die abgehenden Arterienäste (peripherisch) sowie in die Aorta (central) fort. Unter den verschiedenen Umwandlungsprocessen des Thrombus sind hervorzuheben: die Organisation in seinen äussersten Schichten und die Erweichung. Das constante Vorkommen des Thrombus beruht auf der Gegenwart der Würmer, auf der entzündlichen, ulcerativen und regressiven Affection der Intima und auf der Erweiterung des Arterienrohrs.

8) Die Pallisadenwürmer werden selten in den Aneurysmen der Pferde vermisst; ihr Fehlen ist nur ein zufälliges, vorübergehendes Ereigniss.

Auf ein Wurmaneurysma kommen im Durchschnitt 9 und auf ein Pferd 11 Pallisadenwürmer. Die höchste Zahl der bei einem

Pferde gefundenen Würmer betrug 121. Nicht selten finden sich auch in den Wandungen der Aneurysmen Pallisadenwürmer oder ihre zurückgelassene Umhüllung in Form abgeworfener Larvenhäute.

Die Ein- und Auswanderung der Pallisadenwürmer aus dem Darm in das Aneurysma und umgekehrt geschieht wahrscheinlich in der Regel innerhalb der arteriellen Blutbahn. Die Wege der Würmer scheinen nicht immer dieselben zu sein, indem sie auch durch die Peritonealhöhle wandern können. Die in den Aneurysmawandungen gefundenen Würmer sind wahrscheinlich meist nur verirrte Exemplare.

9) In vergleichend pathologisch-anatomischer Beziehung beweist die Entwicklungsgeschichte des Aneurysma verminosum, dass eine circumscripte Endoarteriitis die Entstehung eines Aneurysma verursachen kann.

10) Ebenso wie das Wurmaneurysma entsteht die Atheromatose der Arterien des Hinterleibs beim Pferde auf Grund einer circumscripten acuten und subacuten Endoarteriitis. Die histologischen Veränderungen bei der secundären Atheromatose der Pferde sind denen der spontanen des Menschen vollkommen analog. Eine spontane Atheromatose in dem Sinne wie beim Menschen kommt ebensowenig beim Pferde als bei den übrigen Hausthieren vor; die Atheromatose der Pferde ist immer eine secundäre. Gleichwohl beobachtet man beim Pferde in manchen Arterien des Hinterleibs eine spontane Endoarteriitis chronica (Fig. 13), die jedoch niemals Andeutungen einer atheromatösen Entartung zeigt.

11) Das Wurmaneurysma der Pferde ist vermöge seines Sitzes der physikalischen Untersuchung unzugänglich und kann demgemäss aus physikalischen Erscheinungen nicht diagnosticirt werden; es bietet auch sonst keine charakteristischen Symptome. Der Ausgang in Ruptur ist ein überaus seltener; die Aneurysmen der Bauchaorta sind mehr zu Rupturen disponirt als diejenigen der vorderen Gekrösarterie. Unter 18 bekannten Perforationen gingen 15 in die Bauchhöhle, 3 in den Darm.

Die gefahrvollen Erscheinungen von Seiten des Wurmaneurysma beruhen ausschliesslich auf embolischen und thrombotischen Vorgängen im Bereiche der aneurysmatischen Arterie ausgehend von dem wandständigen Thrombus. Letzterer wird besonders gefährlich durch sein Wachsthum und durch die Erweichung, welcher er häufig unterliegt. Die Resorption und Einschrumpfung des wandständigen Thrombus, mag derselbe organisirt sein oder nicht, wird wesentlich begünstigt durch den hohen Druck, unter welchem er steht.

12) Die enormen venösen Stauungserscheinungen — der serös-hämorrhagische Darminfarkt — bei Embolie und Thrombose der Gekrösarterien lassen sich durch die Paralyse der Darmmuskulatur (Panum), durch die klappenlose (oder klappenarme) Beschaffenheit der Pfortader, durch den rasch auftretenden Meteorismus (besonders beim Pflanzenfresser) und durch die lockere Consistenz der Darmwandungen und des Gekröses erklären.

13) Die Verstopfung der Darmarterien besonders die rasch zu Stande gekommene hat immer eine theilweise oder vollkommene Lähmung der betreffenden Darmpartie zur Folge.

Die Darmlähmung bedingt die aufgehobene Fortbewegung des Darminhalts, die Kothstauung, die verhinderte Koth- und Gasentleerung und die bei dem Pflanzenfresser so überaus gefährliche qualitativ und quantitativ abnorme Gasentwicklung im Darmtractus.

14) Die bei Embolie und Thrombose der Gekrösarterien beobachteten Erscheinungen im Leben sind vollkommen identisch mit denjenigen, die man bei der sogenannten „Kolik" der Pferde beobachtet, wie dies durch zahlreiche Beobachtungen sichergestellt ist.

Die durch Embolie und Thrombose der Gekrösarterien zu Stande gekommene partielle Darmlähmung bildet zum grossen Theil den Mittel- und Ausgangspunkt des Symptomencomplexes, den man als die „Kolik" der Pferde bezeichnet. Die derartig entstandene Darmlähmung kann uns auch die häufigen Rupturen des Verdauungskanales, sowie die Mehrzahl der Lageveränderungen desselben erklären; letztere werden übrigens durch den Bau der Baucheingeweide des Pferdes begünstigt. Für eine solche Anschauung sprechen wenigstens mehrere Beobachtungen.

15) Die älteren Veränderungen, die man im peripherischen Stromgebiet der vorderen Gekrösarterie in Form abgelaufener und theilweise geheilter embolischer und thrombotischer Processe (Pigmentirungen, Arterien- und Venenthromben) und zwar gerade im Bereich derjenigen Arterien findet, die in der Regel aneurysmatisch erweitert sind, weisen mit Sicherheit darauf hin, dass die grosse Mehrzahl der in Genesung ausgehenden Koliken, soweit sie nicht auf sicher nachweisbaren Schädlichkeiten beruhen, durch thrombotische und embolische Darmlähmung bedingt ist. Das plötzliche Auftreten, der Verlauf und die Ausgänge dieser Arten von Koliken sprechen ebenfalls für ihren embolischen Ursprung.

16) Die ödematösen, entzündlichen und hämorrhagischen Processe, die man häufig als Todesursache bei „Koliken" beschrieben findet, beruhen fast ausschliesslich auf Thrombosen und Embolie der Gekrösarterien; diese Fälle bilden circa 40—50% der tödtlichen Koliken.

17) Der rapide Verlauf bei tödtlichem Ausgang der „Koliken" sowie die hochgradigen Erscheinungen der Athemnoth bei den in Genesung ausgehenden Fällen haben ihren letzten Grund in der abnormen Gasentwicklung im Verdauungskanale. Ausser der Verkleinerung der Lungenoberfläche durch den Hochstand des Zwerchfelles trägt wahrscheinlich eine direkte Gasvergiftung (Kohlensäure und Schwefelwasserstoff) durch Diffusion der abnorm entwickelten Gase aus dem Darmlumen in das Blut zu der Höhe der Erscheinungen und dem schnellen Verlaufe bei.

18) Die Mannigfaltigkeit der durch Embolie und Thrombose der Darmarterien verursachten anatomischen Störungen findet in der Mannigfaltigkeit der klinischen Erscheinungen, in den nach Intensität und Verlauf verschiedenen Graden der „Kolik" ein getreues Spiegelbild.

19) **Unter 100 innerlich kranken Pferden befinden sich 40 Kolikpatienten; unter 100 überhaupt umgestandenen Pferden sind 40 an „Kolik" zu Grunde gegangen; unter 100 Kolikpatienten genesen 87 und gehen 13 zu Grunde.**

Diese Zahlen beweisen, dass es weder unter den epizootischen noch unter den sporadischen Krankheiten des Pferdes eine Krankheit gibt, die in solcher Häufigkeit und Gefährlichkeit auftritt und annähernd ähnliche Opfer fordert. Die Kolikmorbilität und- mortalität wächst ebenso wie die Häufigkeit der Wurmaneurysmen mit dem zunehmenden Alter.

Die Aetiologie der „Kolik" der Pferde findet in der Thrombose und Embolie der Gekrösarterien und der consecutiven Darmlähmung eine allseitig genügende Grundlage, während die bisher angenommenen Ursachen der Koliken zum grössten Theil ungenügend waren.

20) In einer grossen Zahl von Fällen setzt sich der Thrombus des Wurmaneurysma über das Ostium der vorderen Gekrösarterie in das Lumen der Aorta fort (Fig. 10) und ist als solcher wohl die ausschliessliche Quelle der auf dem Wege der Embolie zu Stande gekommenen Thrombosen der Becken- und Cruralarterien, die dem „intermittirenden Hinken" zu Grunde liegen. Bei der ungemeinen Häufigkeit des in die Aorta fortgesetzten Thrombus ist es sehr wahrscheinlich, dass ein grosser Theil der Erkrankungen und Lahmheiten der hinteren Extremität (Hüft- und Kreuzlähme, unsichtbarer Spath etc.) auf embolischer Verstopfung der Arterien beruhen.

21) Durch die sclerotische Wucherung des Bindegewebes der vorderen Gekröswurzel um das Aneurysma und eine bedeutende Grösse desselben können Innervationsstörungen des Darms, Hindernisse in der Chylusbewegung und Störungen der Pfortadercirculation veranlasst werden, die manchen chronischen Verdauungsleiden der Pferde zu Grunde liegen dürften.

22) Bei den grossen Verlusten und den schweren wirthschaft-

lichen Nachtheilen, welche durch die „Kolik“ der Pferde der Pferdezucht, der Landwirthschaft, sowie dem allgemeinen Wohlstande zugefügt werden, ist es von der grössten Wichtigkeit, Massregeln zu finden, die die Aufnahme der Embryonen mit der Nahrung und damit die Einwanderung der Pallisadenwürmer in die Gekrösarterien des Pferdes verhindern könnten.

www.ingramcontent.com/pod-product-compliance
Lightning Source LLC
LaVergne TN
LVHW042235300926
849161LV00003B/358

* 9 7 8 3 4 8 6 7 2 2 3 1 4 *